이용사 필기

박은준 · 최지연 · 김지영 · 이유림 · 윤영한

메디시인

이 책의 구성

Q-net 상시 수험 안내

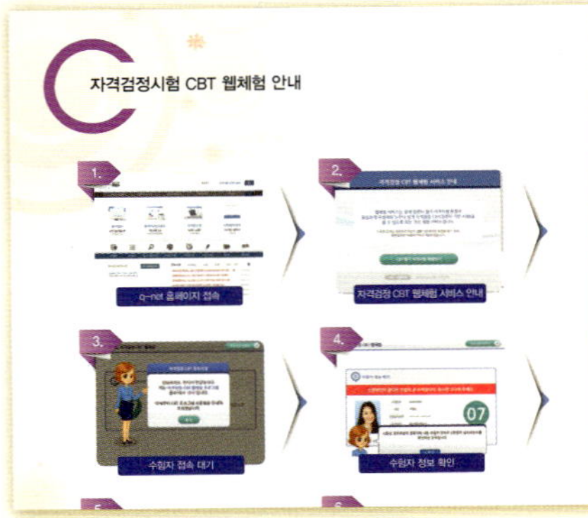

핵심 내용을 이해하기 쉽게 정리

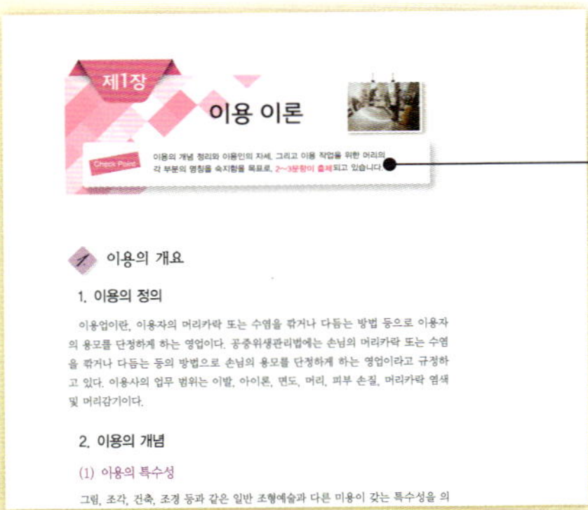

제1장

이용 이론

Check Point 이용의 개념 정리와 이용인의 자세, 그리고 이용 작업을 위한 머리의 각 부분의 명칭을 숙지함을 목표로, 2~3문항이 출제되고 있습니다.

이용의 개요

1. 이용의 정의

이용업이란, 이용자의 머리카락 또는 수염을 깎거나 다듬는 방법 등으로 이용자의 용모를 단정하게 하는 영업이다. 공중위생관리법에는 손님의 머리카락 또는 수염을 깎거나 다듬는 등의 방법으로 손님의 용모를 단정하게 하는 영업이라고 규정하고 있다. 이용사의 업무 범위는 이발, 아이론, 면도, 머리, 피부 손질, 머리카락 염색 및 머리감기이다.

2. 이용의 개념

(1) 이용의 특수성

그림, 조각, 건축, 조경 등과 같은 일반 조형예술과 다른 미용이 갖는 특수성을 의

시험범위 안내 및 출제예상문항 안내

출제예상문제 및 해설

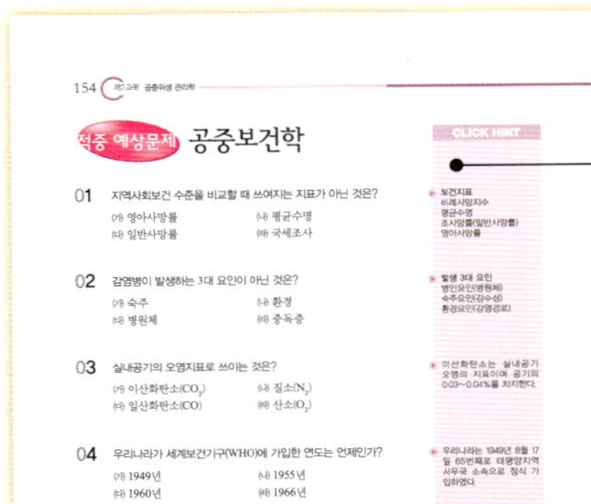

154 공중위생 관리학

적중 예상문제 공중보건학

CLICK HINT

01 지역사회보건 수준을 비교할 때 쓰여지는 지표가 아닌 것은?
(가) 영아사망률 (나) 평균수명
(다) 일반사망률 (라) 국세조사

02 감염병이 발생하는 3대 요인이 아닌 것은?
(가) 숙주 (나) 환경
(다) 병원체 (라) 중독증

03 실내공기의 오염지표로 쓰이는 것은?
(가) 이산화탄소(CO_2) (나) 질소(N_2)
(다) 일산화탄소(CO) (라) 산소(O_2)

04 우리나라가 세계보건기구(WHO)에 가입한 연도는 언제인가?
(가) 1949년 (나) 1955년
(다) 1960년 (라) 1966년

문제를 이해할 수 있도록 해설

기출 복원문제 및 해설

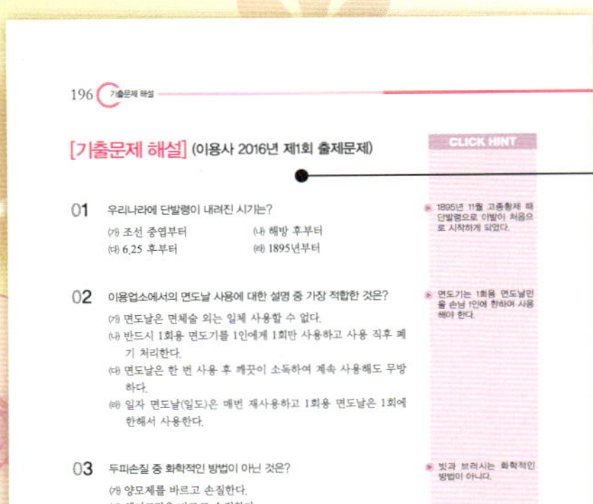

196 기출문제 해설

[기출문제 해설] 이용사 2016년 제1회 출제문제

CLICK HINT

01 우리나라에 단발령이 내려진 시기는?
(가) 조선 중엽부터 (나) 해방 후부터
(다) 6.25 후부터 (라) 1895년부터

02 이용업소에서의 면도날 사용에 대한 설명 중 가장 적합한 것은?
(가) 면도날은 면체술 외는 일체 사용할 수 없다.
(나) 반드시 1회용 면도기를 1인에게 1회만 사용하고 사용 직후 폐기 처리한다.
(다) 면도날은 한 번 사용 후 깨끗이 소독하여 계속 사용해도 무방하다.
(라) 일자 면도날(일도)은 매번 재사용하고 1회용 면도날은 1회에 한해서 사용한다.

03 두피손질 중 화학적인 방법이 아닌 것은?
(가) 양모제를 바르고 손질한다.
(나) 헤어크림을 바르고 손질한다.

최근 기출문제 및 해설

이용장 기출문제 및 해설

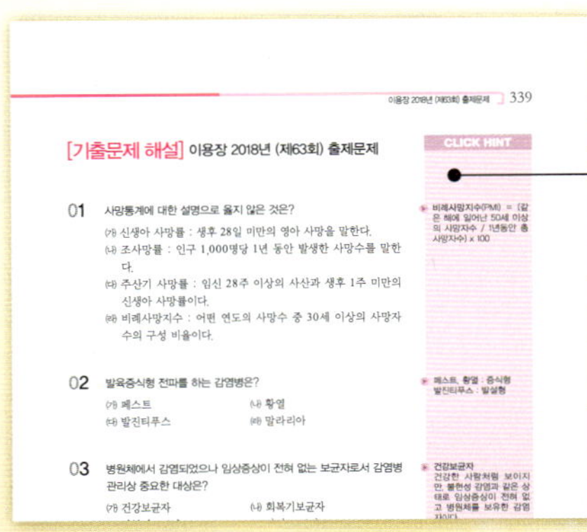

이용장 2018년 (제63회) 출제문제 339

[기출문제 해설] 이용장 2018년 (제63회) 출제문제

CLICK HINT

01 사망통계에 대한 설명으로 옳지 않은 것은?
(가) 신생아 사망률 : 생후 28일 미만의 영아 사망을 말한다.
(나) 조사망률 : 인구 1,000명당 1년 동안 발생한 사망수를 말한다.
(다) 주산기 사망률 : 임신 28주 이상의 사산과 생후 1주 미만의 신생아 사망률이다.
(라) 비례사망지수 : 어떤 연도의 사망수 중 30세 이상의 사망자 수의 구성 비율이다.

02 발육증식형 전파를 하는 감염병은?
(가) 페스트 (나) 황열
(다) 발진티푸스 (라) 말라리아

03 병원체에서 감염되었으나 임상증상이 전혀 없는 보균자로서 감염병 관리상 중요한 대상은?
(가) 건강보균자 (나) 회복기보균자

이용장 기출문제 및 해설

머리말

최근 우리나라는 모든 기술직종에서 국가직무능력표준(NCS, National Competency Standards)을 제정하여 산업현장에서 성공적이고도 효율적인 직무수행 능력을 갖도록 필요한 지식과 기술, 그리고 소양 등을 체계화하여 기술 및 학습 교육의 표준화를 이루었습니다.

이로 말미암아 최근 이용 분야에 대한 관심이 높아지면서 이용문화에 대한 다양한 변화가 나타나고 있으며, 이용사에 대한 관심도 꾸준히 증가하고 있습니다. 이러한 시대적인 변화에 따라 이용사 자격시험을 치르는 사람들이 매년 증가하고 있는 실정입니다.

이에 이용 현장실무를 위해서는 이용사의 시험에 응시를 하여야 하고 합격을 하여야 합니다. 이에 이용사 시험에 응시하는 많은 분들이 알기 쉽고 빨리 이해·연습하여 시험에 합격할 수 있기를 간절히 바라며, 첫 걸음을 시작하는 모든 이들에게 도움이 되어 훌륭한 이용 기술자로 손님들에게 인정을 받도록 하는 것이 이 책의 목표입니다.

이용 분야의 새로운 학습 모듈의 제시 또는 변화에도 연구를 게을리하지 않을 것을 약속드리며, 아울러 저자 모두는 많은 선생님들과 교수님들의 지도와 성원을 부탁드립니다.

끝으로 실습과 촬영에 적극적으로 참여해 주신 선생님들과 편집디자인과 출판을 위해 애써주신 메디시언 임직원들에게도 심심한 감사의 말씀을 드립니다.

경자년 입추에

박 은 준

자격검정시험 CBT 웹 체험 안내

1.

q-net 홈페이지 접속

2.

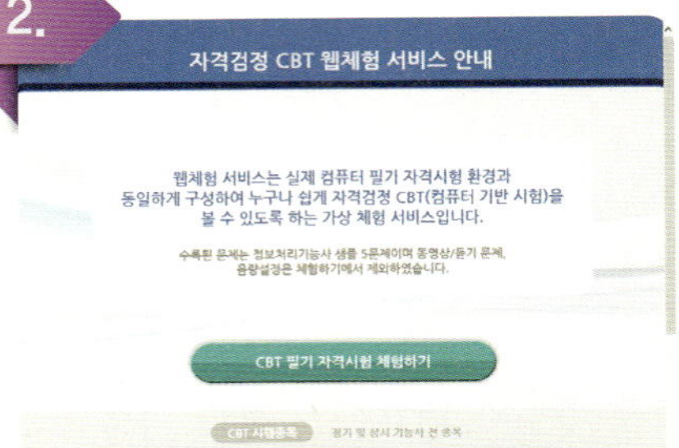

자격검정 CBT 웹체험 서비스 안내

3.

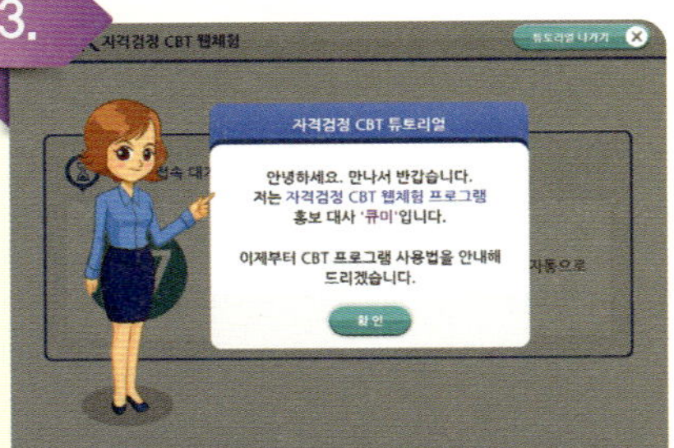

수험자 접속 대기

4.

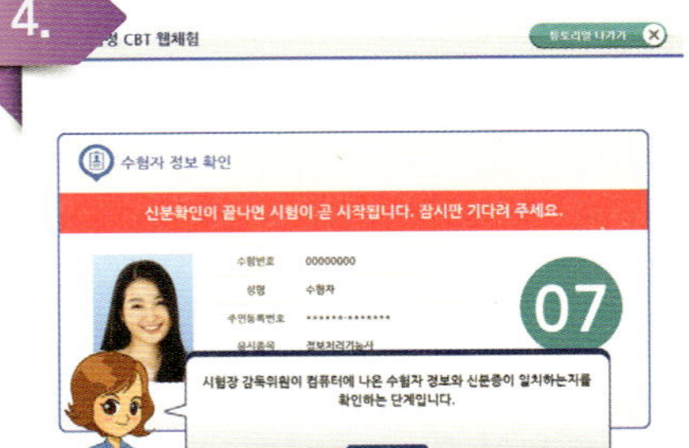

수험자 정보 확인

5.

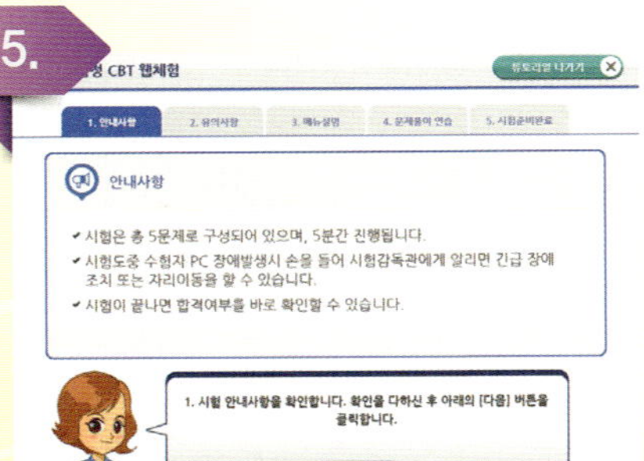

수험 안내 사항

6.

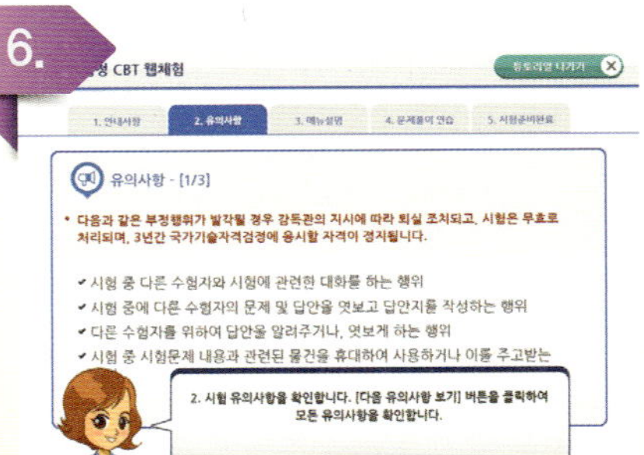

수험자 유의사항

7.

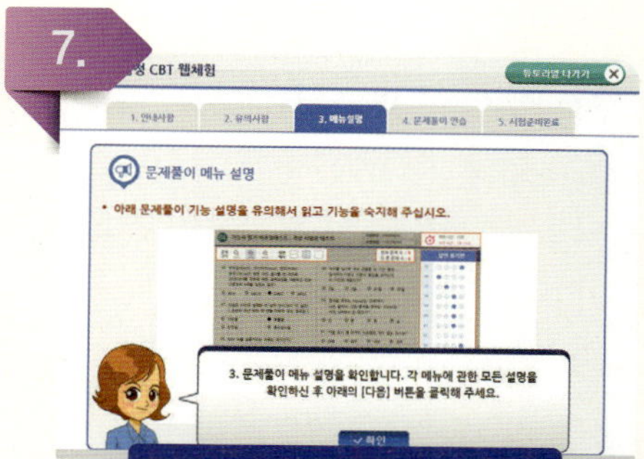

수험 메뉴 설명

8.

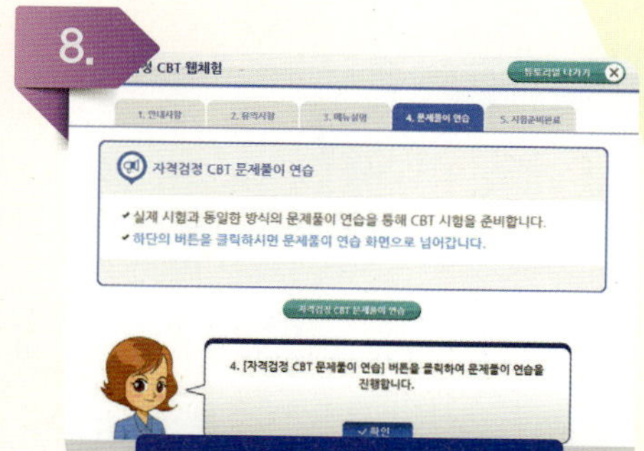

문제풀이 연습

9.

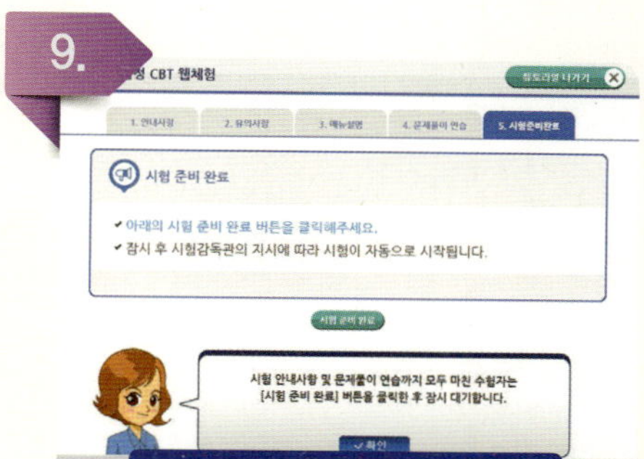

시험 준비 확인

10.

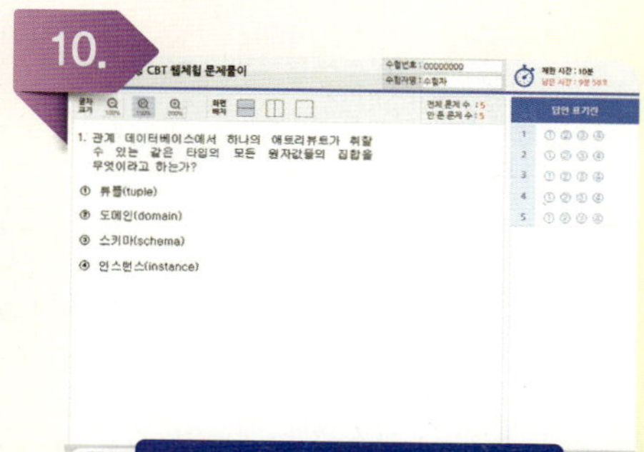

자격검정 CBT 문제 풀기

11.

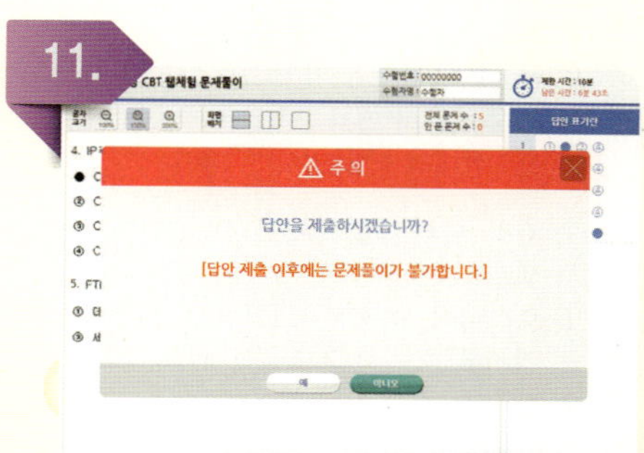

답안 제출 경고

12.

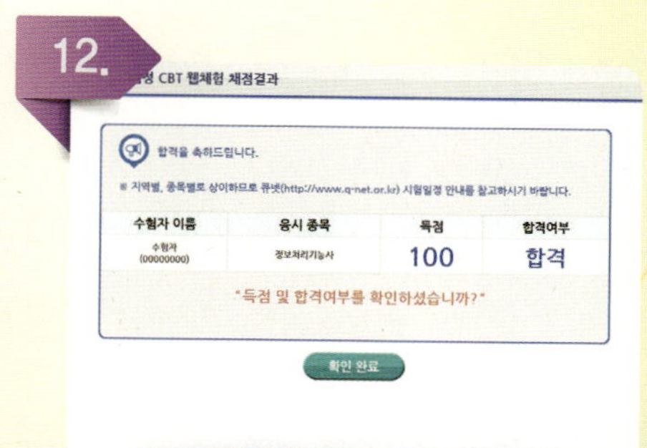

자격검정 CBT 시험 채점 결과

이용사 필기 검정

- 시행처 : 한국기술자격검정원
- 자격종목 : 이용사
- 직무분야 : 이용 · 숙박 · 여행 · 오락 · 스포츠
- 중직무분야 : 이용 · 미용
- 직무내용 : 고객의 인체 및 모발을 대상으로 용모를 단정하게 연출하기 위하여 이용기술을 활용하여 머리카락 또는 수염 등을 깍거나, 다듬는 방법으로 고객의 용모를 단정하게 하는 직무
- 응시자격 : 제한 없음
- 적용기간 : 2019. 1. 1. ~ 2023. 12. 31.
- 시험유형 : 객관식 60문항
- 과목명 : 1. 이용이론 2. 공중위생관리학 3. 화장품학
- 시험시간 : 60분(1시간)
- 시험일정 : 상시시험
- 합격기준 : 100점 만점으로 할 때 60점 이상

[필기시험 출제기준]

필기과목명	주요항목	세부항목	세세항목
1. 이용 이론	1. 이용 이론	1. 이용의 개요	1. 이용의 정의 2. 이용의 개념
		2. 이용의 자세	1. 이용인의 자세 2. 이용 작업자의 작업과 자세
		3. 이용 작업을 위한 인체 각 부의 명칭	1. 이용에 관련된 인체 명칭
	2. 이용의 역사	1. 한국의 이용	1. 고대 이용의 역사 2. 근 · 현대의 이용 역사
		2. 외국의 이용	1. 고대 이용의 역사 2. 근 · 현대의 이용 역사
	3. 이용 용구	1. 이용 도구	1. 가위, 바리캉(클리퍼), 레이저(면체용, 커트용) 빗, 브러시 등 도구류
		2. 이용 기기	1. 드라이어, 아이론, 스티머, 적외선 조사기 등 기기류 2. 샴푸대, 소독기 및 기구류
	4. 세발술	1. 샴푸	1. 샴푸제의 성질 2. 샴푸제의 종류 및 작용
		2. 린스	1. 린스제 작용 및 종류 2. 헤어트리트먼트의 종류 및 유형
		3. 샴푸 및 린스 작업	1. 샴푸 작업 2. 린스 작업

필기과목명	주요항목	세부항목	세세항목
1. 이용 이론	5. 이발(조발)	1. 이발의 기초지식	1. 이발의 기본 작업 및 자세 2. 이발 도구의 사용법 3. 이발 기법
		2. 조발의 종류 및 작업	1. 보통 조발술 2. 스포츠 조발술 3. 영스타일 조발술 4. 특수 조발술
	6. 면도	1. 면도에 관한 사항	1. 면도의 정의 및 기초 2. 안면 피부분석 3. 면도작업
		2. 안면 관리	1. 얼굴 기초화장
	7. 정발술(헤어스타일링)	1. 정발술(헤어스타일링)	1. 오리지널 세트 2. 리세트
		2. 디자인	1. 얼굴형에 따른 헤어디자인 2. 부수적 요소에 따른 헤어디자인
		3. 아이론 및 블로우 드라이 스타일링	1. 아이론 스타일링의 정의 및 방법 2. 블로우 드라이 스타일링 정의 및 방법
	8. 스캘프 케어	1. 두개피 관리	1. 두개피의 진단 및 관리 2. 두개피 관리법 및 방법
		2. 스캘프 매니플레이션	1. 스캘프 매니플레이션의 정의 및 목적 2. 스캘프 매니플레이션의 방법
		3. 모발 관리(헤어 트리트먼트)	1. 모발의 종류와 관리 2. 모발에 따른 관리 및 방법
	9. 매뉴얼테크닉	1. 매뉴 얼테크닉 기초지식	1. 기초 및 목적 2. 방법
		2. 얼굴 매뉴얼 테크닉	1. 얼굴 매뉴얼 테크닉 정의 및 피부 분석 2. 얼굴 매뉴얼 테크닉 방법
	10. 미안술	1. 미안술의 기초지식	1. 미안술의 정의 및 기초
		2. 팩	1. 팩과 작업방법
		3. 기기를 이용한 미안술	1. 전류와 광선을 응용한 미안술 2. 기타 기기를 이용한 미안술
	11. 퍼머넌트 웨이브(펌)	1. 퍼머넌트 웨이브의 기초지식	1. 퍼머넌트 웨이브의 역사 2. 퍼머넌트 웨이브의 원리 3. 퍼머넌트 웨이브의 도구 및 웨이브제의 분류
		2. 퍼머넌트 웨이브 종류 및 방법	1. 퍼머넌트 웨이브의 종류 2. 퍼머넌트 웨이브의 방법
	12. 염 · 탈색(헤어컬러링)	1. 헤어컬러링의 기초	1. 컬러링의 역사 2. 모발색채이론 3. 모발색의 이해
		2. 헤어컬러링의 원리	1. 염 · 탈색제의 유형별 특징 2. 염 · 탈색제의 원리
		3. 헤어컬러링의 종류 및 방법	1. 헤어컬러링의 종류 2. 헤어컬러링의 방법
	13. 가발술	1. 가발의 종류 및 사용	1. 가발의 종류 2. 가발 사용법 3. 홈 케어 관리

필기과목명	주요항목	세부항목	세세항목
1. 이용 이론	13. 가발술	2. 가발제작	1. 가발 디자인 2. 패턴 작업
		3. 가발 커트	1. 제작 커트 2. 스타일링 커트
	14. 피부학	1. 피부와 피부 부속기관	1. 피부 구조 및 기능 2. 피부 부속기관의 구조 및 기능
		2. 피부 유형 분석	1. 정상피부의 성상 및 특징 2. 건성피부의 성상 및 특징 3. 지성피부의 성상 및 특징 4. 민감성피부의 성상 및 특징 5. 복합성피부의 성상 및 특징 6. 노화피부의 성상 및 특징
		3. 피부와 영양	1. 3대 영양소, 비타민, 무기질 2. 피부와 영양 3. 체형과 영양
		4. 피부장애와 질환	1. 원발진과 속발진 2. 피부질환
		5. 피부와 광선	1. 자외선이 미치는 영향 2. 적외선이 미치는 영향
		6. 피부면역	1. 면역의 종류와 작용
		7. 피부노화	1. 피부노화의 원인 2. 피부노화현상
2. 공중위생 관리학	15. 공중위생 관리학	1. 공중보건학 총론	1. 공중보건학의 개념 2. 건강과 질병 3. 인구보건 및 보건지표
		2. 질병관리	1. 역학 2. 감염병관리 3. 기생충질환관리 4. 성인병관리 5. 정신보건 6. 이 · 미용 안전사고
		3. 가족 및 노인보건	1. 가족보건 2. 노인보건
		4. 환경보건	1. 환경보건의 개념 2. 대기환경 3. 수질환경 4. 주거 및 의복환경
		5. 산업보건	1. 산업보건의 개념 2. 산업재해
		6. 식품위생과 영양	1. 식품위생의 개념 2. 영양소 3. 영양상태 판정 및 영양장애
		7. 보건행정	1. 보건행정의 정의 및 체계 2. 사회보장과 국제 보건기구
		8. 소독의 정의 및 분류	1. 소독관련 용어 정의 2. 소독기전 3. 소독법의 분류 4. 소독인자

필기과목명	주요항목	세부항목	세세항목
2. 공중위생 관리학	15. 공중위생 관리학	9. 미생물 총론	1. 미생물의 정의 2. 미생물의 역사 3. 미생물의 분류 4. 미생물의 증식
		10. 병원성 미생물	1. 병원성 미생물의 분류 2. 병원성 미생물의 특성
		11. 소독 방법	1. 소독 도구 및 기기 2. 소독 시 유의사항 3. 대상별 살균력 평가
		12. 분야별 위생 · 소독	1. 실내환경 위생 · 소독 2. 도구 및 기기 위생 · 소독 3. 이 · 미용업 종사자 및 고객의 위생관리
		13. 공중위생관리법의 목적 및 정의	1. 목적 및 정의
		14. 영업의 신고 및 폐업	1. 영업의 신고 및 폐업신고 2. 영업의 승계
		15. 영업자 준수사항	1. 위생관리
		16. 이 · 미용사의 면허	1. 면허발급 및 취소 2. 면허 수수료
		17. 이 · 미용사의 업무	1. 이 · 미용사의 업무
		18. 행정지도 감독	1. 영업소 출입검사 2. 영업제한 및 개선 3. 영업소 폐쇄 4. 공중위생감시원
		19. 업소 위생등급	1. 위생 서비스평가 2. 위생 등급
		20. 보수교육	1. 영업자 위생교육 2. 위생 교육기관
		21. 벌칙	1. 위반자에 대한 벌칙, 과징금 2. 과태료, 양벌규정 3. 행정처분
		22. 법령, 법규사항	1. 공중위생관리법시행령 2. 공중위생관리법시행규칙
3. 화장품학	16. 화장품학	1. 화장품 개론	1. 화장품의 정의 2. 화장품의 분류
		2. 화장품 제조	1. 화장품의 원료 2. 화장품의 기술 3. 화장품의 특성
		3. 화장품의 종류와 기능	1. 기초 화장품 2. 메이크업 화장품 3. 모발 화장품 4. 바디(body) 관리 화장품 5. 네일 화장품 6. 방향화장품 7. 에센셜(아로마) 오일 및 캐리어 오일 8. 기능성 화장품

차 례

제 2 과목 공중위생관리학

제1과목 이용 이론

1. 이용 이론
2. 이용의 역사
3. 이용 용구
4. 세발술
5. 이발(조발)
6. 면도
7. 정발술(헤어 스타일링)
8. 스캘프 케어
9. 매뉴얼 테크닉
10. 미안술
11. 퍼머넌트 웨이브(펌)
12. 염·탈색(헤어컬러링)
13. 가발술
14. 피부학

제1장

이용 이론

Check Point

이용의 개념 정리와 이용인의 자세, 그리고 이용 작업을 위한 머리의 각 부분의 명칭을 숙지함을 목표로, 2~3문항이 출제되고 있습니다.

1. 이용의 개요

1. 이용의 정의

이용업이란, 이용자의 머리카락 또는 수염을 깎거나 다듬는 방법 등으로 이용자의 용모를 단정하게 하는 영업이다. 공중위생관리법에는 손님의 머리카락 또는 수염을 깎거나 다듬는 등의 방법으로 손님의 용모를 단정하게 하는 영업이라고 규정하고 있다. 이용사의 업무 범위는 이발, 아이론, 면도, 머리, 피부 손질, 머리카락 염색 및 머리감기이다.

2. 이용의 개념

(1) 이용의 특수성

그림, 조각, 건축, 조경 등과 같은 일반 조형예술과 다른 미용이 갖는 특수성을 의미한다. 사람이라는 대상의 모발을 여러 테크닉으로 시술하여야 함으로 시술에 있어 제한점이 있다.

① **의사 표현의 제한** : 이용 전문가라고 하여 시술자 의지대로 스타일을 표현할 수 없다. 고객이 만족하는 스타일을 표현해야 하기 때문에 서로 대화를 해야 한다.

② **소재 선정의 제한** : 이용은 실제이고 실용이여서 사람의 모발에 시술을 하여야 함으로 과다한 장식을 할 수 없는 소재의 선정 제한이 따른다.

③ **소재변화에 따른 미적 효과의 고려** : 이용은 고객의 종합적인 면을 관찰하고 의사소통을 통해 고객의 요구나 평소 스타일을 파악하여 시술해야 함으로 소재 변화에 제한이 있고, 이용 · 미용은 토탈 코디네이션 개념에서 홀로 독자적

으로 표현되어서는 적절하지 않은 이용 전문가로의 창작력에 제한을 받는다.

④ **시간적인 제한 :** 이용 시술에 있어 적정한 시간에 시술을 마무리하여야 하는 시간적 제재를 받는다. 하루 종일 시술을 할 수 없기 때문이다.

⑤ **부용 예술로서의 제한 :** 독립된 자유예술이 아닌 표현, 소재, 시간 등 여러 가지 제약을 받는 부용 예술로서 이용사의 소질과 우수한 기술이 요구된다.

2. 이용의 자세

1. 이용인의 자세

(1) 이용인의 자세

① 서비스 마인드를 가지고 고객에게 친절히 응대한다.

② 고객이 원하는 것을 귀 기울여 듣고 수용하는 태도를 가진다.

③ 깔끔한 용모 및 복장을 갖추고 고객을 맞이한다.

④ 개인위생에 신경 쓰고 매장 내 환경을 청결히 유지한다.

⑤ 시술 시 사용하는 기기 및 도구를 소독하여 위생적으로 사용한다.

(2) 이용인의 사명

이용사는 이용업을 통해 사회에 공헌한다는 사명감을 갖고 미용사로서의 직업적 · 인간적 자질을 갖추는 데 힘써야 한다.

① **미적 측면 :** 이용사는 고객의 헤어스타일을 표현하는 직업으로 고객과의 충분한 의사소통 과정에 의해 고객이 원하는 스타일과 전문가로서의 이용사 조언을 통해 고객이 만족하는 스타일을 표현해야 한다.

② **공중 위생적 측면 :** 이용사는 사람의 모발과 두피를 관리 · 접촉하는 직업으로 각종 전염병 및 위생적인 측면에서 주의를 기울여야 한다.

③ **사회 · 문화적 측면 :** 이용사는 이용 전문가로 고객에게 서비스를 하는 직업으로 사회 · 문화적으로 건전성을 가지고 고객에게 서비스를 하여야 한다.

(3) 이용인의 교양

① 이용사는 스타일리스트로 시대적 요구사항과 트렌드에 발맞추어 나갈 수 있도록 꾸준한 자기 계발을 하여야 한다.
② 이용 기술에 대한 과학적 · 미적 기술을 습득할 자세가 되어 있어야 하며, 꾸준한 연습으로 전문지식을 습득해야 한다.

2. 이용 작업자의 작업과 자세

(1) 이용 작업자의 작업 과정 (소재 → 구상 → 제작 → 보정)

① **소 재** : 고객의 신체 일부로 성격, 얼굴의 형태, 직업, 표정 등의 개인적 개성을 고려하여 정확한 소재를 파악하는 과정이다.
② **구 상** : 충분한 파악을 통하여 소재의 특징을 생각하고 계획하는 과정이다.
③ **제 작** : 생각하고 계획을 통해 구상한 것을 구체적으로 표현하는 과정이다.
④ **보 정** : 마무리 단계로 단점을 수정하고 보완하는 과정이다.

(2) 이용 작업자의 자세

① 서 있는 자세에서 다리 사이 폭은 어깨너비 정도가 적당하다.
② 작업 대상은 심장 높이와 평행하게 한다.
③ 명시 거리는 정상시력의 경우, 안구에서 약 25cm~30cm를 유지한다.
④ 힘의 배분을 적절히 하여 시술한다.

3. 이용 작업을 위한 인체 각 부의 명칭

1. 이용에 관련된 인체 명칭

(1) 두상 포인트 명칭

표 1-1 두상 포인트 명칭

두상 포인트	번호/약어	용어
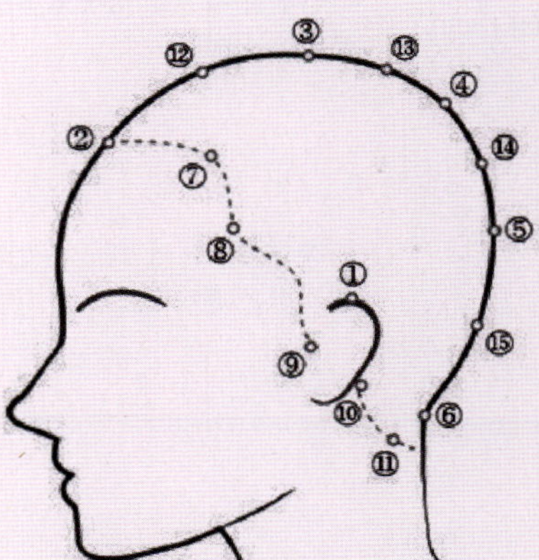	① E.P	이어 포인트(Ear Point)
	② C.P	센타 포인트(Center Point)
	③ T.P	톱 포인트(Top Point)
	④ G.P	골든 포인트(Golden Point)
	⑤ B.P	백 포인트(Back Point)
	⑥ N.P	네이프 포인트(Nape Point)
	⑦ F.S.P	프론트 사이드 포인트 (Front Side Point)
	⑧ S.P	사이드 포인트 (Side Point)
	⑨ S.C.P	사이드 코너 포인트 (Side Corner Point)
	⑩ E.B.P	이어 백 포인트 (Ear Back Point)
	⑪ N.S.P	네이프 사이드 포인트 (Nape Side Point)
	⑫ C.T.M.P	센타 톱 미디움 포인트 (Center Top Medium Point)
	⑬ T.G.M.P	톱 골든 미디움 포인트 (Top Golden Medium Point)
	⑭ G.B.M.P	골든 백 미디움 포인트 (Golden Back Medium Point)
	⑮ B.N.M.P	백 네이프 미디움 포인트 (Back Nape Medium Point)

(2) 두상 부위 라인

표 1-2 두상 부위 라인

두상 부위 라인	번호/용어	특징
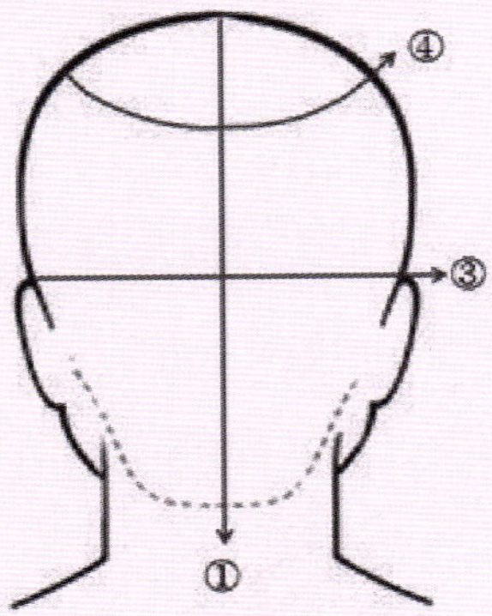	① 정중선 (Center Line)	C.P에서 N.P까지 두부 전체를 수직으로 2등분하여 좌우로 분할하는 선이다.
	② 측중선 (E.E.L-Ear to Ear Line)	좌우의 귀를 세로로 잇고 두상부위 측면을 전후로 2등분하는 선이다.
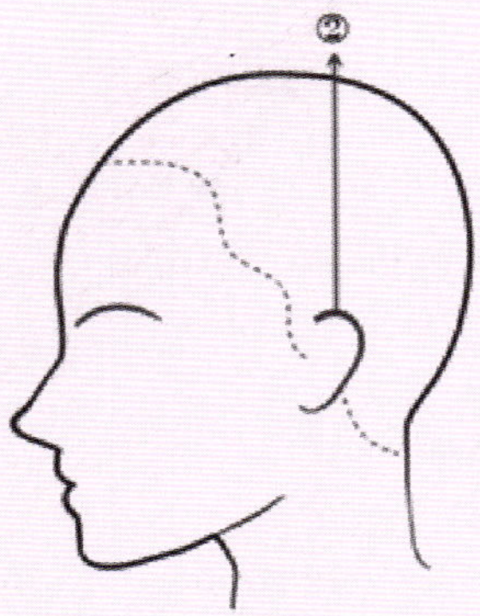	③ 수평선 (H.L-Horizontal Line)	E.P의 높이를 가로로 잇고 두상부위 측면을 상하로 2등분하는 선이다.
	④ 측두선 (U Line)	양쪽 F.S.P에서 측중선까지 연결하는 선이다.

제2장

이용의 역사

Check Point

이 장에서는 한국 및 외국의 이용 역사를 이해함을 목표로 하며, 대체로 **1문항이 출제**되고 있습니다.

1. 한국의 이용

① 1895년 11월 15일 조선시대 말엽(고정32년) 고종 황제 때 단발령(斷髮令)이 효시되었다.

② 단발령을 내려 종내 상투를 하던 풍습을 없애려고 정부에서 체두관을 방방곡곡으로 보내어 강제적으로 머리의 상투를 잘랐다.(우리나라는 이 때 처음으로 이발을 시작하게 되었다.)

③ 김홍집 내각의 내무대신 유길준과 정병하 및 안정호 등이 직접 가위를 들고 상감과 세자의 두발을 잘랐다.

④ 최초의 이용사인 안종호 옹은 18세에 전라도 완주군수를 역임했고, 세자와 귀족을 가르치는 대강원의 정삼품독의 강사로서 개화사상의 신문화 운동에 방역회를 조직하여 세종로와 태평로 어구에 최초의 이용원을 경영하였다.

⑤ 1923년 일제시대 당시 만치 야마모토라는 일본인의 주도로 이용 기술을 최초로 강습화하였으며, 그 해 가을에 우리나라에서는 처음으로 국가가 시행하는 이용사 자격시험을 실시하였다.

⑥ 시험 출제는 당시 의학박사인 주방주 씨의 저서인 '위생독본'이란 책에서 출제되었으며, 생리해부학, 소독법, 전염병학, 면접시험, 실기시험으로 구성되었다.

⑦ 1961년 12월 5일 이용사, 미용사법이 제정 · 공포되어 이 · 미용이 활성화되었다.

⑧ 1986년 5월 10일 공중위생법이 공포되었다.

2. 외국의 이용

① B.C(기원전) 1900년 유럽의 헤브라이(Hebrai)족 족장이 죄인을 벌할 때 두발을 다 밀어 삭발하게 하여 그 두발이 다시 다 자랄 때까지 죄를 받게 하였다.

② 중세시대 전쟁을 치르면서 두부에 부상을 입거나 상처가 났을 때 두발을 삭발하고 치료해 주는 외과의사와 이용사의 직분을 겸직하였다.

③ 1540년 프랑스의 메야나킬(Meyanakil)이란 이발사가 둥근 막대기에 파란색 · 빨간색 · 흰색을 칠해 이발소 정문 앞에 내걸어 사람들이 쉽게 찾아볼 수 있도록 했다.

- 사인보드의 색 : 청색은 '정맥', 적색은 '동맥', 백색은 '붕대'를 각각 의미한다.
- 세계 공통의 이발소 표시가 되며 사인보드(Signboard)를 이발소에게 빼앗긴 병원은 적십자 표시를 사용하게 되었다.

④ 1804년(나폴레옹 시대) 세계 최초의 이용사 프랑스의 장 바버(Jean Barber)가 외과병원과 이용원을 완전히 분리하였다.

⑤ 1871년에 프랑스의 기계 제작 회사인 바리캉 마르(Barriquand et Marre) 제작소에서 바리캉을 발명하였다.

⑥ 프랑스 이용고등기술연맹 발표연도

- 1962년 폴로라인 발표
- 1965년 댄디라인 발표
- 1967년 프레인 에어라인 발표

제3장

이용 용구

Check Point

이 장에서는 각종 이용 도구와 이용기기의 용도와 이용방법의 숙지를 목표로 매번 **2문항 정도가 출제**되고 있습니다.

1. 이용 도구

1. 가위, 바리캉(클리퍼), 레이저(면체용, 커트용), 빗, 브러시 등 도구류

(1) 가위(Scissors)

① 가위의 구조

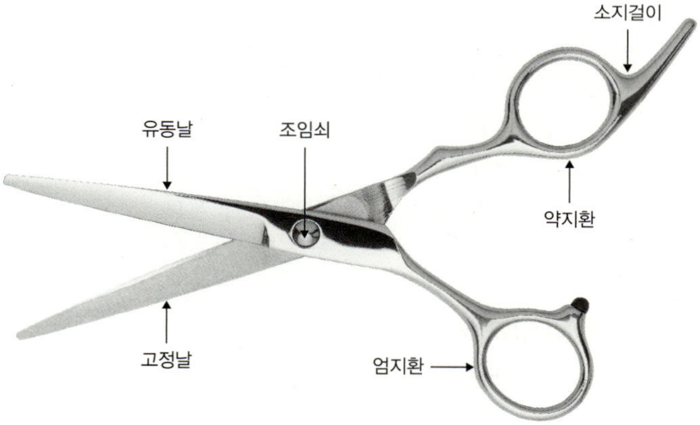

그림 3-1 가위의 구조

- **고정날** : 시술 시 고정되는 날로 약지에 의해 조작한다.
- **유동날** : 시술 시 움직이는 날로 엄지에 의해 조작한다.
- **엄지환** : 동도에 연결된 원형의 고리에 엄지를 위치하여 가위를 잡는다.
- **약지환** : 정도에 연결된 원형의 고리에 약지를 위치하여 가위를 잡는다.
- **소지걸이** : 약지환에 이어져 있으며 소지를 걸어 안정성을 유지한다.
- **조임쇠** : 피봇(Pivot)이라고도 하며, 정도와 동도를 하나로 고정시킨다.

② 가위의 종류

재질에 따른 분류

- 착강 가위 : 협신부(몸)는 연질강철, 날은 특수강철로 서로 다른 재질의 강철로 제작된 가위이다.
- 전강 가위 : 모든 부분이 특수강철으로 제작된 가위이다.

사용 용도별 분류

- 커팅 가위 : 두발 커트 및 싱글링 커트 시 주로 사용한다.
- 틴닝 가위 : 두발의 길이는 건드리지 않고 모량을 제거할 때 용이하다.
- R형 가위 : 가위 모양이 내곡선을 띄며 세밀한 수정이나 곡선 처리에 용이하다.
- 미니 가위 : 크기는 4~5.5인치로 정밀한 블런트 커트에 용이하다.

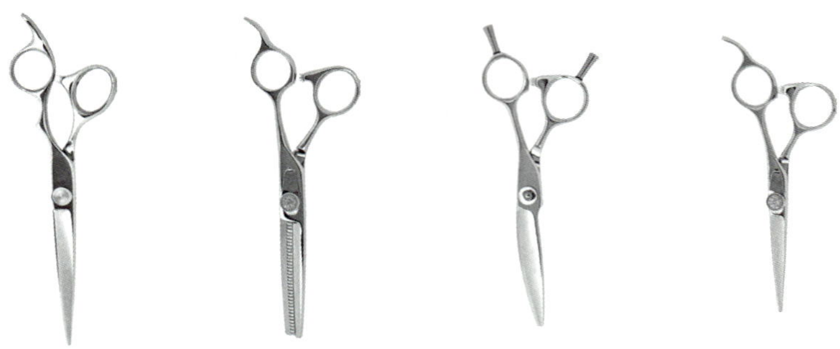

커팅 가위 / 틴닝 가위 / R형 가위 / 미니 가위

그림 3-2 가위 사용 용도별 분류

③ 가위 결정 요인

- 두께는 얇고 날의 강도가 적당한 것이 좋다.
- 양날의 견고함이 똑같고 재질이 좋은 것이 좋다.
- 가위 내면의 곡선이 좋고 마무리 공정이 깨끗한 것이 좋다.
- 조임쇠(피봇)가 느슨하지 않은 것이 좋다.
- 가위를 잡거나 조작할 때 쉬운 것이 좋다.
- 엄지환과 약지환의 구멍이 손가락에 적합한 것이 좋다.

(2) 바리캉(클리퍼)

① 바리캉의 구조

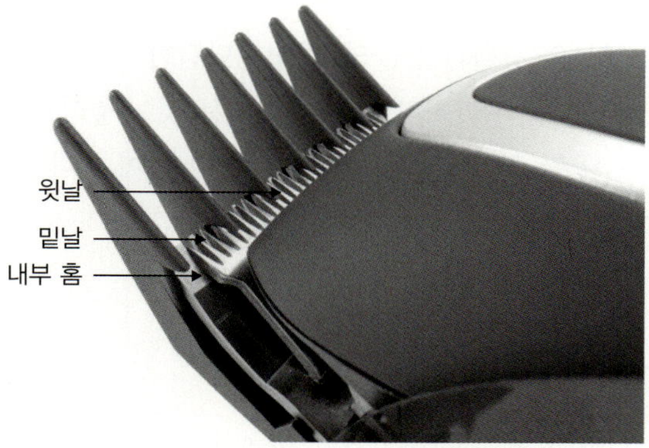

그림 3-3 바리캉의 구조

- 윗날 : 좌우로 움직이며 밑날과 함께 모발을 절단한다.
- 밑날 : 모발을 같은 길이로 모아주며 윗날과 함께 모발을 절단한다.
- 내부 홈 : 밑날에 위치한 긴 홈으로 모발 사이가 원활히 절단한다.

② 바리캉 종류

두께에 의한 분류

- 밑날이 두께가 감소됨에 따라 날의 폭이 점차 좁아진다.
- 기본 7종(1mm, 1.5mm, 2mm, 3mm, 5mm, 7mm, 9mm)의 밑날 두께로 구분되며, 시술에 따라 1mm 이하 또는 10mm 이상도 사용한다.

구조에 따른 분류

일렉트릭 바리캉

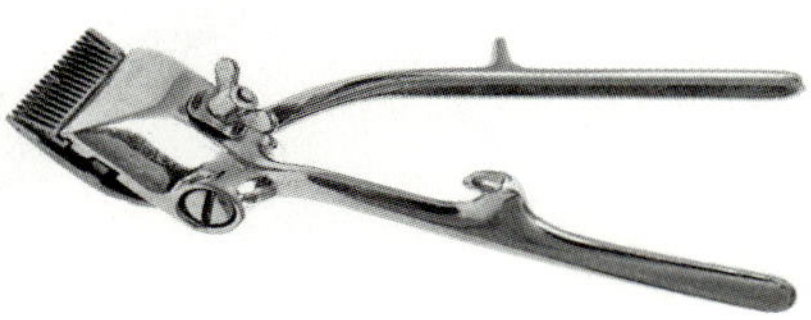

핸드 바리캉

그림 3-4 바리캉 구조에 따른 분류

- 일렉트릭 바리캉 : 전기의 작용을 이용하여 모발을 자르는 바리캉이다. 소형 모터가 장착된 모터식 바리캉, 전자식·진동간·되돌림 스프링으로 구성된 마그넷식 바리캉이 있다.

- 핸드 바리캉 : 수동식 바리캉으로 손가락으로 굽혔다 폈다를 반복하여 스프링의 탄력으로 모발을 자른다.

③ 바리캉 결정 요인

- 윗날, 밑날 부분의 강철과 핸들의 주철이 단단한 것이 좋다.
- 윗날과 밑날이 균등하고 똑같이 겹쳐져 있는 것이 좋다.
- 바리캉 작동 시 윗날과 밑날이 접촉이 원활한 것이 좋다.
- 편안한 그립감(손잡이를 잡거나 쥐었을 때 느낌)이 느껴지고 중량감이 적당한 것이 좋다.

(3) 레이저(Razor)

레이저 커트는 모발의 손상을 방지하기 위해서 물을 충분히 적신 다음에 사용한다.

① 레이저의 구조

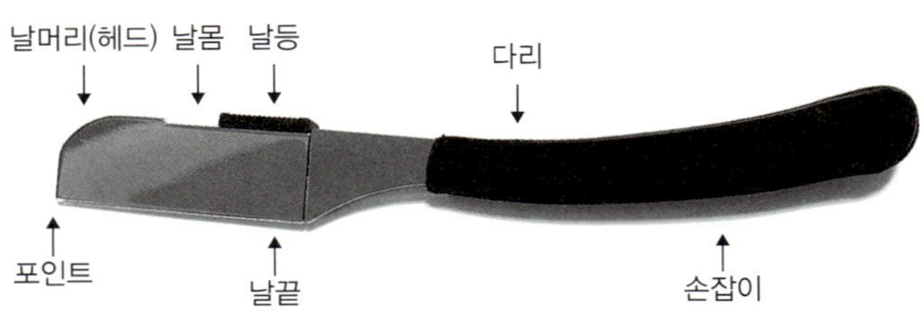

그림 3-5 레이저의 구조

② 레이저의 종류

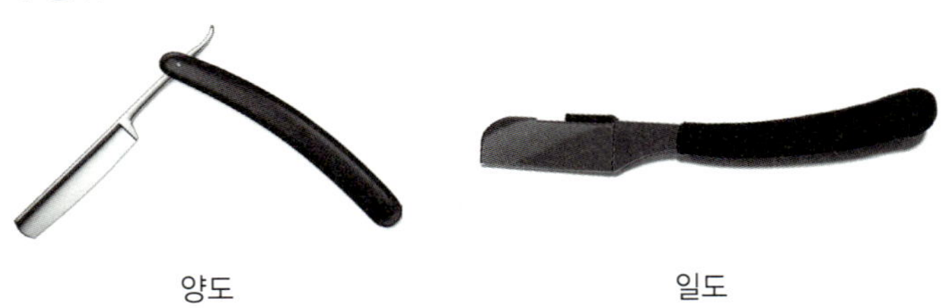

그림 3-6 레이저의 종류

- **양도** : 시술 시에는 펴서 사용하고, 시술 후에는 접어서 보관할 수 있는 레이저이다.
- **일도** : 면도칼의 몸체와 손잡이가 일자 형태로 되어 있는 레이저이다.

② 레이저의 결정 요인

- 면도날의 등과 끝이 비틀어지지 않고 평행선을 긋고 있는 것이 좋다.
- 양면의 외곡선상이 면도날의 등과 끝까지 고르게 되어 있는 것이 좋다.
- 두께가 일정한 것이 좋다.

(4) 빗(Comb)

① 빗의 구조

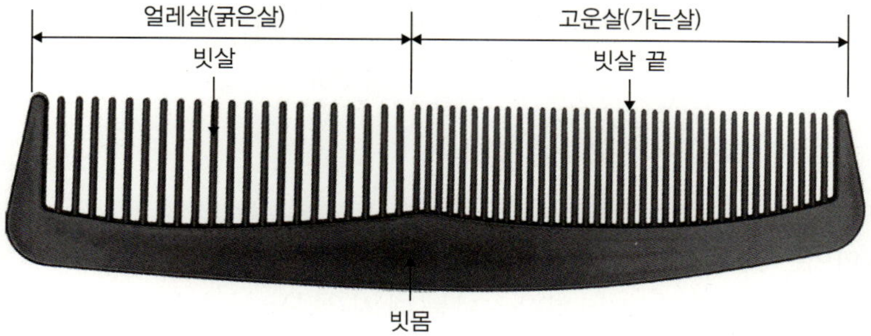

그림 3-7 빗의 구조

- **얼레살**(굵은살) : 모발을 빗질하고, 긴 모발 또는 모량이 많은 부분을 빗살 뿌리에 걸고 형태를 만들 때 사용한다.
- **고운살**(가는살) : 모발을 가지런히 하고 짧은 모발을 정교하게 다듬거나 정확한 커트를 할 때 사용한다.
- **빗살 끝** : 각 부분의 빗살의 끝으로 모발을 나눌 때 사용한다.
- **빗몸** : 빗 전체의 균형을 유지한다.
- **빗살** : 간격이 일정하고 균등하게 정렬되어야 한다.

② 빗의 종류

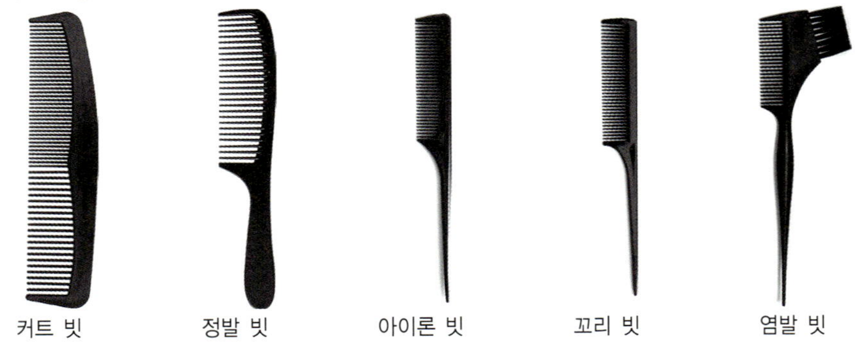

그림 3-8 빗의 종류

- **커트 빗** : 조발 시 사용하는 빗이다.
- **정발 빗** : 정발 시 사용하는 빗이다.
- **아이론 빗** : 아이론 시술 시 사용하는 빗이다.
- **꼬리 빗** : 펌 시술 또는 파팅을 나눌 때 사용하는 빗이다.
- **염발 빗** : 염색 시술 시 사용하는 빗이다.

③ 빗의 결정 요인

- 빗살 끝이 너무 날카롭거나 무디지 않은 것이 좋다.
- 빗살 끝이 전체적으로 균등하고 가는 것이 좋다.
- 빗의 허리가 약간 둥근 각을 가진 것이 좋다.
- 내열성, 내수성, 내유성을 가진 것이 좋다.

2. 이용 기기

1. 드라이어, 아이론, 스티머, 적외선 조사기 등 기기류

(1) 드라이어(Dryer)

그림 3-9 드라이어

바람과 열을 이용해 젖은 모발을 건조시키고 여러 종류의 브러시와 함께 사용하여 새로운 형태의 헤어스타일링을 하기 위한 이용 기기이다. 보조기구인 디퓨저(Diffuser)는 열과 바람을 고르게 확산하기 위해 사용한다.

(2) 아이론(Iron)

① 아이론의 구조

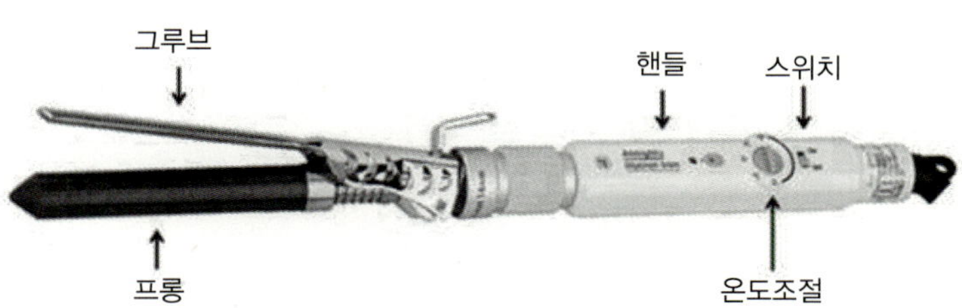

그림 3-10 아이론의 구조

- **핸들** : 손잡이 부분이다.
- **프롱**(Prong) : 원형 쇠 막대기 부분으로 위에서 눌러 주는 작용이다. 모발이 감기거나 컬을 만드는 부분이다.

- **그루브**(Groove) : U자 모형으로 생긴 부분, 두발을 고정해 주는 작용이다. 프롱이 위로, 그루브가 아래로 가도록 잡는다.
- **스위치** : 아이론을 켜고 끌 수 있는 전원 장치이다.
- **온도조절** : 사용에 따라 적정 온도로 맞출 수 있는 장치이다.

② 아이론의 결정 요인
- 아이론 잠금 나사가 잘 조여져 있는 제품이 좋다.
- 프롱과 그루브가 뜨는 곳 없이 잘 맞물리는 제품이 좋다.
- 핸들과 프롱의 길이가 균일한 제품이 좋다.
- 아이론에 열이 균일하게 잘 들어오는 제품이 좋다.

③ 아이론의 관리
- 녹슬지 않도록 한다.
- 기름으로 잘 닦아 준다.
- 샌드페이퍼로 잘 다듬어 준다.

(3) 스티머(Steamer)

스티머는 온열작용으로 모공을 개방해서 노폐물 배출을 용이하게 해주기 때문에 피부 보습 효과가 있다.

(4) 적외선

가시광선의 바깥쪽에 있고 파장이 긴 방사선이다. 적외선은 열작용이 있기 때문에 혈액순환을 활발하게 해준다. 사용 시 반드시 눈을 보호하는 아이패드를 사용해야 한다.

2. 샴푸대와 소독기 및 기구류

(1) 샴푸대

두피 및 모발을 깨끗하게 세정할 때 사용하는 기구이다.

(2) 소독기

자비소독, 건열멸균소독, 증기소독, 자외선 소독, 화학적 소독 등의 소독을 하기 위한 기구이다.

제4장

세발술

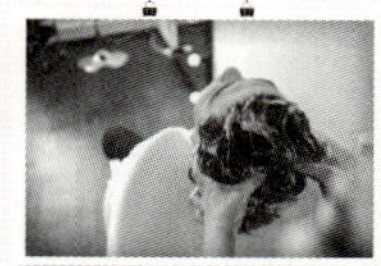

Check Point

이 장에서는 세발을 위한 샴푸나 린스의 종류와 성질, 그리고 세발 작업 방법을 익히도록 하고 있으며, 2~3문항이 출제되고 있습니다.

1. 샴푸

1. 샴푸제의 성질

샴푸란 두피나 모발에 쌓인 각질, 노폐물, 헤어 제품(왁스, 스프레이, 스타일링 제품 등) 등을 제거하여 청결히 해줌과 동시에 혈액순환을 활발하게 하여 생리기능을 높여 주어 모근부의 기능을 좋게 하며, 모발과 두피를 건강하게 유지 및 관리시켜 주어 아름답게 해주는 작업이다. 샴푸 시 적당한 물의 온도는 35~38℃이다.

2. 샴푸제의 종류 및 작용

(1) 웨트 샴푸(Wet Shampoo, 물을 사용)

① 플레인 샴푸(Plain Shampoo)

일반적인 샴푸이다. 비누나 합성세제 등이 있다.

② 스페셜 샴푸(Special Shampoo)

핫오일 샴푸, 에그 샴푸, 토닉 샴푸로 구성되어 있다.

- **핫오일 샴푸**(Hot oil Shampoo) : 식물성 오일(올리브유, 아몬드유 등)을 바르고 마사지를 하는 샴푸이다. 두피와 모발이 건조할 때 쓰이며 유분을 공급하는 것이 목적이다.
- **에그 샴푸**(Egg Shampoo) : 생달걀을 사용하는 샴푸이다. 흰자는 세정작용을 하고 노른자는 영양분을 공급한다. 두발이 표백되었을 때 사용된다.
- **토닉 샴푸**(Tonic Shampoo) : 혈액순환, 비듬예방, 살균예방에 좋은 샴푸이다. 두피와 모발의 생리 기능을 높일 때 사용된다.

(2) 드라이 샴푸(Dry Shampoo, 물을 사용하지 않음)

주로 환자나 가발에 사용된다.
① 파우더 드라이 샴푸(Powder Dry Shampoo)
② 에그 파우더 드라이 샴푸(Egg Powder Dry Shampoo)
③ 리퀴드 드라이 샴푸(Liquid Dry Shampoo)

2. 린스

1. 린스제 작용 및 종류

(1) 린스제의 작용

린스는 물리·화학적 자극으로 손상된 모발을 보호하고 손상 부위의 결절 현상 등을 방지한다. 모발의 유·수분을 공급하는 제품으로서 손상된 부위에 부드러운 유막을 형성시켜 건조한 모발에 윤기와 보습을 부여하고 모발이 차분해지도록 도와주고 정전기 발생을 방지한다.

(2) 린스제의 종류

① 플레인 린스(Plain Rinse)

퍼머넌트 웨이브나 헤어컬러링 등 시술 전에 사용하는 방법으로 린스제를 사용하지 않고 미지근한 물로 헹구어 내는 방법이다.

② 산성 린스(Acid Rinse)

퍼머넌트 웨이브나 헤어컬러링 등 시술 후에 사용하는 방법으로 알칼리화된 모발을 중화하기 위해 사용하는 방법이다. 표백작용의 우려가 있으니 장기간 사용은 권장하지 않는다.

③ 특수 린스(Special Rinse)

헤어컬러링 시술 후에 탈색을 방지하기 위해 사용하는 방법이다.

2. 헤어 트리트먼트의 종류 및 유형

(1) 헤어 트린트먼트의 종류 및 유형

① 크림 타입 트리트먼트
크림 타임 트리트먼트는 헹구어 내는 방법으로 가장 많이 사용되는 타입이다.
② 유액 타입 트리트먼트
유액 타입 트리트먼트는 침투성이 뛰어나기 때문에 다공질의 흡수성 모발 사용에 좋다.

3. 샴푸 및 린스 작업

1. 샴푸 및 린스 작업 시 주의사항

① 시술자의 손톱은 깔끔하게 정리하여 불편함을 주지 않는다.
② 시술 전 물의 온도가 적당한지 체크하고 고객에게 확인한다.
③ 고객의 얼굴에 물이 튀지 않도록 주의하며 타월을 이용해 얼굴을 가려 준다.
④ 시술 시 테크닉이나 매니플레이션이 강하지 않은지 체크하며 진행한다.

2. 샴푸 작업의 종류

(1) 좌식 샴푸

고객이 의자에 앉아 있는 상태에서 샴푸를 시술하는 방법이다. 고객의 얼굴이나 목덜미에 샴푸와 물이 흐르지 않도록 적당량의 사용하고 주의하여 시술한다.

(2) 와식 샴푸

고객이 샴푸대에 머리를 두고 누운 상태에서 샴푸를 시술하는 방법이다. 반드시 샴푸 전에 온도를 체크하고 고객의 얼굴이나 귀에 샴푸와 물이 흐르지 않도록 주의하여 시술한다.

제5장

이발(조발)

Check Point

이발의 기초지식과 자세, 이발 도구의 사용법과 기법, 그리고 조발의 종류와 작업기법 등을 숙지하며, 3~4문항이 출제되고 있습니다.

1. 이발의 기초지식

1. 이발의 기본 작업 및 자세

(1) 커트의 종류

① 웨트 커트(Wet cut) : 물을 사용하는 커트이며 모발이 젖은 상태에서 커트를 시술한다.

② 드라이 커트(Dry cut) : 물을 사용하지 않는 커트이며 샴푸 후 마른 상태에서 커트를 시술한다.

(2) 용어

① 헤어 라인(Hair Line) : 얼굴과 모발의 경계 부분이다.

② 분발선(Part) : 가르마를 분할하는 선이다.

③ 구레나룻(Sideburns) : 측두부의 귀앞에서 턱선까지 이어져 난 모발이다.

④ 소독술(Disinfection) : 소독제를 사용하여 도구 및 환경 등의 위생을 청결히 하는 것이다.

⑤ 조발술(Cut) : 두발을 커트하는 것이다.

⑥ 접합선(Clipper Line) : 바리캉으로 커트하는 라인과 가위로 커트하는 경계선이다.

⑦ 면체술(Shaving Skill) : 얼굴의 수염이나 헤어라인, 이어 포인트, 이어 백, 네이프의 연모를 정리하는 것이다.

⑧ 세발술(Shampoo) : 두피 및 모발을 세정하여 청결하게 유지하는 것이다.

(3) 섹션(Section)

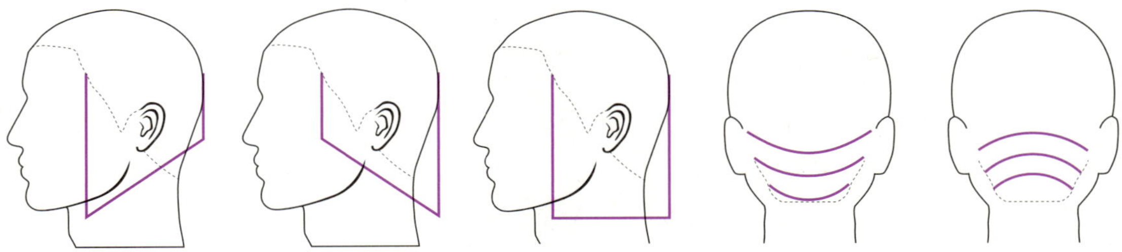

그림 5-1 섹션

① 전대각(Diagonal) : 지면과 사선으로 섹션을 나누는 것이다.

② 후대각(Diagonal) : 지면과 사선으로 섹션을 나누는 것이다.

③ 수평선(Horizontal) : 지면과 수평으로 섹션을 나누는 것이다.

④ 컨벡스(Convex) : 두상이 둥근 형태를 따라 아치형으로 볼록하게 섹션을 나누는 것이다.

⑤ 컨케이브(Concave) : 두상의 둥근 형태와 반대로 오목한 라인으로 섹션을 나누는 것이다.

(4) 분배(Distribution)

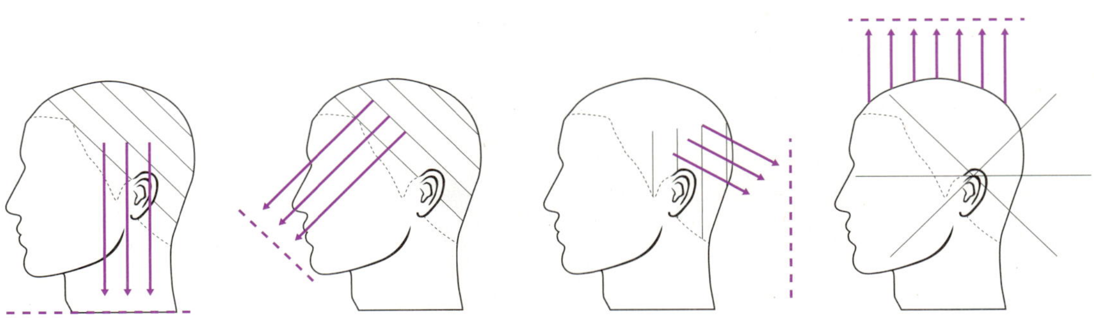

그림 5-2 분배

① 자연분배(Natural Distribution) : 파팅에서 모발이 중력으로 떨어지며 0 ° 각도이다.

② 직각분배(Perpendicular Distribution) : 파팅에서 모발이 직각으로 떨어지며 90 ° 각도이다.

③ 변이분배(Variation Distribution) : 파팅에서 모발이 자연분배 · 직각분배를 제외한 모든 방향을 말한다.

④ 방향분배(Directional Distribution) : 파팅과 관계없이 한 방향으로 빗는 것이다.

(5) 형태(Form)

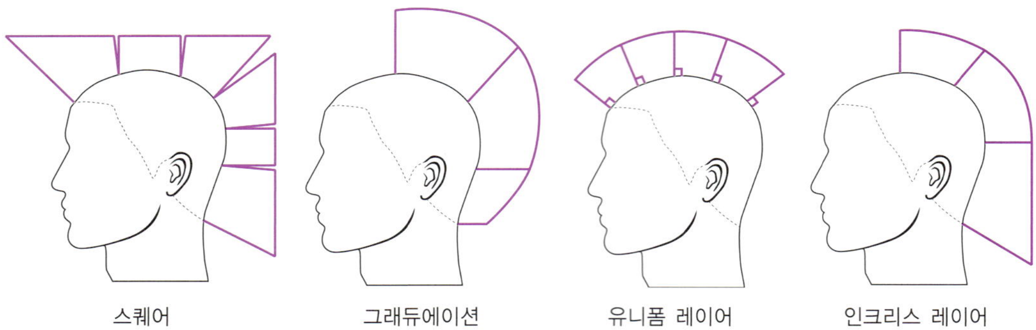

그림 5-3 형태

① 스퀘어(Square) : 사각형의 커트 형태를 가진다.

② 그래듀에이션(Graduation) 또는 그라데이션(Gradation) : 탑으로 올라갈수록 길게 커트하며, 무게감이 생긴다.

③ 유니폼 레이어(Uniform Layer) : 두상의 곡면과 평행으로 커트하며, 길이도 동일해진다.

④ 인크리스 레이어(Increase Layer) : 네이프로 내려갈수록 길게 커트한다.

(6) 베이스(Base)

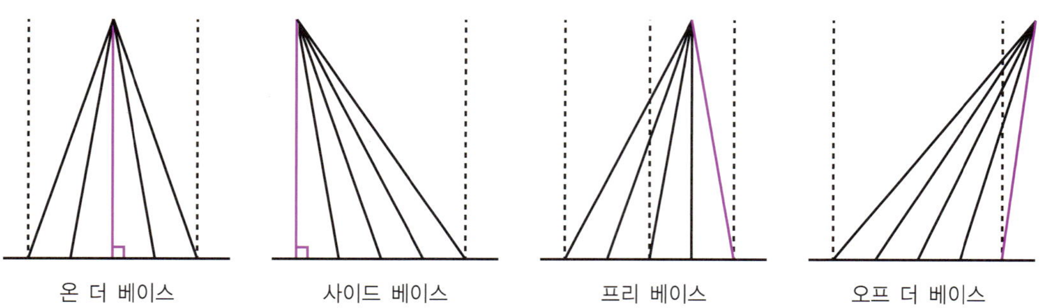

그림 5-4 베이스

① 온 더 베이스(On the Base) : 커트의 가장 기본이 되는 방법으로 파팅의 중심이 90° 가 되도록 스트랜드를 잡고 시술한다.

② 사이드 베이스(Side Base) : 파팅의 한 변이 90°가 되도록 잡고 시술한다.
③ 프리 베이스(Free Base) : 자연스럽게 길어지거나 짧아지는 형태로 온 더 베이스와 사이드 베이스의 중간에 위치한 형태이다.
④ 오프 더 베이스(Off the Base) : 파팅의 양쪽 변이 베이스를 벗어나도록 스트랜드를 잡고 시술한다.

2. 이발 도구의 사용법

① 지간깎기 : 빗어 올려친 두발을 검지와 중지로 잡아 고정시켜준 후 커트하는 방법이다.
② 거칠게깎기 : 기초 작업으로 사용되는 방법이다.
③ 떠내깎기 : 빗을 두피면에 대고 수직으로 들어 올려 커트하는 방법이다.
④ 숱고르기 : 두발의 사이에 뭉쳐있거나 불필요한 모발 제거를 위해 커트하는 방법이다.
⑤ 연속깎기 : 떠내깎기의 상태에서 빗과 가위를 수평형으로 두상을 따라 연속으로 커트하는 방법이다.
⑥ 끌어깎기 : 왼손에 가위를 고정해 당겨 주며 커트하는 방법이다.
⑦ 고정깎기 : 빗은 고정된 상태에서 튀어나온 부분만 커트하는 방법이다.
⑧ 돌려깎기 : 두상의 뒤쪽 둘레를 돌려 깎으며 정리해 주는 방법이다.
⑨ 밀어깎기 : 두피면에 빗살 끝을 대준 후 깎아주는 방법이다.
⑩ 수정커트 : 커트의 형태가 갖추어졌을 때 마지막으로 정돈해 주는 방법이다.

3. 이발기법

① 클리핑(Clipping) : 클리퍼나 가위를 사용하여 고르지 않은 두발을 커팅하는 기법이다.
② 싱글링(Shingling) : 45°로 하여 가위를 빗에 대고 동시에 올려치며 커팅하는 기법이다.
③ 슬라이싱(Slicing) : 가위를 사용하여 두발의 불필요한 모량을 감소시켜 주는 기법이다.
④ 틴닝(Thinning) : 두발의 길이는 유지하되, 모량만 감소시켜 주는 기법이다.
⑤ 스트로크 커트(Stroke cut) : 두발 끝에서 모근 방향으로 미끄러지듯 커팅하는 기법이다.

⑥ **스쿠프 커트**(Scoop cut) : 두발을 떠올려 깎듯이 커팅하는 기법이다.

⑦ **트리밍**(Trimming) : 커트가 완성된 상태에서 마무리 정돈을 위해 커팅하는 기법이다.

⑧ **테이퍼링**(Tapering) : 두발 끝부분을 가늘게 커팅하는 기법이다. 자연스러운 질감을 표현한다.

- **엔드 테이퍼**(End Taper) : 스트랜드 1/3 지점에서 두발 끝을 테이퍼하는 기법이다.
- **노멀 테이퍼**(Normal Taper) : 스트랜드 1/2 지점에서 두발 끝을 테이퍼하는 기법이다.
- **딥 테이퍼**(Deep Taper) : 스트랜드 2/3 지점에서 두발 끝을 테이퍼하는 기법이다.

2. 조발의 종류 및 작업

1. 보통 조발술

(1) 장발형(Long hair style)

댄디 커트, 샤기 커트, 울프 커트 등과 같이 귀와 목을 덮는 긴 모발 길이를 말한다. 주로 가위나 레이저를 사용하여 커트한다.

(2) 중발형(Medium hair style)

댄디 커트 등과 같이 장발형과 단발형의 중간으로 귀가 살짝 보이는 모발 길이를 말한다. 주로 가위, 레이저, 바리캉을 이용하여 커트한다.

(3) 단발형(Short hair style)

상고, 스포츠형 등과 같이 짧은 모발 길이를 말한다. 주로 가위나 바리캉을 이용하여 커트한다.

2. 스포츠 조발술

스포츠형(Brosse)은 아주 짧은 단발형에 속하는 스타일로, 가위나 바리캉을 이용하여 커트한다.

3. 영 스타일 조발술

젊고 발랄한 스타일로 상고, 스포츠형 등의 다양한 스타일이 포함될 수 있다.

4. 특수 조발술

모히칸 커트, 샤기 커트, 울프 커트, 스트록 커트, 인디 커트, 댄디 커트, 스크래치, 스포츠형 등이 포함된다.

제6장 면 도

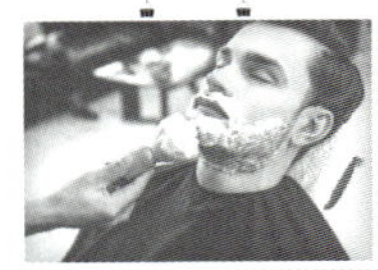

Check Point

이 장에서는 면도 도구의 종류와 작업기법, 작업 시 주의사항, 그리고 마무리로 얼굴의 기초화장을 목표로 2~3문항이 출제되고 있습니다.

1. 면도에 관한 사항

1. 면도의 정의 및 기초

(1) 면도의 정의

면도란 얼굴에 있는 수염이나 몸의 잔털 등을 정리하여 사람의 용모에 어울리도록 디자인하거나 깨끗한 이미지를 만들어 주는 것이다.

(2) 면도의 기초

① 피부 각질층을 자극하여 피부가 손상될 수 있으니 면도를 할 때 주의하여야 한다.

② 면도날과 피부 사이의 마찰을 줄이기 위해서 피부에 셰이빙 겔 또는 비누칠 등을 충분히 도포하여 면도 후 피부가 예민해지고 손상되는 것을 방지해야 한다.

③ 피부에 셰이빙 겔 또는 비누칠 등이 잘 스며들 때까지 기다린 후에 수염이 자라는 방향으로 면도를 하는 것이 좋다.

④ 충분히 연습한 후에 숙련된 상태로 면도를 해야 한다.

2. 안면 피부분석

(1) 안면 피부분석

안면 피부분석에 따라 면도를 하는 것이 좋다. 면도를 할 때 피부의 유형, 여드름, 상처, 점, 주름 상태, 수염 방향 등의 피부를 분석하여 그에 따라 주의해서 시술해야 한다.

3. 면도 작업

(1) 면도 순서

① **면도 구분** : 안면 면도, 뒷 면도

② **면도 준비** : 마네킹, 마스크, 터번, 수건 4장 이상, 전신수건, 휴지, 스킨, 로션, 비누, 거품 솔, 면도 컵, 면도기

③ **면도 순서** : 마스크 착용하기 → 면도 준비하기 → 면도 거품 1차 도포 → 온습포 대기 → 면도 거품 2차 도포 → 면도하기 → 냉습포 대기 → 스킨 · 로션 바르기 → 정리 정돈하기

④ **면도 시술** : 이마(정골) → 우측뺨(우측관골) → 좌측뺨(좌측관골) → 코밑(상악골) → 턱(하악골)

(2) 비누칠의 순서 및 목적

① **순서** : 이마 → 오른쪽 뺨 → 턱 → 왼쪽 뺨 → 인중

② **목적** : 수월한 면도를 위하여 털과 수염 및 피부를 유연하게 하고 면도날의 움직임을 원활하게 해준다. 피부를 청결히 해주며 면도된 털과 수염이 날아가는 것을 방지한다.

(3) 면도의 주의사항

① 마스크를 반드시 착용한다.

② 마네킹의 피부 표면이 상하지 않도록 수염 방향에 맞게 면도한다.

③ 화장품을 사용할 때 오염이 없도록 하며, 용기의 파손이 없도록 주의한다.

④ 면도날을 조심성 있게 다루어 안전사고가 발생하지 않도록 주의한다.

(4) 면도의 도구

① 면도기 잡는 방법

- **프리 핸드**(Free hand) : 가장 기본적인 방법으로, 면도 자루를 엄지와 검지로 잡고 자루 끝부분을 약지와 소지 사이에 끼어 사용한다.
- **푸시 핸드**(Push hand) : 프리 핸드에서 손목을 이용하여 손등이 위로 향하게 잡아 사용한다.

- **백 핸드**(Back hand) : 뒤로 잡는 방법으로, 프리 핸드와 잡는 방법은 동일하나 손을 돌려 면도날이 반대방향이 되도록 하여 손바닥이 위로 향하게 잡고 사용한다.
- **스틱 핸드**(Stick hand) : 막대기를 잡듯 면도칼의 몸체와 핸들이 평행이 되도록 펴서 사용한다.
- **펜슬 핸드**(Pencil hand) : 연필잡기라고도 하며, 연필을 잡듯 면도칼을 쥐고 사용한다.

2. 안면 관리

1. 얼굴 기초화장의 목적

얼굴 기초화장은 기본적으로 피부의 메이크업 및 노폐물을 제거하여 피부를 청결히 하고 피부의 pH를 원래의 정상적인 상태로 돌아오게 하고 유·수분을 공급하여 피부정돈을 하고 외부의 자극으로부터 피부를 보호해 주는 역할을 주목적으로 하고 있다.

2. 얼굴 기초화장의 순서

수분 중심의 제품에서 유분 중심의 제품 순으로 바르는 것이 좋다.

스킨 → 수분 에센스 → 아이크림 → 로션 → 크림 → 비비크림 → 자외선 차단제

제7장 정발술(헤어 스타일링)

Check Point

헤어 스타일링을 위한 헤어 세팅 도구의 이용 및 디자인, 그 기법으로 아이론과 블로 드라이 스타일링 방법이 **2~3문항 출제**됩니다.

1. 정발술(헤어 스타일링)

1. 오리지널 세트

오리지날 세트의 종류에는 헤어 파팅, 헤어 셰이핑, 헤어 웨이빙, 헤어 컬링, 롤 컬링 등이 있다.

(1) 헤어 세팅 도구[1)]

① 세팅 롤러

- **롤러의 크기와 형태** : 롤러는 약 여섯 종류가 있으나 주로 사용되고 있는 것은 대 · 중 · 소로 나누어진 세 종류가 일반적이다. 그리고 원통형의 롤러는 일반적인 롤러 컬을 내기 위해 사용하고, 원뿔형의 롤러는 둥근 머리 형태에 알맞은 것으로, 양 끝 부분에 움직임이 느껴지는 컬의 효과를 내기 위한 도구이다.
- **롤러의 원둘레** : 룰러의 원둘레의 크기에 따라 슬라이스의 폭이 달라진다.
- **슬라이스 형태에 따른 롤러의 선택** : 롤러 와인딩을 하기 위해 원통형 롤러를 사용한 직사각형 모양의 슬라이스와 원뿔형 롤러를 사용한 삼각 모양의 슬라이스가 있다.
- **롤러 와인딩 폭** : 롤러 와인딩 폭은 롤러 전체 길이의 약 4/5 정도가 적합하다.
- **롤러 섹션의 폭** : 롤러 섹션의 폭은 롤러의 지름 길이 정도가 적합하다.

② **롤러 컬 빗** : 세트 빗이나 꼬리 빗 등은 용도에 따라 볼륨을 주거나 머리카락을 빼내는 데에 사용한다.

③ **브러시** : 헤어브러시는 경질의 빗살을 선택하여야 두피까지 빗질하기 쉽다.

④ **헤어핀과 클립** : 헤어핀과 클립은 세팅을 할 때 고정시키거나, 웨이브를 줄 때 사용하는 것이다. 헤어핀은 열린 핀과 닫힌 핀을 사용하며 목적에 따라 크기와 종류를 다양하게 준비한다.

⑤ 헤어 드라이어 : 헤어 드라이어는 모발의 스타일을 완성하는 데 필요한 도구이다. 바람의 온도, 즉 열풍 및 냉풍을 조절할 수 있도록 되어 있다.

⑥ 헤어 아이론 : 헤어 아이론은 열을 이용해 일시적으로 모발에 컬과 웨이브를 형성시키는 기구로서 전기 가열식 아이론과 일반 가열식 아이론이 있다.

⑦ 세트 로션 : 세트 로션은 세트 시 모발을 일정한 형태로 고정시키는 역할을 한다.

⑧ 헤어 스프레이 : 헤어 스프레이는 모발에 막을 만들면서 스타일을 고정시켜 주는 역할을 하며 리세트 시에 주로 사용한다.

⑨ 후드 드라이어 : 후드 드라이어는 롤러 세팅 후 롤러 컬의 형성을 돕기 위하여 사용하는 기기이다.(후드 드라이어는 아래쪽에서부터 흡입되는 찬바람이 후드 드라이어 안쪽의 모터를 통과하면서 뜨거운 바람으로 바뀌게 된다. 가늘고 숱이 없는 모발은 약한 열을 주고, 강하고 컬이 없는 모발은 충분한 수분을 주어 와인딩을 하고 강한 열을 주며 탄력 있는 컬이 형성된다.)

2. 리세트

이용에서 리세트(Reset)는 오리지널 세트 후 헤어스타일의 마무리 단계로 다시 세트를 한다는 의미이다.

2. 디자인

1. 얼굴형에 따른 헤어 디자인

① 5 : 5 가르마
- 역삼각 얼굴형에 어울린다.
- 얼굴의 정중선을 기준으로 2등분으로 가르마를 나눈 것이다.

② 6 : 4 가르마
- 각지거나 모난 얼굴형에 어울린다.
- 눈썹의 안쪽을 기준으로 가르마를 나눈 것이다.

③ 7 : 3 가르마
- 둥근 얼굴형에 어울린다.

- 눈썹의 중심을 기준으로 가르마를 나눈 것이다.

④ 8 : 2 가르마
- 긴 얼굴형에 어울린다.
- 눈썹의 바깥쪽을 기준으로 가르마를 나눈 것이다.

2. 부수적 요소에 따른 헤어 디자인

(1) 신체적 특성에 따른 헤어 디자인

① 키에 따른 헤어 디자인
- **큰 키** : 아주 긴 머리와 짧은 머리는 키를 더 커보이게 한다. 톱 부분에 볼륨을 주지 않는 것이 좋다.
- **작은 키** : 톱 부분에 볼륨을 많이 넣어 키가 커보이게 디자인을 한다.

② 체형에 따른 헤어 디자인
- **마른 체형** : 굵은 웨이브로 부풀려 주어서 말라 보이는 체형을 보완하는 것이 좋다.
- **뚱뚱한 체형** : 짧게 단정하게 댄디 스타일로 조금은 더 말라보이게 보완하는 것이 좋다.

③ 목의 길이에 따른 헤어 디자인
- **목이 짧은 형** : 탑 부분에 적당한 볼륨을 넣어 목이 길어 보이게 하는 것이 좋다.
- **목이 긴 형** : 목이 너무 노출되는 짧은 헤어 디자인과 톱 부분에 볼륨을 주지 않는 것이 좋다.

3. 아이론 및 블로우 드라이 스타일링

1. 아이론 스타일링의 정의 및 방법

아이론(Iron)은 고열을 이용해 기존 스타일의 형태를 보완하거나 새로운 형태로 연출할 수 있는 기기이다. 건조된 모발에 온도와 시간을 조절하여 모발상태에 맞게 아이론 기기와 빗을 이용하여 원하는 스타일을 만들어 준다. 보통 아이론의 온도는 120℃~140℃가 적당하다. 모발을 시술하기 전에 아이론의 온도를 확인해야 한다.

2. 블로우 드라이 스타일링의 정의 및 방법

블로우 드라이(Blow Dry)는 바람과 열을 이용해 젖은 모발을 건조시키고 여러 종류의 브러시와 함께 사용하여 새로운 형태의 헤어 스타일링을 하기 위한 기기이다. 짧은 시간 내에 자연스러운 헤어스타일을 연출할 수 있지만, 능숙한 테크닉이 필요하다. 미숙한 테크닉은 모발 손상을 일으킬 수 있다.

드라이어의 바람의 방향이 고객의 얼굴, 두피, 목으로 직접적으로 향하지 않게 하는 것이 좋다. 블로우 드라이 스타일링 시 모발 자체의 수분은 10~15%가 적당하다.

제8장

스캘프 케어

Check Point

두개피의 진단과 관리방법, 스캘프 매니플레이션 방법, 그리고 모발 종류에 다른 관리방법을 목표로 **1~2문항이 출제**됩니다.

1. 두개피 관리

1. 두개피의 진단 및 관리

관리자가 고객의 이상 상태를 정확히 파악하기 위한 검사를 진단이라고 한다. 이에 따라 적절한 관리방법 및 처치법을 제시한다.

(1) 두개피의 진단

① **문진** : 고객과의 대화상담 또는 고객 카드 상담으로 고객의 상태를 관찰하고 질문과 응답을 통해 가족력, 과거병력, 과거치료법 등을 상세히 체크하여 이상 상태를 파악하는 방법이다.

② **시진** : 확대경이나 육안으로 고객의 두피 및 모발을 관찰하여 홍반, 피지분비 상태, 발진 유무 등의 이상 상태를 파악하는 방법이다.

③ **촉진** : 고객의 두피 및 모발을 손으로 만져서 두피의 탄력, 피지분비량, 각질 등의 이상 상태를 파악하는 방법이다.

이외에 진단기를 이용하여 고객의 두피 및 모발의 이상 상태를 관찰하는 방법이 있다. 검사 상황을 모니터를 통해 고객에게 직접 보여 줌으로써 두피 및 모발의 문제점을 파악하고 진단하는 데 있어 고객이 쉽게 이해할 수 있다는 장점을 가진다.

(2) 두개피의 관리

두피에 이상 상태를 진단하고 파악하여 적절한 관리방법을 통해 혈액순환을 촉진시키고 생리기능이 원활하게 한다. 또한, 신진대사 기능을 향상시켜 각화주기의 정상화를 도움으로써 문제성 두피 및 탈모를 사전에 예방하고 건강한 두피 및 모발을 유지한다.

2. 두개피 관리법 및 방법

(1) 두개피의 관리법

상담 → 두피 진단 → 프로그램을 통한 관리 → 두피 마사지

두피 스케일링 → 샴푸 → 두피 및 모발 트리트먼트 → 마무리

(2) 두개피의 관리방법

① 물리적인 방법 : 두피에 물리적인 다양한 방법으로 자극을 주어 신진대사 기능을 향상시켜 주는 방법으로 브러싱, 스팀타월, 스티머, 마사지, 고주파 기기, 적외선 기기 등이 있다.

② 화학적인 방법 : 모발의 생리기능을 높여 주고 건강하게 유지하기 위한 방법으로 스캘프 트리트먼트제를 사용한다.

2. 스캘프 매니플레이션(Scalp Manipulation)

1. 스캘프 매니플레이션의 정의 및 목적

스캘프 매니플레이션은 '근육을 마사지하다' 라는 뜻을 지니고 있으며 두피의 혈액순환을 활발하게 하고 생리기능을 원활하게 하여 모발이 건강하게 자라나도록 도와 주고 근육을 자극하여 단단한 두피를 부드럽게 한다.

2. 스캘프 매니플레이션의 방법

(1) 플레인 스캘프 트리트먼트(Plain Scalp Treatment)

① 정상 두피처럼 두피가 건강할 때 사용한다.

② 유·수분 밸런스를 유지하여 문제성 두개피를 사전에 방지한다.

(2) 오일 스캘프 트리트먼트(Oil Scalp Treatment)

① 지성 두피처럼 두피에 피지가 많을 때 사용한다.

② 두피를 세정하여 피지를 조절하고 세균에 대한 저항력을 높인다.
③ 피지 응고물을 제거하고 주기적 관리로 신진대사를 촉진시킨다.

(3) 드라이 스캘프 트리트먼트(Dry Scalp Treatment)

① 건성 두피처럼 두피에 피지가 부족할 때 사용한다.
② 유 · 수분을 제공하고 건조된 각질을 제거한다. 과도한 열을 사용하지 않고, 막힌 모공은 정해진 주기에 따라 클렌징을 실시한다.

(4) 댄드러프 스캘프 트리트먼트(Dandruff Scalp Treatment)

① 두피에 비듬이 많을 때 사용한다.
② 두피를 청결하게 하고 화학적 시술은 가급적 피한다. 적절한 유 · 수분 공급을 한다.

Tip

- 정상 두피(Plain Scalp) : 건강한 두피이며 정상적인 각화작용을 한 상태이다.
- 건성 두피(Dry Scalp) : 두피에 지방분(피지)이 부족한 상태이다.
- 지성 두피(Oil Scalp) : 두피에 지방분(피지)이 많은 상태이다.
- 비듬성 두피(Dandruff Scalp) : 두피의 표피가 각질화한 상태이다.
- 민감성 두피(Sensitive Scalp) : 모세혈관이 확장되어 예민해진 상태이다.

3. 모발관리(헤어 트리트먼트)

1. 모발의 종류와 관리

(1) 모발의 굵기에 따른 종류

모발의 굵기에 따라 취모, 연모, 중간모, 성모(경모)로 구분할 수 있다.
① 취모 : 굵기가 0.02mm이며 배냇머리이다. 모태에 있을 때 4~5개월까지 전신에 발모된다.
② 연모 : 굵기가 0.08mm이며 솜털이다. 멜라닌 색소가 적어 연갈색을 띠고 있다.
③ 중간모 : 연모와 성모 중간의 굵기인 모발이다.

④ 성모(경모) : 굵기가 0.15~0.20mm이며 건강하고 굵은 성인의 모발이다.

(2) 모발의 형상에 따른 종류

① 직모 : 단면이 원형이며 모낭이 꼿꼿하여 모발이 곧은 것으로 주로 동양인에게 나타나는 모발이다.

② 파상모 : 단면이 타원형이며 모낭이 한쪽이 굽게 자라 모발이 곱슬거리는 것으로 주로 서양인에게 나타나는 모발이다.

③ 축모 : 단면이 납작한 타원형이며 모낭 피부표면으로 굽게 자라 모발이 많이 곱슬거리는 것으로 주로 흑인에게 나타나는 모발이다.

(3) 모발의 관리

화학적·물리적 자극으로 말미암아 손상된 모발을 보호하고 손상 부위의 결절 현상 등을 회복시키고 유·수분 밸런스를 부여하여 건강하게 유지하도록 돕는다.

2. 모발에 따른 관리 및 방법

(1) 헤어 클리핑(Hair Clipping)

모발 끝의 모표피가 갈라지거나 벗겨진 부분을 제거하는 방법으로, 적은 양의 모발을 잡고 윗 방향으로 꼬아서 삐져나온 부분의 갈라진 모발을 잘라 낸다.

(2) 헤어 리컨디셔닝(Hair Reconditioning)

모발을 손상 전의 건강한 상태로 되돌려 주는 방법으로, 모발 상태에 따라 크림 컨디셔너 혹은 핫 오일 트리트먼트를 사용한다. 브러시, 헤어 스티머, 히팅 캡 등을 사용한다.

(3) 신징(Singing)

온열 자극을 통해 갈라지거나 부스러진 모발의 모피질에 남아 있는 영양분이 빠져나가지 않도록 하고, 두피의 혈액순환을 촉진시키는 방법으로 신징기기나 신징 왁스를 사용한다.

(4) 헤어 팩(Hair Pack)

다공성 모나 손상 모에 용이한 방법으로 건강한 모발을 위해 영양분을 공급한다.

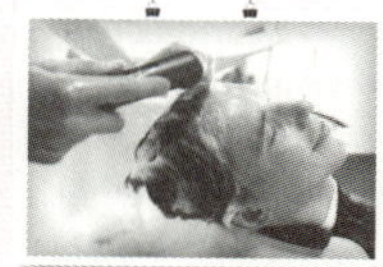

제9장 매뉴얼 테크닉

Check Point
매뉴얼 테크닉의 기초지식과 작업방법, 그리고 얼굴의 이상 상태 파악을 위한 피부분석 및 얼굴 매뉴얼 테크닉을 위한 1~2문항이 출제됩니다.

1. 매뉴얼 테크닉 기초지식

1. 기초 및 목적

매뉴얼 테크닉은 마사지로도 불리며 어원은 그리스어의 Masso(주무르다, 문지르다)에서 시작되었다. 고객의 근육조직을 주무르고 문지르는 방법으로 신체조직의 기능을 회복시키고 혈액순환과 신진대사를 촉진시키는 데 목적이 있다.

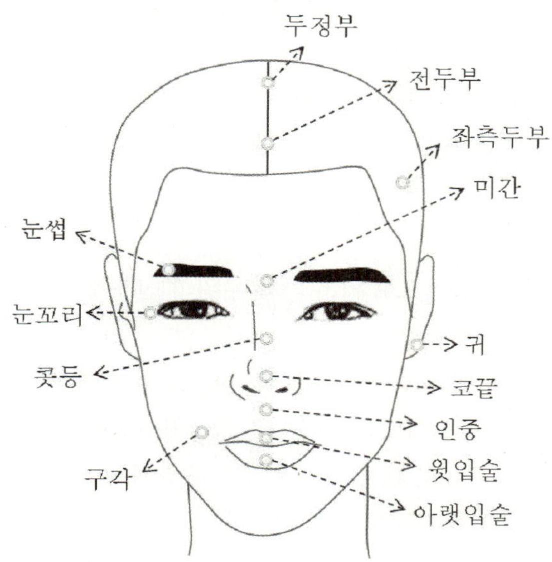

그림 9-1 안면 각 부의 명칭

2. 방법

(1) 경찰법(Stroking or Effleurage, 쓰다듬기·문지르기)

① 피부를 부드럽게 마찰하는 방법으로 전신에 시술 가능하며 매뉴얼 테크닉의

시작이나 마무리 시 주로 사용된다.

② 손바닥을 편평하게 하여 근육이나 피부 표면을 어루만짐을 반복하며 가볍고 연속적인 동작으로 시술하며 모세혈관의 확장을 도와 혈액순환을 촉진시키는 데 도움을 준다.

(2) 강찰법(Friction, 강하게 문지르기)

① 피부를 강하게 문질러 강한 자극을 주는 방법으로, 강직이 일어난 근육 중심의 신체부위에 사용된다.

② 손끝을 세운 후 엄지로 받쳐서 나머지 손가락을 이용해 움직여 주는 동작으로 시술하며 근육이완에 도움을 준다.

(3) 유연법(Petrissage, 주무르기)

① 피부를 반죽하듯 주무르는 방법으로 무릎관절 및 머리 부분을 제외한 모든 신체부위에 사용된다.

② 보통 주무르기의 니딩(Kneading)과 당기면서 주무르는 풀링(Pulling)이 있으며 혈관과 림프를 촉진시키는 데 도움을 준다.

(4) 고타법(Percussion, 두드리기)

① 피부를 두드리는 방법으로 넓은 근육 부위의 신체에 시술 가능하며 보통 유찰이나 압박법 후에 사용된다.

② 손바닥을 오목하게 하여 사용하는 커핑(Cupping), 손가락의 바닥면을 사용하는 태핑(Tapping), 손바닥을 사용하는 슬래핑(Slapping), 주먹을 살짝 쥐어 사용하는 비팅(Beating), 손등을 사용하는 해킹(Hacking)의 동작들로 시술하며 신경과 근육의 원기 회복에 도움을 준다.

(5) 진동법(Vibration, 흔들기, 떨기)

① 손가락 끝을 피부에 맞대고 힘을 주어 빠르고 율동적으로 진동하는 동작이다.

② 피부의 탄력 증가 및 근육을 이완시켜 경련, 마비, 저림에 효과적이다.

2. 얼굴 매뉴얼 테크닉

1. 얼굴 매뉴얼 테크닉 정의 및 피부분석

관리자가 고객의 이상 상태를 정확히 파악하기 위한 검사를 진단이라고 한다. 이에 따라 적절한 관리방법 및 처치법을 제시한다.

(1) 얼굴 매뉴얼 테크닉 정의

손을 이용한 5가지 기본동작을 강, 약, 시간, 속도, 밀착을 조절하여 다양한 환경의 스트레스에 지친 피부를 회복시키고 신진대사를 촉진시켜 긴장감 있고 안정감 있는 피부상태를 만드는 것으로, 피부를 윤기 있고 건강하게 유지시키는 것이다.

(2) 얼굴 매뉴얼 테크닉 피부분석

① **문진** : 고객과의 대화상담 또는 고객 카드상담으로 고객의 상태를 관찰한다. 보편적으로 연령, 결혼 여부, 직업, 알레르기 유무, 생리기간, 식생활, 수면습관, 스트레스 유무, 화장품 품목 및 사용방법 등을 확인하여 이상 상태를 파악하는 방법이다.

② **촉진** : 고객의 피부를 손으로 만져 촉감을 통해 피부의 탄력, 유분의 함량, 피부 결, 조직의 두께 등을 관찰하고 이상 상태를 파악하는 방법이다.

③ **견진** : 확대경이나 육안으로 고객의 피부를 관찰하여 모공의 크기, 피부 건조상태, 피부 조직의 상태 등의 이상 상태를 파악하는 방법이다.

이외에 진단기를 이용하여 고객 피부의 이상 상태를 관찰하는 방법이 있다. 검사 상황을 모니터를 통해 고객에게 직접 보여 줌으로써 피부의 문제점을 파악하고 진단하는데 있어 고객이 쉽게 이해할 수 있다는 장점을 가진다.

2. 얼굴 매뉴얼 테크닉 방법

경찰법 → 강찰법 → 유연법 → 고타법 → 진동법

제10장 미안술

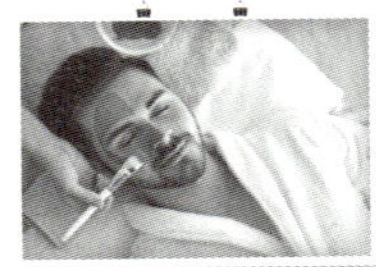

Check Point

미안술의 기초지식으로부터 기기를 이용한 미안술에 이르기까지 작업을 위한 전류와 광선 및 팩 종류와 작업방법을 숙지해야 하며, 2~3문항이 출제됩니다.

1. 미안술의 기초지식

1. 미안술의 정의 및 기초

미안술은 피부에 수분과 영양을 공급하여 잔주름을 예방하고 신진대사 및 혈액순환을 촉진시키는 데 목적이 있다. 즉, 지친 피부를 회복시켜 부드럽고 탄력 있는 건강한 피부 상태를 만들기 위한 것으로 화학적 방법인 팩 미안술, 물리적 방법인 전기 응용 미안술, 마사지 등이 있다.

2. 팩(Pack)

1. 팩의 타입

팩은 피부에 피막을 형성시켜 줌으로써 수분 증발을 막고 피부를 유연하게 하여, 유효성분이 침투하기 용이한 조건을 만들어 주고 이로 말미암아 탄력 증진 및 잔주름 예방, 모공 속 노폐물 제거, 혈액 및 림프순환 촉진, 보습력 강화 등 피부를 건강하게 만드는 데 도움을 준다.

(1) 제형에 따른 팩 종류

① 크림 타입 : 가장 보편화 된 제품이며 영양, 보습, 유연, 진정, 정화작용을 한다.

② 겔 타입 : 수성의 겔(Gel) 형태이며 지성, 여드름, 예민 피부에 피부진정 효과를 준다.

③ 점토 타입 : 흡착 능력이 우수하고 피지, 노폐물 제거, 보습 효과가 좋다.

④ 종이 타입 : 활성성분을 건조시키고 종이를 용액에 적셔 놓은 형태로 수렴, 피부진정 효과를 준다.

(2) 제거 방법에 따른 팩 종류

① 필 오프 타입(Peel off type) : 건조 후 떼어 내는 형태이며 각질세포나 노폐물 제거 작용을 한다.

② 워시 오프 타입(Wash off type) : 물로 씻어 내는 형태이며 보습 효과와 상쾌한 느낌을 준다.

③ 티슈 오프 타입(Tissue off type) : 티슈로 닦아 내는 형태이며 영양 공급, 보습 효과가 있다.

2. 팩의 종류

(1) 물질대사를 높여 주는 팩

① 우유 팩 : 미백 작용, 보습 효과, 영양 공급

② 벌꿀 팩 : 수렴 작용, 미백 작용

③ 에그 팩 : 흰자 – 잔주름 예방, 세정효과 / 노른자 – 건성 피부에 영양공급

(2) 기타 팩

① 잔주름 : 파라핀(왁스 마스크)

② 지방제거 : 머드 팩

③ 수렴 : 사과 팩

④ 건성 피부 : 오일 팩, 난황 팩

⑤ 세안 : 점토 팩, 클레이 팩, 머드 팩

3. 작업 방법

세안 → 마사지 → 팩 → 피부 정돈 → 영양

3. 기기를 이용한 미안술

1. 전류와 광선을 응용한 미안술

(1) 전류를 응용한 미안술

① **갈바닉(Galvanic) 전류** : 유도 전류에 의해 사용되는 기기로 양극에서 음극으로 흐른다. 양극은 아스트린젠트(수렴성이 큰 화장수) 역할이 살균작용을 돕고, 피부를 수축시키며 모공을 닫아 주며 음극은 혈액순환 촉진을 돕고 모공을 열어 준다.

② **고주파 전류** : 오존을 발생시키고 탈모, 주근깨, 여드름, 사마귀, 살균작용, 표백작용에 효과적이다.

③ **패러딕(Parodic) 전류** : 물질대사와 혈액순환을 촉진시키고 피부의 노폐물을 제거하며 잔주름을 감소시키는 데 효과적이다.

(2) 광선을 응용한 미안술

① **자외선(220nm~320nm 정도의 짧은 파장)** : 불가시광선으로 살균작용과 여드름 치료 및 비듬성 두피에 효과적이고 혈액순환 및 림프의 순환을 촉진시킨다. 곱사병을 예방할 수 있고 에르고스테린(Ergosterin)을 비타민 D로 환원시킨다.

② **적외선(650nm~1,400nm 정도의 짧은 파장)** : 피부 조직의 2mm 정도 침투가 가능하고 건성 피부, 비듬성 피부, 주름진 피부에 효과적이다.

2. 기타 기기를 이용한 미안술

① **오존(O_3)기** : 고주파 전류를 이용한 기기로 살균, 표백, 주근깨, 여드름 치료 및 신진대사 촉진에 효과적이다.

② **바이브레이터(Vibrator)** : 전기를 사용한 진동기기를 뜻하며 마비와 경련에 효과적이다.

③ **우드램프(Wood-Lamp)** : 육안으로는 보이지 않는 피부를 진단하는 피부 특수 광선 확대경으로 피부 상태를 색으로 나타낸다.

제11장

퍼머넌트 웨이브(펌)

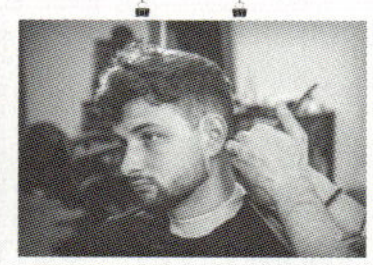

Check Point

펌의 역사와 원리, 도구와 약제, 그리고 퍼머넌트 웨이브의 종류와 작업 방법 등의 숙지를 요구하며, 대체로 **2~3문항이 출제**되고 있습니다.

1. 퍼머넌트 웨이브의 기초지식

1. 퍼머넌트 웨이브의 역사

표 11-1 퍼머넌트 웨이브의 역사

고대 이집트	나일강 유역의 알칼리 토양의 진흙을 이용하여 모발에 나뭇가지를 말아서 태양열에 말려 웨이브를 형성하였다.
마셀 그라또 (1875년)	아이론을 이용한 마셀 웨이브(Marcel Wave)를 창안하였으나 마셀 웨이브는 습기에 닿으면 풀려 버리는 단점이 있었다.
찰스 네슬러 (1905년)	영국에서 열 기계를 이용한 스파이럴식의 퍼머넌트 웨이브를 처음으로 창안하였다.
조셉 메이어 (1924년)	크로키놀식 와인딩 방법을 고안하였다.

2. 퍼머넌트 웨이브의 원리

퍼머넌트 웨이브는 영구적인 또는 연속적인 물결이란 뜻이며 모발 내 시스틴 결합의 환원작용과 산화작용을 이용하여 영구적인 웨이브를 만드는 것으로 물리적·화학적 방법을 사용하여 모발의 구조와 형태를 오랫동안 변화시키는 것을 말한다.

퍼머넌트 웨이브를 하기 위해서는 모발·펌 약제·기술 등의 구성 요소가 필요하며, 현재 미용 산업현장에서 시술하고 있는 퍼머넌트 웨이브는 곡선의 웨이브와 직선의 스트레이트가 있다.[2)]

3. 퍼머넌트 웨이브의 도구 및 웨이브제의 분류

(1) 도구

로드, 페이퍼, 고무줄, 꼬리빗, 비닐 캡, 장갑, 고객 가운, 파마 보, 타월, 헤어밴드 등이 있다.

(2) 웨이브제의 분류

① **제1제(환원제)** : 시스틴 결합을 환원시킨다. 티오글리콜산, 시스테인 등이 있다.

- **티오글리콜산**(Thioglycolic Acid) : 강한 웨이브를 형성하며 휘발성으로 잔류가 적고 자극적인 냄새가 난다.
- **시스테인** : 자연스러운 웨이브를 형성하며 불휘발성으로 잔류가 있고 환원력이 약하므로 모발 손상도가 적다.

② **제2제(산화제)** : 중화제라고도 부르며, 시스틴을 결합시킨다. 과산화수소, 브롬산 나트륨 등이 있다.

2. 퍼머넌트 웨이브 종류 및 방법

1. 퍼머넌트 웨이브의 종류

(1) 콜드 퍼머넌트 웨이브(Cold Permanent Wave)

① **1욕식** : 제1제(환원제)의 환원작용만을 사용한다.
② **2욕식** : 제1제(환원제)와 제2제(산화제)를 사용한다. 가장 널리 사용한다.
③ **3욕식** : 제1제(전처리제)와 제2제(환원제), 제3제(산화제)를 사용한다.

(2) 히트 퍼머넌트 웨이브(Heat Permanent Wave)

모발에 열을 가하여 퍼머넌트 웨이브를 형성하는 방법이다.

2. 퍼머넌트 웨이브의 방법

(1) 크로키놀식 와인딩(Croquignole Winding)

조셉 메이어가 고안한 것으로 모발 끝부터 모근 쪽으로 와인딩하는 기법으로 모발 길이에 상관없이 사용되지만 긴 모발보다는 짧은 모발에 와인딩 시 효과적이다. 크로키놀식 와인딩 섹션은 수평, 수직, 사선 등 다양하게 응용할 수 있으며 보통 수평 섹션을 사용하는 경우가 많다.[3)]

(2) 스파이럴식 와인딩(Spiral Winding)

찰스 네슬러가 고안한 것으로 스파이럴은 '나선', '소용돌이' 라는 뜻으로 모발을 잡고 손목을 나선형으로 돌리거나 모발을 중심으로 로드를 돌려 모근에서 모발 끝으로 또는 모발 끝에서 모근으로 와인딩하는 방법이다. 스파이럴은 긴 모발에 적합하며 모발 끝에서 모근까지 균일한 웨이브를 얻을 수 있다.[4)]

(3) 컴프레션 와인딩(Compression Winding)

모발을 로드 사이에 놓고 누르는 기법이다.

제12장

염 · 탈색 (헤어컬러링)

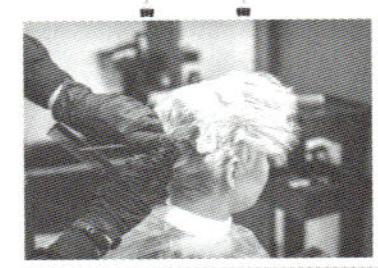

Check Point

헤어컬러링의 기초지식 및 모발색의 이해 및 헤어컬러링의 종류, 그리고 작업방법을 다루고 있으며, 매번 2~3문항이 출제되고 있습니다.

1. 헤어컬러링의 기초

1. 헤어컬러링의 역사

표 12-1 헤어컬러링의 역사

시대	내용
고대 이집트	B.C1500년경부터 헤나를 이용하여 천연 식물성 염료가 사용되었다.
중세 시대	중세 중기부터 염색을 하였다. 헤나(Henna)와 인디고(Indigo)를 이용하여 모발을 염색하였다.
이탈리아 르네상스 시대	모발에 부식성 용액을 바르고 햇볕에 3~4시간 앉아서 모발을 염색하였다.
엘리자베스 여왕 시대	은을 이용하여 은이 산화되어 색상이 어둡게 변하는 화학반응을 이용하였다.
쟈크 테나르 (1818년)	외과의사인 쟈크 테나르가 과산화수소의 탈색 작용을 발견하였다.
모네사 (1863년)	프랑스 화장품 회사인 모네사가 파라페닐렌디아민(Para-phenylenediamine, PPD)의 백색 염모 물질을 발견하였다.

2. 모발 색채이론

(1) 색의 분류

① 무채색 : 흰색, 회색, 검은색과 같이 밝고 어두운 정도 차이로만 구분되는 명도 · 채도가 없다.

② 유채색 : 무채색을 제외한 나머지 색의 3속성인 색상, 명도, 채도가 다 있다.

(2) 색의 3속성

① **색상(Hue)** : 색의 요소이다. 색명으로 구별되는 모든 색을 말한다.

② **명도(Value)** : 색의 밝기이다. 무채색, 유채색 모두 밝고 어두운 정도의 차이가 있고 흰색에 가까울수록 명도는 높고 검은색에 가까울수록 명도는 낮다. 명도는 1단계 저명도(어두운 정도)부터 10단계 고명도(밝은 정도)까지로 구분되어 표시된다.

③ **채도(Chroma)** : 색의 순도이다. 즉, 색의 강약이며 맑은 정도의 선명도이다. 순색에 무채색이 많이 포함될수록 채도가 낮아지고 적게 포함될수록 채도가 높아진다. 채도가 높은 색은 고채도, 낮은 색은 저채도, 중간쯤 되는 색은 중채도라고 한다.

(3) 색의 혼합[5)]

① **1차색(기본색)** : 색의 3원색은 빨강(Red), 노랑(Yellow), 파랑(Blue)이며, 이를 혼합되지 않은 순수한 색을 1차 색이라고 하며, 이 3원색을 다양한 비율로 혼합하여 2차, 3차색을 포함한 다양한 색상을 만들어 낼 수 있다.

② **2차색(보충색)** : 1차색 중에 두 가지 색상이 동일 비율(1:1)로 혼합되면 만들어지는 색상을 2차색이라고 한다. 주황(Orange), 녹색(Green), 보라(Violet)색이다.

③ **3차색** : 1차색과 2차색이 각각 1:1 비율로 혼합되면 만들어지는 색상이다. 3차색은 붉은 주황(RO), 연한주황(YO), 연두(YG), 청록(BG), 자주(RV), 청보라(BV)색이다.

3. 모발색의 이해

(1) 모발색의 이해

모발의 색은 모발 중에 함유된 멜라닌(melanin) 크기와 양에 따라 그 색이 결정된다. 멜라닌이 크고 많으면 빛을 흡수하기 때문에 검은빛을 띠게 되고, 멜라닌이 거의 없으면 빛이 반사되어 흰빛을 띠게 된다. 멜라닌 색소는 피부의 기저층에 존재하는 멜라노사이트가 자외선에 의해 자극을 받아 생성되며, 이 때 생성된 멜라닌 색소는 거의 표피를 따라 각질층에서 각질과 같이 탈락하고 일부는 피부 내로 흡수되어 소변으로 배출된다.[6)]

① 유멜라닌(eumelanin) : 황인종이나 흑인종의 피부나 모발에 많이 들어 있고 검은색이나 갈색과 같이 짙은 색을 띠는 입자형 색소이다.
② 페오멜라닌(pheomelanin) : 서양인의 피부나 모발에 많이 들어 있고 노란색이나 붉은색과 같은 색을 띠는 분사형 색소이다.

2. 헤어컬러링의 원리

1. 염·탈색제의 유형별 특징

(1) 염색제

염색이란 모발 본래의 색을 인공적인 색으로 수정하여 표현하는 것이다. 모발의 명도 변화, 탈색된 모발에 인공색소 착색, 백모염색, 신생모의 재염색 등을 시술하여 아름다움의 욕구를 채워 주는 작업이다. 염색제 제품은 차고 어두운 곳에 보관해야 변질되지 않는다.

(2) 탈색제

자연색소 또는 인공색소를 산화시켜 모발을 저명도(어두운 정도)에서 고명도(밝은 정도)로 바꾸어 준다. 즉, 모발의 밝기를 더 밝게 만들어 준다. 인공색소 형성이 없다는 것이 염색제와의 차이이다. 탈색제의 종류는 분말 탈색제, 크림 탈색제, 액체 탈색제가 있다. 분말 탈색제를 주로 많이 사용한다.

2. 염·탈색제의 원리

염·탈색제는 1제와 2제로 이루어져 있다.

(1) 1제

알칼리제이다. 알칼리제인 암모니아는 모발의 모표피층을 연화, 팽창시켜 과산화수소의 침투를 쉽게 해준다.

(2) 2제

산화제이다. 팽창된 모표피층을 통해 모피질층 속에 있는 멜라닌 색소를 파괴하여 염료가 들어갈 수 있도록 공간을 만들어 주어 색소를 착색시켜 주는 역할을 한다. 산화제의 종류는 3%, 6%, 9%이며 주로 6%를 사용하고 백모 염색 시에는 3%, 6%를 멋내기 염색 시에는 6%, 9%를 사용하는 것이 좋다.

3. 헤어컬러링의 종류 및 방법

1. 헤어컬러링의 종류

(1) 비산화 염모제

① 일시적 염모제(temporary color)

표 12-2 일시적 염모제

작용 원리	염료 색소 입자가 커서 모피질까지 침투하지 못하고 모표피층에 착색되었다가 샴푸 시 색상이 씻겨져 나간다.
특 징	모표피층에 착색되어 샴푸하기 전까지 효력이 지속된다.
종 류	컬러 스프레이, 컬러 무스, 컬러 마스카라, 컬러 파우더, 새치커버용 스틱 등
장 점	시술이 간편하며 모발 손상이 발생하지 않으며, 일시적인 백모 커버가 가능하다.
단 점	일시적 작용으로 샴푸 후 제거되며, 땀이나 물에 젖을 시 의류에 이염이 된다.

② 반영구적 염모제(semi-permanent color)

표 12-3 반영구적 염모제

구분	내용
작용 원리	모표피에 침투한 입자들은 모발의 기본적인 분자 구조를 변화시키지 않고, 작고 큰 입자들 중 작은 입자들은 모피질까지 침투하고 큰 입자는 표피층을 코팅한다.
특 징	모표피에 약간의 막을 형성하고 2~4주 동안 지속되며 샴푸 횟수에 따라 유지력이 달라진다. 1제로만 구성되어 있고 약산성 제품으로 모발 손상을 일으키지 않는다. 모발의 명도에 변화를 주지 않고 착색만 가능하며 모발에 윤기를 부여한다. 블리치 작용이 없는 검은 모발에는 확실한 효과가 없으나 백모나 블리치(bleach)된 모발에는 효과가 뛰어나다.
종 류	헤어 매니큐어, 왁싱, 코팅제 등
장 점	멜라닌 색소 변형이 아닌 색소의 첨가로 모발 케라틴과 친화력이 있으며 손상이 적다. (백모는 10~30%까지 커버 가능하며 모표피에 막을 형성, 흡착되어 염색되므로 컬러 반사 빛을 더해 준다.)
단 점	땀이나 물에 젖을 시 의류에 이염이 되고 샴푸 횟수나 개인의 생활 패턴 등에 따라 지속 기간이 달라진다.

(2) 산화 염모제

① 준영구적 염모제(ton on ton)

표 12-4 준영구적 염모제

구분	내용
작용 원리	알칼리성으로 모표피를 팽윤시켜 염료색소가 모피질 내로 침투하여 모발의 수소 결합에 염착된다. 수소결합은 물에 의해 절단되므로 매일 샴푸를 하면 물에 의해 색소들이 파괴되어 점점 퇴색현상이 일어난다.
특 징	중·저명도의 컬러 발색과 반사 빛만 부여한다. 1제와 2제로 구성되어 있으며 사용 직전 혼합하여 사용하고 영구적인 결과가 나타난다. 또한, 퇴색된 모발에 광택과 윤기를 부여하고 영구적인 염모제보다 모발 손상이 적으며 백모는 40~50%까지 커버 가능하다.
종 류	웰라(Wella)의 소프트 터치(Soft Touch), 로레알(L'Oreal)의 리체스(Richesse) 등
장 점	영구적 염모제에 비해 손상이 적으며 펌 후에도 바로 사용할 수 있어 시간 단축과 편리성이 뛰어나다.
단 점	밝은 레벨의 컬러는 표현되지 않으며, 알레르기 반응이 일어날 수 있다.

② 영구적 염모제(permanent color)

표 12-5 영구적 염모제

작용 원리	모피질로 침투한 1제의 알칼리제와 2제의 과산화수소가 서로 반응하여 산소를 발생시키고 이 산소가 멜라닌 색소를 파괴시켜 탈색작용이 일어난다. 일부의 산소는 1제 염료와 산화 중합 반응을 일으켜 작았던 염료 입자가 커지면서 발색이 되고 모피질에 착색된다.
특 징	대중적인 염모제로 모발을 밝게 또는 어둡게, 모든 명도의 컬러 표현이 가능하다. 1제의 염료와 2제의 산화제로 구성되어 있고 이를 혼합하여 모발에 도포한다. 여러 샴푸 후에도 색상이 유지되어 영구적이지만 장시간이 지나면 퇴색된다. 백모는 100% 커버 가능하며 원하는 색과 명도까지 만족시킬 수 있다.
종 류	대중적인 1제와 2제의 혼합 형태
장 점	모발 컬러를 다양하게 변화시킬 수 있고 한 번 시술로 영구적인 결과를 나타낸다. 본래의 모발 색을 변화시키며 탈색과 착색 모두 진행되며 백모 커버 100%이다.
단 점	모발 손상 촉진과 알레르기 반응이 일어날 수 있다.

2. 헤어컬러링의 방법

(1) 사전 준비

① 패치 테스트(Patch Test)

염모제 시술 전에 알레르기 반응을 알아보기 위한 것으로 파라 복합성분이 함유된 염모제를 팔꿈치 안쪽이나 귀 뒤에 아주 작은 양을 솜으로 묻혀 24~48시간 정도 방치한 후에 이상 반응이 있는지 없는지 등을 확인한다.

- **양성 반응** : 붉게 변하거나 붓거나 간지러움이 있는 등의 불편한 사항이 있으면 염모제 시술을 하지 않아야 되기 때문에 즉시 염모제를 제거하고 안정제를 발라 준다.
- **음성 반응** : 별다른 반응이 없으면 염모제 시술을 해도 된다.

② 스트랜드 테스트(Strand Test)

모발에 원하는 색상이 시술 되는지의 여부와 소요시간을 확인하기 위해 목 안쪽의 모발에 테스트를 실시한다.

(2) 약제 도포

① 도포 순서

약제를 도포할 때에는 목적에 따라 순서를 변경하여 발라야 한다.

- **백모 염색 시** : 백모가 많은 순서에 따라 약제를 도포해서 발라야 한다. 보통 백모는 앞쪽이 많기 때문에 앞쪽부터 도포한다.
- **멋내기 염색 시** : 모발이 두껍고 체온이 낮고 발색이 잘 되지 않는 순서에 따라 약제를 도포해서 발라야 한다. 보통 체온이 낮은 네이프 부분부터 시작하여 페이스 라인으로 도포한다.

② 터치 기법

- **원 터치 기법** : 두피부터 모발까지 한 번에 도포하는 기법이다. 백모 염색에 효과적이다.
- **투 터치 기법** : 두피에서 1~1.5cm를 띄운 모발에 먼저 도포하고 시간이 지난 다음에 나머지 부분을 도포한다. 멋내기 염색에 효과적이다.

(3) 염색 시 주의사항

① 시술자는 앞치마와 시술용 장갑을 착용한다.

② 멋내기 염색, 새치 염색 시 헤어라인과 귀 주변에 피부 보호용 크림을 도포하여 색소 침착을 예방한다.

③ 적정량의 염모제를 사용하여 과도한 염모제가 묻지 않도록 유의하며 도포한다.

④ 수험자의 판단에 따라 필요 시 열처리를 할 수 있다. 각종 도구 및 염·탈색제를 조심성 있게 다루어 안전사고가 발생하지 않도록 주의한다.

제13장 가발술

Check Point

가발의 종류에 따른 디자인과 제작방법, 그리고 사용방법 숙지를 목표로 하고 있으며, 매번 **2~3문항이 출제**되고 있습니다.

1. 가발의 종류 및 사용

1. 가발의 종류

(1) 가발 용도에 따른 분류

① 위그(Wig) : 두부 전체를 덮는 통가발이다.
② 헤어피스(Hair piece) : 두부 일부분에 착용하는 부분 가발이다.

(2) 가발 소재에 따른 분류

① 인모 : 사람의 모발로 만든 가발이다. 모발의 윤기가 나고 착용 시 자연스럽다. 퍼머넌트 웨이브, 컬러링 등의 시술이 가능하고 스타일링도 하기 쉽다.
② 인조모 : 합성 섬유로 사람의 모발과 유사하게 만든 가발이다. 가격이 저렴하고 관리가 쉽지만, 퍼머넌트 웨이브나 컬러링 등의 시술이 불가능하고 착용 시 부자연스럽다.

2. 가발 사용법

① 착용 전 가발의 스타일을 정리정돈하여 잘 빗어 준다.
② 가발이 위치할 부분의 모발을 정리정돈하여 잘 빗어 준다.
③ 가발을 위치할 부분에 가발의 용도에 따라 착용한다.
④ 가발 착용 후 기존 모발과의 스타일을 연결한다.

3. 홈케어 관리

가발은 통풍이 잘되고 습기가 없고 온도가 높지 않은 곳에 가발 전용 스탠드에 올려놓고 보관하는 것이 가장 좋다.

2. 가발 제작[7]

상담 → 가발 착용결정 → 패턴 제작

가발 착용방법 → 가발 제작 → 가발 패턴 제작

1. 가발 디자인

고객과의 상담을 통해 모발 상태와 두피 상태를 파악하여 제작한다. 제작 시 고려할 내용은 두상의 크기, 모발 굵기, 모발 색, 나이, 직업, 얼굴형, 가르마 등을 고려한다. 가발의 디자인은 용도에 따라 다르게 제조한다. 탈모 커버를 위한 가발, 패션 가발, 부분 가발을 제조한다. 소재로는 맞춤 가발은 인모와 합성섬유모를 사용하는데, 인조모도 발전하여 인모와 비슷한 정도이다.

탈모 가발이나 패션 가발은 통가발 또는 부분 가발(헤어피스)을 제조한다. 탈모 가발은 구입 후 고객의 모발 색과 스타일에 맞게 염색·커트를 하여 착용하는 경우가 많다. 패션 가발은 화려한 컬러·웨이브 다양한 디자인으로 제조되어 고객의 기호에 맞게 구입하여 착용한다.

2. 패턴 작업

패턴 작업은 고객의 두상에 맞게, 개인별 탈모 형태에 따른 패턴을 만드는데 패턴은 개인별로 머리 모양과 굴곡 및 부위가 다르기 때문에 꼭 필요한 작업 과정이다. 가발의 용도에 맞게 가발을 제조하기 위한 가장 중요하고 기초적인 작업이다. 모발의 굵기와 모발의 양이 중요하고 현 모발의 색과 굵기와 모발 결 등과 잘 어울리게 하여야 한다.

3. 가발 커트

가발의 용도에 맞게 착용 후 가발과 기존 모발과의 스타일이 최대한 연결되도록 자연스럽게 커트를 해야 한다.

제14장

피부학

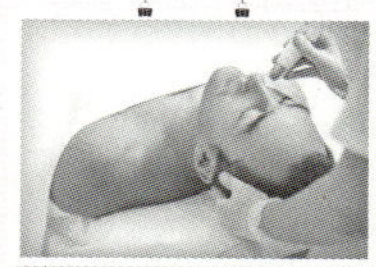

Check Point

피부와 그 부속기관의 구조와 기능, 피부 유형분석, 영양과 피부, 피부와 광선, 피부노화와 피부질환 및 면역 등의 이해를 목표로, **4~5문항이 출제**됩니다.

1. 피부(Skin)와 피부 부속기관

1. 피부 구조 및 기능

피부의 구조는 표피·진피·피하조직으로 구성되어 있으며, 약산성으로 pH 4.5~5.5를 띤다. 피부의 기능은 보호작용, 체온조절, 감각기능, 분비·배설작용, 흡수작용, 재생작용 등이 있다.

Tip

감각의 분포도는 통각 > 촉각 > 냉각 > 온각 순이다.

(1) 표피(Epidermis)

신체를 둘러싸고 있는 표면에 있는 가장 바깥층으로 혈관과 신경이 없고, 외부 환경과 직접적으로 접촉되어 있기 때문에 물리적·화학적·생물학적 요인에 항상 노출되어 있다.

① 각질층

- 각질 형성 세포 중 가장 바깥쪽에 위치한 편평한 세포로 비늘 모양을 하고 있다.
- 단단하고 얇은 껍질인 각질을 형성하는 부분이다.

② 투명층

- 작고 투명한 세포로 손바닥이나 발바닥 같은 각질층이 두꺼운 피부에 위치한다.

③ 과립층

- 각질화 과정이 시작되는 층으로, 피부 표면과 평행한 배열로 작은 과립 모양을 하고 있다.
- 외부로부터 이물질 침투에 대한 방어를 하고 피부 내부로부터 수분이 손실되지 않도록 기여한다.

④ 유극층

- 표피의 대부분을 차지하며 다각형의 모양을 하고 있다.
- 세포 분열을 하는 유핵 세포로 표피의 영양을 관장한다.
- 표피에 상처를 입은 경우 손상된 피부를 복구하는 데 기여한다.
- 면역기능을 담당하는 랑게르한스 세포가 존재한다.

⑤ 기저층

- 표피 중 가장 안쪽에 위치한 원주상의 세포로 단층으로 되어 있다.
- 새로운 세포를 형성하는 층이며, 인체에서 완전히 탈락되는 각화주기는 28일이다.
- 멜라닌 세포가 존재하고 있어 자외선으로부터 피부의 손상을 방지하고, 세포의 수나 크기 및 분포 등에 따라 피부색을 좌우한다.
- 멜라닌 색소는 피부 표면이 검게 타는 데 영향을 주는 색소이다.

Tip

멜라닌 색소 – 흑색, 헤모글로빈 – 적색, 카로틴 – 황색

(2) 진피(Dermis)

진피는 표피와 피하조직층 사이에 위치하고 피부의 90% 이상을 차지한다. 진피에는 무정형의 기질과 교원섬유 및 탄력섬유 등의 섬유성 단백질로 구성되어 있다.

① 유두층

- 수분이 다량 함유되어 있고, 표피 가까이에 혈관과 신경이 분포되어 있다.

② 망상층

- 진피의 대부분을 차지하고 있고 혈관, 신경, 림프관, 피지선, 한선, 모낭 등이 분포되어 있다.
- 온각, 한각, 압각이 존재하고 있다.

(3) 피하조직

신체의 특징에 따라 조직의 분포 및 두께는 다르게 위치한다. 외부로부터의 충격을 최소화하고, 체온을 조절하는 역할을 한다. 진피와 근육 사이에 존재하며 여성 호르몬이나 신체 곡선미와도 관계가 있다. 섬유성 결체조직인 진피와 뚜렷하게 구분된다.

2. 피부 부속기관의 구조 및 기능

(1) 한선(땀샘)

피부 표면의 지질을 분비하는 부속기관으로 소한선과 대한선의 두 종류가 있다.

① 소한선(에크린선)

- 음부, 손톱, 입술을 제외한 전신에 분포되어 있고 그 중 손바닥이나 발바닥에 가장 많이 위치하여 있다.
- 고온에 노출되거나 체온 상승 시 체액을 분비하여 체온을 조절하는 역할을 한다.

② 대한선(아포크린선)

- 대한선의 체액은 사춘기 이후에 발달하기 시작한다.
- 음낭 · 대음순, 항문주위 등의 털, 유륜, 겨드랑이, 사타구니 주변에 분포되어 있다.
- 분비되는 체액의 냄새와 농도가 짙다.

(2) 피지선

손바닥이나 발바닥을 제외한 전신에 분포되어 있으며 망상층에 위치한다. 특히 얼굴 · 두피 · 가슴 등에 발달되어 있으며, 모공을 통해 피지를 표피 밖으로 배출하는 역할을 한다.

2. 피부 유형분석[8)]

1. 정상 피부의 성상 및 특징

피부 조직뿐만 아니라 피부의 생리적 기능이 모두 정상적으로 이루어지는 가장 이상적인 피부 상태로, 피지 분비와 수분함량이 적당하여 부드럽고 촉촉하며 피부결도 섬세하고 매끄러우며 윤기가 있다. 또한, 모공이 작고 여드름이나 뾰루지가 생기지 않으며, 혈액순환이 잘 이루어져 피부색이 맑고 분홍빛을 나타낸다.

2. 건성 피부의 성상 및 특징

피부조직이 비교적 얇고 고우며 모공은 매우 작아 눈에 잘 띄지 않는다. 세안 후 건조한 환경에 노출되면 피부에 당김이 심하고 피부가 거칠어 보이며 부분적으로 각질과 버짐이 생긴다. 또한 피부 저항력이 약해 피부가 조그만 상처에도 쉽게 아물지 않고 손상되기 쉬우며 노화현상이 비교적 빨리 나타난다.

3. 지성 피부의 성상 및 특징

과다한 각질이 쌓여 두껍고 거칠며 표피 박리현상이 쉽게 일어난다. 피지 분비는 정상보다 과다하고 보습 상태는 저하되어 피부가 탁해 보이며, 매우 예민하여 기후 변화에도 민감한 반응을 보인다. 또한 건성 피부에 비해 잔주름은 잘 나타나지 않으나 주름이 형성되기 시작하면 깊고 굵게 생성되며, 자외선에 의한 피부에 과색소 침착이 나타난다.

4. 민감성 피부의 성상 및 특징

피부 조직이 섬세하고 얇으며 피부표면이 투명하고 모공이 거의 보이지 않는다. 정상 피부에 비해 환경변화에 예민하고 피부 입자가 섬세하고 조밀하다. 피부 표면이 얇기 때문에 모세혈관이 잘 드러나고, 약품이나 화장품에 민감하여 피부에 부작용을 일으키며 건조화가 쉽게 이루어져 피부 당김이 심하다. 또한 피지 분비량이 일정하지 않고 복합성 피부 상태일 경우가 많으며, 피부 색소 침착현상이 쉽게 나타난다.

5. 복합성 피부의 성상 및 특징

얼굴의 T존 부위는 유분기가 과다하고, 다른 부분은 건조하기 때문에 세안 후 눈가나 뺨 등의 부위가 심하게 당기며 잔주름이 많이 나타난다. 피곤하거나 스트레스를 받을 때 여드름이 발생하며 피부에 맞는 화장품 선택이 어렵다. 또한, 광대뼈 부분에 기미가 쉽게 나타난다.

6. 노화 피부의 성상 및 특징

건조하고 주름이 많으며 탄력이 없고 불규칙한 색소 침착과 함께 증식성 병변을 보이며 연령에 따른 자연노화(내인성 노화), 외부 환경에 의한(자외선) 광노화(외인성 노화)로 나뉜다. 자연노화는 나이를 먹으면서 피부의 구조와 생리적 기능이 감퇴함으로써 햇빛에 노출되지 않는 피부에서 주로 관찰되고, 광노화는 오랫동안 햇빛에 노출된 얼굴·손등·목 뒤 등의 피부에서 주로 관찰되는 노화현상이며, 자연노화 현상에 광노화 현상이 합쳐진 결과로 발생한다.

3. 피부와 영양

1. 3대 영양소(탄수화물·지방·단백질), 비타민·무기질

(1) 탄수화물

활동할 때 에너지로 사용된다. 즉, 몸을 움직일 때나 운동할 때 우선적으로 사용되며 남는 탄수화물은 몸에 저장하는 역할을 한다.

(2) 지방

열량을 내주고 체온을 유지해 주며, 피부에 붙은 지방으로 외부의 세균침입을 막아 주는 역할을 한다.

(3) 단백질

신체를 구성하는 에너지이며 근육을 구성하기도 하고 외부로부터 체내를 지키는 항체나 적혈구의 혈색소 등을 만든다. 또한, 체내 탄수화물이 부족할 시 에너지를 대신 생산하는 역할을 한다.

(4) 비타민

적은 양으로 물질대사나 생리기능을 조절하는 필수 영양소로 3대 영양소 및 무기질의 대사에 효소 역할을 돕는 역할을 한다.

(5) 무기질

신체의 골격과 구조를 구성하는 요소로 여러 가지 생리기능을 조절하는 역할을 한다.

2. 피부와 영양[9)]

피부는 인체의 일부로서 신체가 건강하지 못하면 피부의 건강도 나빠지므로 피부의 영양적 · 건강적 측면에서 올바른 영양소의 섭취는 가장 기본적인 사항이다. 피부의 영양 공급은 림프계와 혈관계로부터 공급받는데 음식물을 통한 영양소의 공급이 좋으면 피부조직은 정상적인 기능을 발휘하고 영양소의 과잉섭취나 잘못된 영양소의 공급 또는 결핍의 경우에는 이상 증상을 발휘한다.

3. 체형과 영양[10)]

생활환경이 편리해짐에 따라 현대인의 신체활동의 기회는 줄어든 반면, 식생활의 변화로 섭취하는 열량은 오히려 늘어나서 영양 과다현상이 나타나고 있다. 따라서 음식물의 섭취량에 비해 소비량이 너무 적기 때문에 비만을 초래하고 있다.

영양의 섭취가 불충분하면 쉽게 피로해지고 무기력해져서 모든 일에 의욕을 잃게 되며, 발육기에 있는 청소년의 경우에는 신체의 성장과 발달에 큰 지장을 초래하게 되고, 영양을 과다하게 섭취하면 비만 등 여러 가지 성인병의 원인이 되므로 이를 예방하기 위해서는 영양의 섭취와 소비가 균형을 이루도록 식생활과 적당한 신체운동을 습관화하는 것이 바람직하다.

4. 피부장애와 질환

1. 원발진과 속발진

(1) 원발진

원발진이란 정상 피부에 처음으로 나타나는 피부질환으로 피부의 1차적 장애를 뜻한다.

① 홍반

- 피부의 충혈을 뜻하며 외부 · 내부의 자극으로 나타나는 흔한 질환으로 여러 가지 원인에 따라 다양하게 나타난다.

② 팽진

- 가려움 증세로 부풀어 오르는 발진이다. 불규칙한 크기 · 모양을 가진 일시적 질환으로 소양증과 타 진통을 동반한다. 두드러기가 생기거나 모기 등의 곤충에 물렸거나 주사를 맞은 후에 발생할 수 있다.

③ 구진

- 염증을 기초로 한 질환으로 피부 표면에서 농을 포함하여 직경 1cm 미만의 크기이다.
- 치료 후 색소침착의 가능성이 있으므로 조심스러운 관리가 필요하다.

④ 결절

- 구진과 같은 형태이나 단단하고 큰 형태를 보이며 질환의 기간이 비교적 길다.
- 치료 후 흉터의 가능성이 있으므로 치료 시 피부조직이 상하지 않도록 주의한다.

⑤ 농포

- 염증 단계에 따라 붉은색 또는 더 짙거나 다양한 색으로 나타난다.
- 누르거나 만질 시, 통증이 동반되며 치료 후 흉터의 가능성이 높다.

⑥ 수포

- 피부 표면에서 1cm 이상의 농이 있는 물집은 대수포, 1cm 미만의 맑은 액체가 있는 물집은 소수포로 나뉜다.

⑦ 낭종

- 발생 시부터 강한 통증을 동반하고 치료가 어려우며 다양한 크기로 나타난다.

(2) 속발진

원발진에 이어 일어나는 피부질환으로 피부의 2차적 장애를 뜻한다.

① 인설

- 비듬이라고도 불리우며 크기나 모양에 따라 다양하게 나타난다.
- 건선 질환에서는 두껍게 나타나고 습진 질환이나 어린선 질환에서는 거칠게 나타난다. 표피에서 인설이 떨어지는 현상을 낙설이라고 한다.

② 가피

- 표피의 부스러기나 세균이 섞인 염증이나 혈청, 혈액, 진물의 마른 덩어리가 생기는 것으로 분비물의 내용에 따라 색, 두께, 크기, 모양이 다르다.

③ 건선

- 홍반성 구진 및 판을 주로 한 염증성 피부질환으로 크기가 다양하며 경계가 뚜렷하다.

④ 어린선

- 피부의 건조로 인해 전신의 인설을 보이는 것으로 피부 표면의 각화 이상을 나타낸다.

⑤ 균열

- 염증이 동반되어 탄력성이 사라지고 두꺼워진 피부에 흔히 생기며 표피에 생기는 틈이 찢어지거나 벌어질 때 출혈이나 통증을 동반한다.

⑥ 미란

- 수포가 터진 후 표피가 탈락되며 나타나는 것으로 흉터 없이 표피가 재생된다.

⑦ 찰상

- 피부질환으로 생긴 소양감으로 인하여 긁거나 지속적인 마찰 또는 외상으로 인해 나타난다.

⑧ 궤양

- 진피에 위치한 병든 피부의 조직이 붕괴되며 나타난다.
- 이 질환은 표피, 진피, 피하조직까지 손상된 것으로 치료 후 흉터를 남긴다.

2. 피부질환

(1) 습진

① 알레르기성 접촉 피부염

- 피부가 민감한 반응을 일으키는 질환으로 사람에 따라 화장품, 머리 염색약, 금속, 식물, 고무제품, 환경 등 다양한 상황에 노출되어 있으며 물질을 방어하기 위해 항체를 만든다.

② 접촉 두드러기 증후군

- 어린아이에게 흔히 발생하는 만성 습진으로 유전적이거나 계절에 따라 발생 빈도가 다른 아토피성 피부염, 연령의 변화로 유·수분이 부족해지며 나타나는 건성 습진, 호르몬이나 유전, 불규칙한 영양 등에 의해 피지 분비가 과다해지는 지루성 피부염이 있다.

③ 접촉성 피부염

- 피부에 생긴 각질이 부풀어지며 껍질이 벗겨지는 질환이다. 예를 들어 민감한 피부에 기저귀의 지속적인 마찰로 발생하는 유아 습진, 강한 알칼리성의 물, 합성제에 노출되어 발생하는 주부습진 등이 있다.

(2) 기계에 의한 손상

① 욕창

- 움직임이 불가능한 환자에게 주로 많이 발생하며 일정한 압박을 지속적으로 받은 부위에 나타난다.

② 티눈

- 신발에 의한 지속적인 압박으로 발바닥이나 발가락에 발생하며 각질층의 증식 현상이 나타난다.

③ 굳은 살

- 관절의 돌출부위나 손바닥 및 발바닥에 발생하며 각질층이 두꺼워지는 현상이 나타난다.

(3) 열에 의한 손상

① 동상

- 심한 추위에 노출되어 손가락 · 발가락 · 볼 · 코 · 귀 등의 조직이 얼게 되어 나타나는 질환으로, 주로 연부조직에 주로 발생하며 창백해지고 통증도 느끼지 못하게 된다.
- 단순한 불쾌감이나 홍반의 가벼운 증상을 동반하지만, 정도에 따라 수포나 조직의 괴사가 일어난다.

② 화상

- 화상을 입는 온도는 보통 44℃부터 시작하며, 피부의 성질과 노출시간 및 열의 종류에 따라 다르게 나타난다.
- 표피에만 화상을 입는 1도 화상을 시작으로 부종과 수포 및 통증을 동반한 표재성 화상이나 진피의 손상 및 모세혈관의 파손이 생기는 심부성 화상은 2도 화상에 속하며, 피부의 표피 및 진피가 파괴되고 이로 인한 무감각증이 생기며 세균의 감염에 노출되는 3도 화상이 있다.

(4) 감염성

① 진균

- 조갑, 피부, 내장 및 점막에 발생하는 감염질환인 칸디다증, 곰팡이균에 의해 발생하는 무좀, 온도 · 습도가 높을 때 원활한 통풍이 되지 않아 피부곰팡이가 감염되는 변연형 습진, 환자에게서 낙설된 인설에서 감염되어 생기는 족부백선, 아동에게 발생되는 빈도가 높으며 피부의 각질층에 균이 증식하여 발생하는 두부백선 등이 있다.

② 세균성

- 유아기에 주로 발생되어 얼굴 · 두피 · 팔 · 다리에 주로 수포가 생기는 농가진, 조직 깊이 세균이 침투하여 통증과 압박이 생기는 봉소염이 있다.

③ 바이러스성

- 노화 피부에 발생하는 빈도가 높고 소양증, 지각이상, 통증을 동반하는 대상포진, 피부를 통한 바이러스균의 감염으로 발생하는 사마귀, 입술이나 코 등 연약한 점막성 피부에 발생하며 발열을 동반하는 단순포진이 있다.

Tip

모발 질환

- **원형 탈모증** : 스트레스가 주 요인이며 동전 크기 정도의 둥근 모양으로 머리카락이 빠지는 증상이다.
- **결발성 탈모증** : 기계적인 자극에 의해 머리가 잡아당겨져서 머리카락이 빠진 증상이다.
- **지루성 탈모증** : 두피의 피지선의 분비물이 병적으로 많아 머리카락이 빠지는 증상이다.
- **결절 열모증** : 모발에 영양이 부족하여 세로로 갈라지는 현상이다.

5. 피부와 광선

1. 자외선이 미치는 영향

태양에서 방출되는 전자 파장으로서 살균력이 강하다는 특징을 갖는다. 자외선으로 말미암은 자극으로 염증이 생김으로써 나타나는 홍반, 과도한 노출로 발생하는 일광 화상, 목·팔·다리·얼굴에 발생하는 일광 알레르기, 소양감·수포·홍반·현기증이 발생하는 일광 두드러기, 멜라닌 양의 증가로 색소 변화를 유도하여 주근깨나 기미를 발생하는 색소 침착을 부정적 견해로 보고 있다.

이와 반대로 자외선으로 인해 칼슘이나 인의 대사에 반드시 필요한 비타민 D를 생성, 수면·식욕증진 및 신경을 안정시키는 강장효과, 진균류의 바이러스·박테리아의 살균효과를 돕는 긍정적 견해도 있다. SPF는 자외선 차단지수를 말한다. 피부가 자외선으로부터 보호되는 정도를 수치로 나타낸 것이다.

2. 적외선이 미치는 영향

자외선에 비해 강한 열작용을 가지며 피부조직 내에 이로운 영향을 준다는 특징을 갖는다. 적외선에 노출되어 발생하는 홍반, 반복적인 노출에 의한 색소침착, 혈류를 증가시켜 산소·영양분 공급 및 노폐물의 제거를 돕는 모세혈관과 세동맥의 확장, 체온을 상승시켜 산소·영양분 공급 및 노폐물 제거를 돕는 신진대사의 증진 등이 있다.

6. 피부면역

1. 피부면역의 종류

(1) 자연면역

피부는 세균의 침입이나 상해로부터 스스로를 보호하는 신체적 방어를 기본으로 인체로 침투한 세균은 몸 속의 산성 내부점액질 등의 화학적 방어로 감염에 대항하고, 그 이상은 1차적으로 혈액의 백혈구가 대항을 시작으로 깊숙한 곳의 세균은 2차적으로 림프절의 림프구가 대항하는 식균작용과 염증반응이 있다.

(2) 획득면역

특정 유기체에 대응하기 위한 것으로 전에 겪었던 것을 기억하고 특정 유기체에 대한 면역을 갖는다.

2. 피부면역의 작용[11)]

① 피부는 여러 층으로 이루어져 있어서 외부 침입이 매우 어려운 구조로 되어 있다.

② 표면이 건조한 편으로 미생물의 안착이 용이하지 않다.

③ 피지선에서 분비되는 피지는 자연적으로 피부의 미생물에 의해 분해되어 지방산이 됨으로써 약산성인 산성막의 형태로 되어 미생물이 살아남는 것을 매우 어렵게 만든다.

④ 피부 겉표면에 붙어있는 미생물이 있어도 각질이 떨어져 나가는 작용에 의해 피부로부터 각질과 함께 떨어져 나간다.

⑤ 표피 내에 있는 랑게르한스 세포는 항원 인식기능을 림프구로 전달해서 세포성 면역을 유발한다.

7. 피부 노화

1. 피부 노화의 원인[12)]

(1) DNA 프로그램 이론

노화 과정이 유전자에 의해 정해진 프로그램으로 조절된다는 이론이다.

(2) 체세포 돌연변이 이론

유전자의 돌연변이로 말미암아 노화가 진행된다는 이론으로 구조적인 불안정성이 세포에 상해를 주고 기능장애를 가져온다는 이론이다.

(3) 오류변이 이론

DNA의 정보가 DNA로 전사되는 과정 또는 단백질 합성이 되는 과정에서의 오류가 비정상적인 단백질을 만들며, 이들의 세포 내 축적이 기능 저하를 일으킨다는 이론이다.

(4) 유리기 이론

생명체가 살아가고 있는 동안에 주위 환경의 영향을 받아서 유리기가 생성되고 이들이 다른 분자에 의해 DNA와 단백질 그리고 지질이 손상을 받고 손상된 조직이 축적되어 노화가 진행된다는 이론이다.

(5) 기교 이론

세포 내의 단백질 또는 고분자 물질이 화학제나 방사선 등의 유해물질에 노출이 되면 분자 간 결합이 일어나는데, 특히 교원질이나 탄력섬유의 분자 간의 가교 결합을 증가시켜 노화가 온다는 이론이다.

(6) 섬유화 이론

주로 교원질로 구성된 결체조직의 섬유화가 노화를 일으킨다는 이론이다.

(7) 자가면역 이론

생체가 자기, 비자기를 구분하지 못하며 림프구가 정상조직을 공격하여 노화가 진행된다는 이론이다.

2. 피부 노화현상

피부에 노화를 일으키는 원인은 크게 연령에 따른 내인성 노화(자연노화), 외부 환경으로부터 영향을 받는 외인성 노화(광노화)가 있다. 내인성 노화는 육안으로 관찰되는 주름 · 피부의 처짐 · 색소침착이 나타나고, 외인성 노화는 멜라닌 생성을 촉진시키고 주름을 생성하며 노인성 반점이나 주근깨 등이 나타난다.

표 14-1 내인성 노화와 광노화 피부의 특징[13)]

특 징		내인성 노화(자연노화)	외인성 노화(광노화)
피부 표면		매끄러움, 잔주름	거칠음, 굵은 주름, 잔주름
탄력성 감소		경미함	매우 심함, 피부 처짐
피부 건조증		경미함	심함, 거친피부
표피	두 께	얇아짐	두꺼워짐
	각질형성세포(표면적)	규칙적, 순차적 증가	불규칙적, 비순차적 증가
	멜라닌 형성세포(수)	감소	감소 또는 증가
	랑게르한스 세포(수)	약간 감소	현저히 감소
	각질층	정상적인 두께	불균일한 두께
표피-진피 접합부		표피돌기의 소실, 평탄화	표피돌기의 소실, 평탄화
진피	콜라겐	감소, 변질	감소, 변질
	엘라스틴	감소	변성된 양적 증가
	섬유아 세포	감소	증가
	글리코사미노글리칸(glycosaminoglycan)	약간 감소	현저히 증가
모세혈관		시간에 따라 감소	국소적으로 확장
림프 순환		감소	감소

적중 예상문제 및 해설 이용 이론

01 다음 중 이용술의 마무리 과정에 대한 설명으로 부적합한 것은?

㈎ 구상을 일부 변경시켜 마무리한다.
㈏ 조화통일에 불충분한 곳을 일부 수정·보완한다.
㈐ 마무리가 끝날 때까지 정신집중을 흐트리지 않는다.
㈑ 전체적인 조화를 살핀다.

02 두발이 건조해지고 부스러지는 것을 방지해 주는 효과가 가장 큰 비타민은?

㈎ 비타민 A ㈏ 비타민 B_1
㈐ 비타민 C ㈑ 비타민 D

03 맨 처음 두발을 염색할 때는 반드시 염색약의 두피에 대한 부작용 여부를 시험하여야 하는데, 그 적당한 부위는?

㈎ 손바닥 가장자리 ㈏ 얼굴이나 두피
㈐ 손등이나 팔등 ㈑ 귀 뒷부분 또는 팔 안쪽 부분

04 일반적으로 보통 성인 조발의 순서로 가장 많이 행하는 순서는?

㈎ 후두부 – 우측 – 좌측 ㈏ 우측 – 후두부 – 좌측
㈐ 후두부 – 좌측 – 우측 ㈑ 좌측 – 후두부 – 우측

05 우리나라 최초의 이용사는?

㈎ 김옥균 ㈏ 서재필
㈐ 박영효 ㈑ 안종호

CLICK HINT

▶ 처음부터 마무리까지 구상이 일치되도록 한다.

▶ • 비타민 A : 모발영양, 피부윤기 눈의 작용 개선
• 비타민 B_1 : 심장과 근육의 기능, 탄수화물 대사 작용
• 비타민 C : 미백, 진정 작용
• 비타민 D : 피부노화 방지

▶ 패치테스트는 염색 시술 전에 알레르기 반응을 알아보기 위한 것으로 귀 뒤쪽이나 팔꿈치 안쪽에 동전 크기만큼의 염모제를 바른 후 24~48시간 정도 후에 확인한다.

▶ • 보통 조발술 순서
후두부 → 좌측 → 우측

▶ 우리나라의 최초의 이용사는 안종호이다. 세종로 어귀에 최초로 이용원을 개설하였다.

Answer

01 ㈎ 02 ㈎ 03 ㈑ 04 ㈐ 05 ㈑

06 다음 중 이용업소에서 일반적으로 하는 샴푸법은?

(가) 핫 오일 샴푸(Hot oil shampoo)
(나) 에그 샴푸(Egg shampoo)
(다) 플레인 샴푸(Plain shampoo)
(라) 드라이 샴푸(Dry shampoo)

07 조발시술 전 준비과정에 두발을 축이는 스팀타월의 가장 적당한 온도는?

(가) 50~60℃ (나) 35~40℃
(다) 20~25℃ (라) 15~20℃

08 틴닝 가위를 이용하여 커트할 경우, 모발 겉모습이 주는 가장 두드러지는 미적 표현은?

(가) 고전미 (나) 자연미
(다) 고정미 (라) 조각미

09 염모제를 두발에 도포한 후 소요시간은 일반적으로 몇 분을 기준으로 하고 있는가?

(가) 15분 (나) 20분
(다) 40분 (라) 30분

10 두발을 집게(톱) 가위로 커트하였을 때 나타나는 현상은?

(가) 머리카락 끝이 뭉툭해진다.
(나) 머리카락 끝의 길이가 일정하게 된다.
(다) 머리 끝부분이 자연스럽게 된다.
(라) 두발의 양이 많아 보인다.

CLICK HINT

▶ 플레인 샴푸는 일반적인 샴푸를 말한다.

▶ 조발 시 스팀타월의 가장 적당한 온도는 35~40°C이다.

▶ 틴닝 가위(집게 가위) 두발의 길이는 건드리지 않고 모량을 제거할 때 사용하는 가위로 자연미를 표현한다.

▶ 일반 염모제는 도포한 후 30분을 기준으로 하고 있다.

▶ 집게 가위로 커트를 하면 머리 끝부분이 붓 끝처럼 자연스럽게 만들어진다.

Answer

06 (다) 07 (나) 08 (나) 09 (라) 10 (다)

11 건강한 사람의 수명이 다 된 두발은 자연탈모가 된다. 일반적으로 1일 평균 탈모량으로 가장 적합한 것은?

(가) 약 50~60개　　(나) 약 70~80개
(다) 약 80~90개　　(라) 약 90~100개

12 이용업소의 사인보드(Signboard)의 색깔은?

(가) 청색, 적색, 초록　　(나) 청색, 적색, 백색
(다) 청색, 적색, 노랑　　(라) 청색, 적색, 주황

13 면체술 후 화장술 순서 중 가장 적당한 것은?

(가) 스킨로션 – 콜드크림 – 밀크크림
(나) 콜드크림 – 영양 크림 – 밀크로션
(다) 영양 크림 – 스킨로션 – 밀크로션
(라) 콜드크림 – 스킨로션 – 밀크로션

14 이용에 있어 스캘프 트리트먼트(Scalp Treatment)로써 주로 활용되는 것은?

(가) 플레인 스캘프 트리트먼트
(나) 드라이 스캘프 트리트먼트
(다) 댄드러프 스캘프 트리트먼트
(라) 오일리 스캘프 트리트먼트

15 다음 중 면체시술 시 면도날과 피부가 이루는 각도의 범위로 가장 적당한 것은?

(가) 0~10°　　(나) 10~15°
(다) 15~50°　　(라) 50~60°

CLICK HINT

▶ 건강한 사람은 1일 평균 50~60개가 자연탈모가 된다.

▶ • 이용원의 사인보드 색
청색 – 정맥
적색 – 동맥
백색 – 붕대

▶ • 화장술 순서
콜드크림 → 스킨로션 → 밀크로션

▶ 이용에서는 댄드러프 스캘프 트리트먼트를 비듬을 없애는 목적으로 주로 활용한다.

▶ 면체시술 시 면도날과 피부의 이상적인 각도는 18~45°C이다.

Answer

11 (가) 12 (나) 13 (라) 14 (다) 15 (다)

16 샴푸식 염발제의 혼합 시 염모제와 산화제의 적당한 비율은?

(가) 염모제 1과 산화제 1의 비율
(나) 염모제 1과 산화제 2의 비율
(다) 염모제 2와 산화제 1의 비율
(라) 염모제 2와 산화제 3의 비율

17 아이론 정발시술 시 아이론의 일반적인 온도로 가장 알맞은 것은?

(가) 70~80℃ (나) 90~100℃
(다) 120~140℃ (라) 150~160℃

18 세발과 세안에 가장 알맞은 물은?

(가) 연수 (나) 경수
(다) 철분이 많은 물 (라) 지하수

19 콜드 퍼머넌트나 염색 등의 화학처리에 의해서 두피 및 두발이 건조해졌을 때 지방분을 공급하기 위해서 실시하는 샴푸 방법은?

(가) 오일 샴푸 (나) 헤어토닉 샴푸
(다) 드라이 샴푸 (라) 에그 샴푸

20 일반적으로 모발의 영양공급 및 관리에 사용되지 않는 것은?

(가) 헤어토닉 (나) 올리브 유
(다) 포마드 (라) 영양 크림

21 화장수 중 아스트린젠트의 특징을 설명한 것 중 옳지 않은 것은?

(가) 클렌징 작용 (나) 산성 화장수
(다) 피부의 수렴 작용 (라) 지성 피부에 적합

CLICK HINT

▶ 염모제와 산화제의 비율은 보통 1:1로 한다.

▶ 아이론 시술 시 적정 온도는 120~140℃이다.

▶ 연수(단물)는 수돗물을 말하며 세발, 세안, 세탁, 음료수 등으로 쓰인다.

▶
- **오일 샴푸**
  두피 · 두발이 건조할 때
- **토닉 샴푸**
  생리 기능을 높일 때
- **드라이 샴푸**
  환자나 가발에 사용
- **에그 샴푸**
  두발이 표백되었을 때

▶ 영양크림은 얼굴 피부에 사용되는 제품이다.

▶ **아스트린젠트(astringent)의 특징**
산성 수렴 화장수 피부의 수렴작용 지성 피부에 적합

Answer

16 (가) 17 (다) 18 (가) 19 (가)
20 (라) 21 (가)

22 다음 중 머리숱이 많은 두발을 조발할 때에 두발의 소밀정돈에 가장 편리한 가위는?

㈎ 손톱가위 ㈏ 단발가위
㈐ 집게가위 ㈑ 조발가위

23 현대 이용의 발달은 어느 나라에서 시작되었는가?

㈎ 미국 ㈏ 독일
㈐ 프랑스 ㈑ 일본

24 다음 중 염발제의 피부시험을 실시하는 데 도포 크기로써 가장 적합한 것은?

㈎ 시험할 부위에 동전 크기만큼 하면 된다.
㈏ 시험 실시 부위에 작은 콩알 크기만큼 한다.
㈐ 최소한 어느 부위든 반지름 5cm 이상이어야 한다.
㈑ 머리카락 이부와 두피에 적당히 한다.

25 두피 관리 중 헤어토닉을 두피에 바르면 시원함을 느끼는데, 이것은 주로 어느 성분 때문인가?

㈎ 붕산 ㈏ 글리세린
㈐ 캄파 ㈑ 알코올

26 고객의 우측두부 귀 위에 지름 2cm 원형의 흉터가 있는 것을 발견하였다. 조발 시 어디서부터 커트를 시작하는 것이 가장 적당한가?

㈎ 두부의 좌측 ㈏ 전두부
㈐ 후두부 ㈑ 두부의 우측

CLICK HINT

▶ **틴닝 가위**(집게 가위) 두발의 길이는 건드리지 않고 모량을 제거할 때 용이하다.

▶ 1804년 프랑스 외과병원에서 전문적인 이용업으로 분리되었다.

▶ **패치테스트**는 염색 시술 전에 알레르기 반응을 알아보기 위한 것으로 귀 뒤쪽이나 팔꿈치 안쪽에 동전 크기만큼의 염모제를 바른 후 24~48시간 정도 후에 확인한다.

▶ **헤어토닉**은 알코올 성분이 있어 두피에 바르면 시원한 느낌을 준다.

▶ 고객의 흉터, 혹, 원형 탈모 등의 단점이 있는 부분부터 커트한다.

Answer

22 ㈐ 23 ㈐ 24 ㈎ 25 ㈑ 26 ㈑

27 두부(頭部)의 명칭 중 네이프(Nape)는 어느 부위를 말하는가?

(가) 앞머리 부분 (나) 정수리 부분
(다) 양옆 부분 (라) 후두부 부분

28 레이저 커트 시 물을 충분히 두발에 축이면서 하는 근본적인 이유는?

(가) 조발이 잘 되게 하기 위하여
(나) 두발을 부드럽게 하기 위하여
(다) 두발의 손상을 방지하기 위하여
(라) 기구의 손상을 방지하기 위하여

29 조발 시 가위를 잡을 때 안전성과 능률성을 높이려면 어느 손가락으로 잡는 것이 가장 좋은가?

(가) 엄지와 인지 (나) 엄지와 중지
(다) 엄지와 소지 (라) 엄지와 약지

30 다음 중 둥근 얼굴형에 가장 알맞은 가르마의 기준은?

(가) 7 : 3의 가르마 (나) 8 : 2의 가르마
(다) 5 : 5의 가르마 (라) 6 : 4의 가르마

31 조발용 가위에 대한 설명 중 틀린 것은?

(가) 도금된 강철이 질이 좋은 것이다.
(나) 날의 견고함이 양쪽 골고루 똑같아야 한다.
(다) 날의 두께가 얇고 허리가 강한 것이 좋다.
(라) 손가락 넣는 구멍이 적합해야 한다.

CLICK HINT

▶ 두부의 명칭 중 네이프(Nape)는 후두부 하단의 목덜미를 말한다.

▶ **레이저 커트**는 모발의 손상을 방지하기 위해서 물을 충분히 적신 다음에 사용한다.

▶ **가위를 잡을 때**
약지환 – 약지 – 안전성
엄지환 – 엄지 – 능률성

▶ **얼굴형에 따른 가르마**
5 : 5 – 역삼각 얼굴형
6 : 4 – 각진 얼굴형
7 : 3 – 둥근 얼굴형
8 : 2 – 긴 얼굴형

▶ **도금된 가위**는 조발용 가위로 좋지 않다.

Answer

27 (라) 28 (다) 29 (라) 30 (가) 31 (가)

32 헤어 커트에 있어 두발의 길이를 짧게 하지 않으면서 전체적으로 두발숱을 감소시키는 방법을 무엇이라고 하는가?

(가) 클리핑 (나) 트리밍
(다) 틴닝 (라) 블런팅

33 얼굴 마사지용 크림으로 가장 적절한 것은?

(가) 영양 크림 (나) 콜드크림
(다) 밀크크림 (라) 바니싱크림

34 헤어 드라이를 시술하는 과정에서 단단한 헤어스타일을 만들려 할 때 가장 좋은 방법은?

(가) 드라이기의 열을 높여 주면 된다.
(나) 머리끝 부분부터 구부려 내려간다.
(다) 빗으로 자꾸만 반복하면 된다.
(라) 모근부터 열을 가하여 상부로 향하면서 구부린다.

35 스캘프 트리트먼트(Scalp treatment)는 다음 중 어느 것과 관계가 있는가?

(가) 손톱 손질 (나) 기구 손질
(다) 두피 손질 (라) 브러시 손질

36 염발 제품의 보관은 다음 중 어느 곳이 가장 좋은가?

(가) 보온시설이 잘된 밝은 곳 (나) 습도가 많은 곳
(다) 일광을 받는 밝은 곳 (라) 차고 어두운 곳

CLICK HINT

- **틴닝 가위**(집게 가위)
두발의 길이는 건드리지 않고 모량을 제거할 때 용이하다.
- **얼굴 마시지용 크림**은 콜드크림이 적합하다.
- **헤어 드라이 시술할 때** 모근부터 열을 가하여 뿌리(모근) 볼륨을 살리는 것이 좋은 방법이다.
- • **스캘프**(Scalp)
두피
• **트리트먼트**(Treatment)
처리, 치유, 손질
- **염모제**는 차고 어두운 곳에 보관해야 변질되지 않는다.

Answer

32 (다) 33 (나) 34 (라) 35 (다) 36 (라)

37 외국인 금발머리의 커트 시 다음 중 가장 알맞은 것은?

(가) 집게 가위로만 한다.
(나) 미니 가위로 디자인 커트를 한다.
(다) 집게 가위와 미니 가위를 같이 사용한다.
(라) 레이저 커트를 한다.

38 다음 중 일상용 레이저(Ordinary razor)로 헤어 커트 시 좋은 점은?

(가) 안전도가 높다. (나) 제한된 두발이 커트된다.
(다) 세밀한 작업이 용이하다. (라) 초보자에 적당하다.

39 다음 두부 마사지의 기법과 효과가 잘못된 것은?

(가) 경찰법 : 노폐물의 배출 (나) 유연법 : 영양을 높이는 작용
(다) 진동법 : 혈액순환 촉진 (라) 고타법 : 신경작용 촉진

40 마사지 시술 시 대개 등, 어깨, 팔을 주물러서 푸는 마사지의 방법에 해당 되는 것은?

(가) 경찰법 (나) 유연법
(다) 진동법 (라) 압박법

41 조발 시 시술자와 의자의 적당한 거리는?

(가) 주먹 한 개의 거리가 기준이다.
(나) 일정한 거리는 필요 없다.
(다) 의자에서 50cm 정도 거리를 유지한다.
(라) 의자에 밀착한다.

CLICK HINT

▶ **외국인 모발**은 미니 가위로 커트 한 후에 틴닝 가위(집게 가위)를 사용하는 것이 좋다.

▶ **레이저 헤어 커트**는 세밀한 작업이 용이하다.

▶ **고타법**
두드리는 동작으로 근육수축력이 증가하고 전신에 쾌감을 준다.

▶ **유연법**
손가락과 손바닥으로 주물러서 풀어 주는 방법이다.

▶ **조발 시 시술자와 의자의 거리**는 주먹 한 개의 거리를 유지해야 한다.

Answer

37 (나) 38 (다) 39 (라) 40 (나) 41 (가)

42 드라이를 한 후 스프레이를 살포하는 주된 이유는?

(가) 두발의 질을 부드럽게 하기 위하여
(나) 두발의 질을 강화시키기 위하여
(다) 두발형의 유지시간을 연장시키기 위하여
(라) 향수의 효과를 오래 지속시키기 위하여

43 남성의 수염은 일반적으로 어느 부위에 가장 많이 나 있는가?

(가) 상악골 부위 (나) 하악골 부위
(다) 관골 부위 (라) 두정골 부위

44 이용원의 사인보드(Signboard)는 무엇을 의미하는가?

(가) 정맥, 동맥, 피부 (나) 정맥, 동맥, 붕대
(다) 정맥, 동맥, 머리 (라) 적혈구, 백혈구, 동맥

45 사인보드 표시는 원래 무엇을 표시한 것인가?

(가) 이용원 (나) 이발사
(다) 병원 (라) 의사

46 건조성 두피란 무엇인가?

(가) 삭발한 머리 피부 (나) 두피에 지방분이 부족한 것
(다) 상처 난 두피 부분 (라) 두피에 지방분이 많은 것

47 다음 중 이용업소에서 가장 많이 사용되는 면도기 종류는?

(가) 전기 자동면도기 (나) 안전면도기
(다) 보통 면도기 (라) 일도 및 양도

CLICK HINT

▶ **스프레이**는 두발을 고정, 세팅, 유지하는 것이 목적이다.

▶ • 상악골 : 윗 턱
• 하악골 : 아래 턱
• 관 골 : 광대뼈

구레나룻
남성의 수염은 하악골(아래 턱) 부위에 가장 많이 난다.

▶ **이용원의 사인보드 색**
청색 – 정맥
적색 – 동맥
백색 – 붕대

▶ **사인보드**는 정맥, 동맥, 붕대의 병원 표시였던 것을 현재 이용원에서 사용하고 있다.

▶ **건조성 두피**
두피에 지방분(피지)가 부족한 상태이다.

▶ **면도기의 종류**
양도 : 일자형태
일도 : 접이식

Answer

42 (다) 43 (나) 44 (나) 45 (다)
46 (나) 47 (라)

48 아이론의 관리에 부적합한 것은?

㈎ 샌드페이퍼로 잘 다듬는다.
㈏ 기름으로 닦는다.
㈐ 녹슬지 않도록 한다.
㈑ 습도가 높은 곳에 보관한다.

49 조발 후 의자에 앉아 있는 상태에서 머리카락을 제거하기 위하여 한 번만 샴푸한다면 거품을 얼마만큼 하여야 되겠는가?

㈎ 전체 모발량의 약 2배 ㈏ 전체 모발량의 약 3배
㈐ 전체 모발량의 약 4배 ㈑ 전체 모발량과 같게

50 다음 중 세발에 관한 설명 중 옳지 않은 것은?

㈎ 방수성 앞장을 사용한다.
㈏ 손톱으로 힘있게 감는다.
㈐ 물은 연수로 사용한다.
㈑ 액상 샴푸를 사용하는 것이 편리하다.

51 면도칼을 잡는 방식이 틀린 것은?

㈎ 모지 및 약지 잡기식 ㈏ 연필 잡기식
㈐ 뒤로 잡기 ㈑ 기본 잡기

52 스포츠형(Brosse cut)을 시술할 때 분을 사용하는 주 목적은?

㈎ 요철을 확인하기 위하여
㈏ 빗의 사용이 잘 되게 하기 위하여
㈐ 가위 사용을 용이하게 하기 위하여
㈑ 젖은 머릿결을 빨리 말리기 위하여

CLICK HINT

▶ 아이론을 습도가 높은 곳에 보관하면 녹이 슬게 된다.

▶ **좌식 샴푸**는 고객이 의자에 앉아 있는 상태에서 샴푸를 시술하는 방법으로 샴푸 거품의 양은 모발량과 같게 하는 것이 좋다.

▶ 손톱으로 힘있게 감게 되면 두피에 상처가 날 수 있어 좋지 않다.

▶ **면도칼 잡는 방법**
프리 핸드(기본 잡기)
백 핸드(뒤로 잡기)
스틱 핸드(막대기 잡기)
펜슬 핸드(연필잡기)

▶ 스포츠형을 시술할 때 요철을 확인하기 위해서 분을 사용한다.

Answer

48 ㈑ 49 ㈑ 50 ㈏ 51 ㈎ 52 ㈎

53 손님의 얼굴형이 긴 얼굴(또는 좁은 얼굴)일 때 얼굴에 가장 조화가 되는 두발형을 얻을 수 있는 가르마는?

㈎ 6 : 4의 가르마 ㈏ 8 : 2의 가르마
㈐ 5 : 5의 가르마 ㈑ 7 : 3의 가르마

54 얼굴 면도 시 면도기 잡는 방법의 기본이 되는 것은?

㈎ 백 핸드 ㈏ 펜슬 핸드
㈐ 프리 핸드 ㈑ 스틱 핸드

55 다음 중 두피 매뉴얼 테크닉(마사지)의 방법이 아닌 것은?

㈎ 경찰법(문지르기) ㈏ 유연법(주무르기)
㈐ 진동법(떨기) ㈑ 회전법(돌리기)

56 E.C커트(Electric Clipper) 조발은 주로 무엇으로 하는가?

㈎ 미니 가위(톱니가위) ㈏ 집게가위
㈐ 면도 ㈑ 바리캉

57 다음 중 조발시술 시 적당한 실내 온도는?

㈎ 25℃ 전후 ㈏ 15℃ 전후
㈐ 18℃ 전후 ㈑ 10℃ 전후

58 다음 중 이용용 가위의 선택 방법 중 틀린 것은?

㈎ 날과 기타의 곳이 상하지 않은 것이 좋다.
㈏ 가급적 도금된 것은 피해야 한다.
㈐ 사용자의 손에 맞아야 한다.
㈑ 조임쇠(Pivot)가 느슨해야 한다.

CLICK HINT

▶ **얼굴형에 따른 가르마**
5 : 5 – 역삼각 얼굴형
6 : 4 – 각진 얼굴형
7 : 3 – 둥근 얼굴형
8 : 2 – 긴 얼굴형

▶ **면도칼 잡는 방법**
프리 핸드(기본 잡기)
백 핸드(뒤로 잡기)
스틱 핸드(막대기 잡기)
펜슬 핸드(연필잡기)

▶ • 경찰법 – 쓰다듬기
• 유연법 – 주무르기
• 진동법 – 떨기
• 고타법 – 두드리기
• 압박법 – 누르기
• 강찰법 – 강하게 문지르기

▶ **바리캉**에는 일렉트릭 바리캉(모터식, 마그네틱), 핸드 바리캉이 있다.

▶ 조발시술 시 적당한 실내 온도는 18~20℃이다.

▶ 조임쇠(Pivot)가 느슨하지 않는 것이 좋다.

Answer

53 ㈏ 54 ㈐ 55 ㈑ 56 ㈑
57 ㈐ 58 ㈑

59 다음 중 세발할 물로서 가장 적당한 온도는?

(가) 35~40℃ (나) 20~25℃
(다) 15~20℃ (라) 45~55℃

60 이용이 의료업에서 분리, 독립된 것은?

(가) 나폴레옹 1세 시대 (나) 르네상스 1세 시대
(다) 로마시대 (라) 미합중국 독립시대

61 다음 중 특수조발에 속하는 것은?

(가) 장발머리 (나) 소아머리
(다) 운동머리(스포츠형) (라) 유아머리

62 마사지의 효과와 거리가 먼 것은?

(가) 피부 조직의 퇴화를 방지한다.
(나) 피부의 물질대사를 촉진시킨다.
(다) 피부의 기능을 회복시키고 지속시킨다.
(라) 임파액의 순환을 느리게 한다.

63 이용기술에 해당되지 않는 것은?

(가) 조발 (나) 면도
(다) 귀소제 (라) 피질

64 현대적인 의미로 우리나라에서 이발을 처음으로 시작한 시기는?

(가) 대원군 집권기 (나) 8·15 광복 이후
(다) 순종황제 시 (라) 고종황제 시

CLICK HINT

▶ 세발 시 적당한 물의 온도는 35~38℃이다.

▶ 1804년 나폴레옹 시대에 프랑스 외과병원에서 전문적인 이용업으로 분리, 독립되었다.

▶ 운동머리(스포츠형)은 특수조발에 속한다.

▶ 마사지 효과
피부 조직 퇴화 방지
피부 물질대사 촉진
피부 기능 회복
피부 기능 지속

▶ 피질은 이용기술이 아니라 모발 구조에 해당된다.

▶ 1895년 11월 고종황제 때 단발령으로 인해 이발이 처음으로 시작되었다.

Answer

59 (가) 60 (가) 61 (다) 62 (라)
63 (라) 64 (라)

65 다음 중 모발의 건조와 부스러지는 것을 방지하는 데 가장 효과적인 것은?

㈎ 비타민 A　　㈏ 비타민 C
㈐ 요오드　　㈑ 철분

66 이용 간판인 사인보드를 최초로 사용한 시기는?

㈎ 1327년　　㈏ 1416년
㈐ 1776년　　㈑ 1804년

67 정통 특수조발이란 어떤 기구를 사용한 조발인가?

㈎ 바리캉으로 하는 조발　　㈏ 면도로 하는 조발
㈐ 가위만으로 하는 조발　　㈑ 톱날 가위로 하는 조발

68 다음 중 우리나라의 단발령과 가장 관계가 깊은 사람은?

㈎ 김홍집　　㈏ 서재필
㈐ 김옥균　　㈑ 안종호

69 다음 중 일반적으로 포마드를 도포하여 정발하여야 할 모발에 해당되는 것은?

㈎ 흰 머리카락　　㈏ 부드러운 머리카락
㈐ 짧고 곧은 머리카락　　㈑ 곱슬 머리카락

70 면체시술 시 손님의 얼굴에 스팀타월을 하는 이유는?

㈎ 시술자의 손이 차가워서
㈏ 감각을 없애기 위해서
㈐ 피부가 잘 늘어나게 하기 위해서
㈑ 수염을 부드럽게 하기 위해서

CLICK HINT

- 비타민 A
  모발영양, 피부윤기
  눈의 작용 개선
- 1804년 나폴레옹 시대에 프랑스 외과병원에서 전문적인 이용업으로 분리, 독립되었다.
- 정통 특수조발은 스포츠형으로 가위만으로 하는 조발을 뜻한다.
- 임금과 세자의 두발을 잘랐던 유길준, 정병하, 안종호 등이 김홍집 내각의 내무대신이였다.
- 포마드
  짧고 곧은 머리카락에 사용
- 면체 시술 시 스팀타월은 수염을 부드럽게 해줘서 시술효과를 높여 준다.

Answer

65 ㈎ 66 ㈑ 67 ㈐ 68 ㈎
69 ㈐ 70 ㈑

71 피부의 색이 검게되는 현상은 어떤 색소에 기인하는가?

㈎ 멜라닌 색소 ㈏ 카로틴 색소
㈐ 헤모글로빈 색소 ㈑ 크산토필 색소

72 다음 중 건조성 두피에 대한 설명은?

㈎ 피부 두피에 지방분이 부족한 것
㈏ 상처 난 두피 부분
㈐ 피지 분비량이 많은 두피
㈑ 삭발한 머리 피부

73 원형 탈모증이란 무엇인가?

㈎ 이마 부분에 머리가 빠지는 증세
㈏ 뒷머리칼이 빠지는 증세
㈐ 동전처럼 집중적으로 머리칼이 빠지는 증세
㈑ 머리 부분 전체에 머리칼이 빠지는 증세

74 피부의 종류에 따른 다음 설명 중 틀린 것은?

㈎ 중성 피부 : 부드럽고 탄력이 있으며 또한 윤택이 나는 피부
㈏ 민감성 피부 : 여드름이 나기 쉬운 피부
㈐ 건성 피부 : 지방이나 수분이 부족한 거친 피부
㈑ 이상성 피부 : 기미나 주근깨가 병적으로 많은 피부

75 피부에 존재하는 감각기관 중 가장 많이 분포하는 것은?

㈎ 온각점 ㈏ 통각점
㈐ 냉각점 ㈑ 촉각점

CLICK HINT

- 멜라닌 색소 – 흑색
- 카로틴 색소 – 황색
- 헤모글로빈 색소 – 적색

건조성 두피
두피에 지방분(피지)이 부족한 상태이다.

원형 탈모증
스트레스가 주요인이며 동전 크기정도 둥근 모양으로 머리카락이 빠지는 증상이다.

민감성 피부
어떤 물질이나 반응에 즉시 반응을 일으키는 피부를 말한다.

감각의 분포도
통각>촉각>냉각>온각

Answer

71 ㈎ 72 ㈎ 73 ㈐ 74 ㈏ 75 ㈏

제2과목 공중위생 관리학

15. 공중위생 관리학

제15장

공중위생 관리학

Check Point

공중보건학의 이해, 건강과 질병, 감염병 및 성인병관리, 환경보건, 산업보건, 그리고 식품위생과 영양, 보건행정, 병원성 미생물, 위생과 소독, 공중위생관리법규에 이르기까지 폭넓은 숙지가 요구되며 8~10문항 출제됩니다.

1. 공중보건학 총론

1. 공중보건학의 개념

(1) 공중보건학의 정의

공중보건학은 세계보건기구가 규정한 것과 같이 신체 및 정신적인 건강뿐만 아니라 사회적으로도 안녕을 보장하려는 기술과학이라고 할 수 있다.

예일대학교 윈슬로(C.E.A Winslow) 교수는 공중보건학을 지역사회의 조직적인 노력을 통하여 환경위생관리, 감염병관리, 개인위생에 관한 보건교육, 질병의 예방적 치료와 조기 발견을 할 수 있는 간호 서비스와 의료의 조직화, 모든 사람이 본인의 건강을 유지하는 데 적합한 생활수준을 보장받도록 사회제도를 발전시키는 것을 포함하고 있다고 정의하고 있다.[14)]

(2) 공중보건학의 대상

특정의 개인이 아니라 지역사회의 전체 주민 및 인간 집단의 국민 전체를 대상으로 한다.

(3) 공중보건학의 목적

① 질병 예방
② 수명(생명) 연장
③ 신체적 · 정신적 건강 효율 증진

(4) 공중보건사업 3대 요소

① 보건교육

② 보건행정
③ 보건관계법규

(5) 공중보건학의 범위

① **보건관리 분야** : 보건행정, 보건통계, 보건영양, 보건교육, 인구보건, 가족보건, 모자보건, 학교보건, 정신보건 등이 있다.
② **질병관리 분야** : 역학, 비전염성 질환 관리, 기생충 관리, 감염병 관리 등이 있다.
③ **환경보건 분야** : 환경오염, 환경보건, 환경위생, 식품위생, 산업보건, 산업환경 등이 있다.

2. 건강과 질병

(1) 건강의 정의

세계보건기구(World Health Organization, WHO)에서 1948년 4월 7일에 내린 정의에 따르면, 건강은 단지 질병이 없거나 허약하지 않은 상태만을 의미하는 것이 아니라 육체적·정신적·사회적 안녕이 완전한 상태를 말한다.

Tip

세계보건기구(WHO)는 1948년 스위스 제네바에서 처음 창설되었고, 우리나라는 1949년 8월 17일 65번째로 태평양 지역사무국 소속으로 정식 가입하였다.

(2) 질병의 정의

질병이란 인체의 조직이나 기관에 문제가 생겨서 정상적인 생리기능을 하지 못하는 상태를 말한다.

① 질병 발생의 3대 요인
- **병인 요인** : 병원체이며 정신적 요인, 물리적 요인, 화학적 요인, 영양 등이 있다.
- **숙주 요인** : 생물학적(선천적·후천적) 요인, 사회적(생활양식·건강상태·경제적) 요인 등이 있다.
- **환경 요인** : 감염경로이며 생물학적 요인, 물리적 요인, 사회적 요인 등이 있다.

② 질병 예방 단계

- **1차 예방** : 질병 발생 전 단계이다. 건강관리, 예방접종, 환경개선 등이 있다.
- **2차 예방** : 질병 감염 단계이다. 건강검진, 악화방지, 치료 등이 있다.
- **3차 예방** : 불구 예방 단계이다. 재활, 사회복귀, 사회 적응 등이 있다.

3. 인구보건 및 보건지표

(1) 인구보건

인구(population)란 일정한 시기에 일정한 지역에 거주하고 생존하고 있는 인간의 집단을 말한다.

① 인구 구성 형태

- **피라미드형**(Pyramid form) : 인구증가형, 후진국형이다. 출생률이 높고 사망률이 낮은 형이다.
- **종형**(Bell form) : 인구정지형, 가장 이상적인 형이다. 출생률과 사망률이 모두 낮은 형이다.

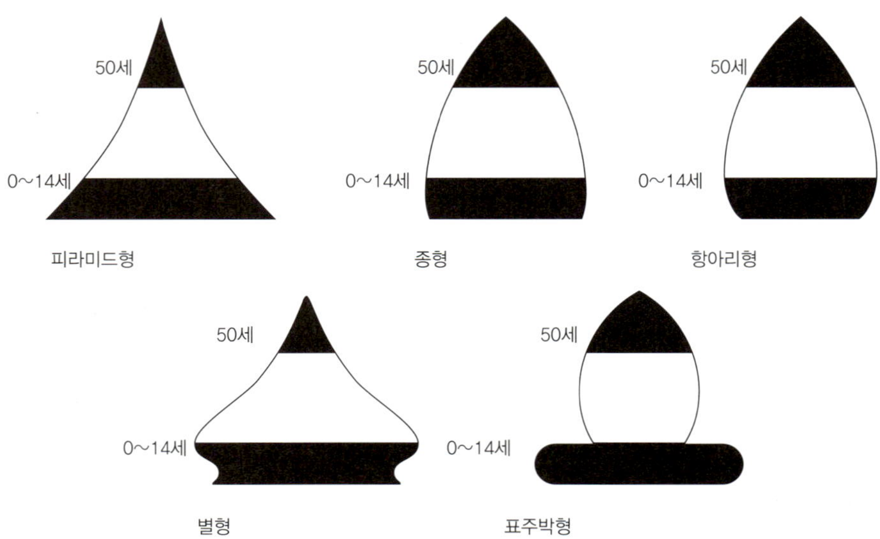

그림 15-1 인구 구성 형태

- **항아리형**(Pot form) : 인구감소형, 선진국형이다. 출생률이 사망률보다 낮은 형이다.
- **별형**(Star form) : 도시형, 유입형이다. 생산 연령층의 인구가 많이 모여드는 형이다.
- **표주박형**(Gourd form) : 농촌형, 유출형이다. 생산 연령층의 인구가 많이 줄어드는 형이다.

② 인구 문제

- 3P : 인구(Population), 오염(Pollution), 빈곤(Poverty)
- 3M : 영양실조(Malnutrition), 질병(Morbidity), 사망(Mortality)

(2) 보건지표

① **비례사망지수** : 1년 동안 전체 사망자 수에서 50세 이상의 사망자 수의 구성 비율을 표시한 것으로 수치가 높게 나올수록 전체 사망자 중에서 고령자의 비율이 높다는 것을 의미한다.

$$\text{비례사망지수(PMI)} = \frac{\text{같은 해에 일어난 50세 이상의 사망자수}}{\text{1년 동안 총 사망자수}} \times 100$$

② **평균수명** : 생후 1년 미만(0세)의 평균여명을 평균수명이라고 한다. 평균수명이란 어떤 연령의 사람이 앞으로 평균적으로 얼마나 더 살 수 있는지에 대한 기대치를 의미한다.

③ **조사망률** : 보통사망률 또는 일반사망률이라고도 한다. 1년 동안 인구 1,000명 수에서 사망자수의 구성 비율을 의미한다.

④ **영아사망률** : 생후 1년 미만(0세)의 출생 1,000명의 수에서 사망 영아수의 구성 비율을 의미한다.

Tip

영아 사망률은 국가 건강수준을 나타내는 가장 대표적인 보건지표로 사용된다.

2. 질병 관리

1. 역학

(1) 역학의 정의

역학(Epidemiology)은 Epi(upon)+demos(people)+ology(study)의 합성어로, study upon the people의 의미를 가지고 있다. 역학은 인간 집단 현상에서 일어나는 질병, 불구, 사망 등의 발생과 분포에 영향을 주는 여러 가지 원인을 규명하고 그에 대한 관리와 예방대책을 연구하는 학문이다.

(2) 역학의 역할

① 질병 발생의 원인 규명
② 유행 상태의 관찰
③ 보건의료 기획과 평가자료 제공
④ 임상의학 연구 활용

2. 감염병 관리

(1) 감염병 발생의 3대 요인

① **병인 요인** : 질병을 일으키는 직접적인 원인이 되는 요소이다.
② **숙주 요인** : 병원체의 기생으로 인해 영양물의 탈취와 조직의 손상 등을 당하는 생물이다.
③ **환경 요인** : 병인과 숙주를 제외한 모든 요인을 말하며 질병을 일으키는 데 영향을 미치는 외적 요인이다. 직접적인 영향보다는 간적접인 영향을 미친다.

(2) 감염병 발생 단계

감염병 발생 단계는 총 6가지 요소로 이루어져 있으며, 어느 하나라도 결여되면 감염병은 발생하지 않는다.

① 병원체(Pathogen)

표 15-1 병원체의 종류와 감염병

구분	감염병
세 균	결핵, 나병, 디프테리아, 백일해, 세균성 이질, 수막구균성 수막염, 장티푸스, 파라티푸스, 페스트, 콜레라 등
바이러스	AIDS, 광견병, 소아마비, 유행성 이하선염, 인플루엔자(독감), 일본뇌염, 천연두, 홍역 등
리 케 차	발진티푸스, 발진열, 양충병 등
원 충	말라리아, 질트리코모나스 등

② 병원소(Reservoir of infection)

• 인간

표 15-2 인간 병원소

구분	내용
건 강 보 균 자	건강한 사람처럼 보이지만 불현성 감염과 같은 상태로 임상 증상이 전혀 없고 병원체를 보유한 감염자로서 B형 간염 바이러스, 디프테리아, 일본뇌염, 폴리오 등이 해당된다. 감염병 관리가 가장 어려운 보균자이다.
잠 복 기 보 균 자	감염성 질환에 노출된 후 증상이 거의 나타나지 않고 그 잠복기간 중에 병원체를 배출하는 보균자로서 디프테리아, 백일해, 호흡기 감염성 질병 감염자 등이 해당된다.
만 성 보 균 자	병원체를 오랜 시간 동안 계속 보유하고 있는 보균자로서 장티푸스나 B형 간염 바이러스 감염자 등이 해당된다.
병 후 보 균 자	병이 완치 된 후에도 균을 배출하는 보균자이다.

• **동물** : 동물이 병원체를 보유하고 있어 2차적으로 인간 숙주에게 감염시키는 감염원이다.

표 15-3 동물 병원소

동물	감염병
소	결핵, 파상열, 탄저 등
돼지	살모넬라증, 파상열, 탄저, 일본뇌염 등
양	탄저, 파상열 등
개	광견병, 톡스플라스마증 등
말	탄저, 유행성 뇌염, 살모넬라증 등
쥐	페스트, 발진열, 살모넬라증, 렙토스피라증, 양충병 등
고양이	살모넬라증, 서교증, 톡소플라스마증 등

- **토양** : 진균류의 히스토플라스마증, 분아균증 등의 병원소의 작용과 파상풍 등의 병원소 역할도 한다.

③ 병원소로부터 병원체의 탈출 경로

- 호흡기계 탈출
- 소화기계 탈출
- 비뇨·생식기계 탈출
- 개방된 상처 직접 탈출
- 기계적 탈출

④ 병원체의 전파

- **직접 전파** : 새로운 숙주에게 매개체 없이 직접 전파되는 것이다.
- 신체적 접촉 : 성병, 나병, 매독, 광견병, 피부병 등이 있다.
- 비말 감염 : 포말 감염이라고도 하며 기침, 재채기 등으로 인하여 전파된다. 디프테리아, 백일해, 마진, 홍역 등이 있으며 예방할 수 있는 환자와의 최소 거리는 1.5m이다.
- **간접 전파** : 병원체와 숙주 사이에 밀접한 관계없이 중간 매개체를 통해 전파되는 것이다.
- **공기 전파** : 공기 중의 먼지나 비말핵 등에 의해서 전파되는 것이다.

⑤ 감염경로에 의한 전파 분류

- **직접 접촉** : 매독, 임질, 파상풍, 두창 등이 있다.
- **간접 접촉** : 장티푸스, 이질, 디프테리아 등이 있다.
- **경피 감염** : 트라코마, 파상풍, 일본뇌염, 페스트, 발진티푸스, 사상충, 말라리아 등이 있다.
- **경구 감염** : 이질, 장티푸스, 세균성 · 아메바성 이질, 콜레라 등이 있다.
- **비말 감염** : 디프테리아, 백일해, 마진, 홍역 등이 있다.

⑥ 새로운 숙주로의 병원체 침입

지금까지 전파 과정을 거친 병원체는 새로운 숙주로 침입한다. 침입 방법은 병원소로부터 병원체의 탈출 경로와 같다.

⑦ 숙주의 감수성

숙주가 병원체에 대한 높은 저항력이나 면역력을 가지고 있을 때는 감염이 발생하지 않고, 감수성(숙주가 침입한 병원체를 저지할 수 있는 방어체계가 없는 상태)이 있을 때에 감염이 성립된다.

표 15-4 면역의 종류

선천적 면역	인종적, 종속적, 개인적 면역		
후천적 면역	능동면역	자연능동면역	질병에 감염 된 후 성립되는 면역
		인공능동면역	예방 접종 후 생성되는 면역
	수동면역	자연수동면역	태아가 모체로부터 태반이나 모유를 통해 받은 면역
		인공수동면역	백신 등의 면역혈청 접종 후 얻게 되는 면역

Tip

- DPT 접종 : D–디프테리아, P–백일해, T–파상풍
- BCG 접종 : 결핵 예방, 생후 4주 이내에 가장 먼저 하는 기본 예방접종이다.
- 백 신 : 약독생균, 톡소이드, 사균, 세균의 항원으로 면역되는 병원 미생물을 제거
- DDT : 말라리아 예방, 살충제 살균 작용

(3) 법정 감염병의 분류 (감염병의 예방 및 관리에 관한 법률, 2020.3.4. 개정)

표 15-5 법정 감염병[15)]

1급 감염병(17종)	2급 감염병(21종)	3급 감염병(26종)	4급 감염병(23종)
1. 에볼라바이러스병 2. 마버그열 3. 라싸열 4. 크리미안콩고출혈열 5. 남아메리카출혈열 6. 리프트밸리열 7. 두창 8. 페스트 9. 탄저 10. 보툴리눔독소증 11. 야토병 12. 신종감염병증후군(코로나19 바이러스 감염증) 13. 중증급성호흡기증후군(SARS) 14. 중동호흡기증후군(MERS) 15. 동물인플루엔자인체감염증 16. 신종인플루엔자 17. 디프테리아	1. 결핵 2. 수두 3. 홍역 4. 콜레라 5. 장티푸스 6. 파라티푸스 7. 세균성 이질 8. 장출혈성 대장균감염증 9. A형간염 10. 백일해 11. 유행성 이하선염 12. 풍진(선천성) 13. 폴리오 14. 수막구균 감염증 15. B형헤모필루스인플루엔자 16. 폐렴구균 감염증 17. 한센병 18. 성홍열 19. 반코마이신내성황색포도알균(VRSA) 감염증 20. 카바페넴내성장내세균속균종(CRE) 감염증 21. E형 간염	1. 파상풍 2. B형 간염 3. 일본뇌염 4. C형 간염 5. 말라리아 6. 레지오넬라증 7. 비브리오패혈증 8. 발진티푸스 9. 발진열 10. 쯔쯔가무시증 11. 렙토스피라증 12. 브루셀라증 13. 공수병 14. 신증후군출혈열 15. 후천성면역결핍증(AIDS) 16. 크로이츠펠트-야콥병(CJD) 및 변종크로이츠펠트-야콥병(vCJD) 17. 황열 18. 뎅기열 19. 큐열 20. 웨스트나일열 21. 라임병 22. 진드기매개뇌염 23. 유비저 24. 치쿤구니야열 25. 중증열성혈소판감소증후군(SFTS) 26. 지카바이러스 감염증	1. 인플루엔자 2. 매독 3. 회충증 4. 편충증 5. 요충증 6. 간흡충증 7. 폐흡충증 8. 장흡충증 9. 수족구병 10. 임질 11. 클라미디아감염증 12. 연성하감 13. 성기단순포진 14. 첨규콘딜롬 15. 반코마이신내성 장알균(VRE) 감염증 16. 메티실린내성 황색포도알균(MRSA) 감염증 17. 다제내성 녹농균(MRPA) 감염증 18. 다제내성 아시네토박터바우마니균(MRAB) 감염증 19. 장관감염증 20. 급성호흡기감염증 21. 해외유입기생충 감염증 22. 엔테로바이러스 감염증 23. 사람유두종바이러스 감염증

(4) 주요 감염병

표 15-6 주요 감염병의 종류 및 특징

감염병	구분	내용
콜 레 라	증 상	설사, 구토 등 (잠복기 2~3일)
	전파경로	오염된 물이나 음식, 병원체 보유자의 대변이나 구토물
	예 방	깨끗하게 손 씻기, 안전하게 음식 섭취하기, 예방접종
장티푸스	증 상	고열, 두통, 복통, 설사, 변비, 피부발진, 간 · 비장종대 등 (잠복기 8~14일)
	전파경로	환자, 오염된 물이나 음식, 보균자의 대변이나 소변
	예 방	깨끗하게 손 씻기, 안전하게 음식 섭취하기, 예방접종
파라티푸스	증 상	발열, 오한, 두통, 설사, 변비 등 (잠복기 1~10일)
	전파경로	환자, 오염된 물이나 음식, 보균자의 대변이나 소변
	예 방	깨끗하게 손 씻기, 안전하게 음식 섭취하기
세 균 성 이 질	증 상	고열, 구토, 경련성 복통, 점혈변 등 (잠복기 1~4일)
	전파경로	환자, 오염된 물이나 음식
	예 방	깨끗하게 손 씻기, 안전하게 음식 섭취하기, 예방접종 ×
페 스 트	증 상	물린 자리 통증과 부종, 발열, 오한, 설사, 두통, 근육통, 피로, 폐렴 증세 등 (잠복기 1~7일)
	전파경로	감염된 벼룩과 동물의 접촉 등
	예 방	국내 유효 백신 ×, 환자에게 치료적 항생제 투여
디프테리아	증 상	비후계통의 염증과 이상증세가 심하면 심장마비를 일으킴(잠복기 2~5일)
	전파경로	환자, 오염된 기구나 음식
	예 방	예방접종(DPT)
백 일 해	증 상	심한 기침 등 (잠복기 10일)
	전파경로	감염자의 호흡기계를 통한 비말감염
	예 방	예방접종(DPT)
파 상 풍	증 상	경련, 마비증세 등 (잠복기 3~21일)
	전파경로	수술, 화상, 상처부위로 침입, 유산이나 임신 후에도 감염
	예 방	예방접종(DPT)
홍 역	증 상	발열, 발진, 기침, 콧물, 결막염, 중이염 등 (잠복기 7~21일)
	전파경로	감염력이 가장 강하다. 감염자의 호흡기계를 통한 비말감염
	예 방	예방접종

유 행 성 이하선염	증 상	귀밑으로 부어오름 (잠복기 14~18일)
	전파경로	오래된 물품, 감염자의 호흡기계를 통한 비말감염
	예 방	예방접종, 물품 소독
일본뇌염	증 상	고열, 두통 등 (잠복기 7~14일)
	전파경로	주로 여름철 야간에 사람과 동물을 흡혈하는 작은 빨간집 모기
	예 방	예방접종, 모기유충구제
폴 리 오	증 상	마비, 호흡곤란 등 (잠복기 7~10일)
	전파경로	환자, 오염된 음식
	예 방	예방접종
결 핵	증 상	체중감소, 피로, 기침 등 (만성감염성)
	전파경로	환자, 폐 속으로 전파
	예 방	예방접종(BCG)
나 병	증 상	무감각 (만성감염성)
	전파경로	보균자의 대변, 오염된 물건
	예 방	환자 격리, 물품 소독
성 병	증 상	매독, 임질 등
	전파경로	성 접촉 시 세균의 침입
	예 방	올바른 성 접촉
말라리아	증 상	고열, 오한 등 (잠복기 14일)
	전파경로	모기
	예 방	모기유충구제
광 견 병 (공 수 병)	증 상	혼수상태, 근육마비 등
	전파경로	광견병에 걸린 동물
	예 방	개에 관한 예방접종
수막구균성 수 막 염	증 상	발열, 근육통, 두통 등 (잠복기 1~4일)
	전파경로	오래된 물품, 감염자의 호흡기계를 통한 비말감염
	예 방	예방접종, 물품 소독
발진티푸스	증 상	발열, 발진, 기침, 근육통, 두통 등
	전파경로	상처침입, 감염자의 호흡기계로 침입
	예 방	환자격리, 예방접종

3. 기생충 질환 관리

기생충은 생명체 몸에 들어와 운동 및 감각기관을 악화시킨다. 대부분 기생충은 자연계에서 독립적으로 생명유지를 할 수 없고 다른 종류의 생물체에 의존해야만 생명을 유지할 수 있다.

기생충 질환은 오염된 환경, 비과학적 식생활습관, 분변의 비료화, 비위생적인 영농방법과 일상생활 등이 주원인이다.

(1) 기생충의 종류

표 15-7 기생충의 종류 및 특징

① 선충류(Nematoda)		
회 충	증 상	발열, 구토, 설사, 식욕부진, 복통, 두드러기, 불면증 등
	전파경로	파리, 오염된 손과 음식물 등에 의해 경구감염된다. 우리나라에서 가장 감염률이 높다.
	예 방	파리 구제, 위생관리, 보건교육 등
구 충 (십이지장충)	증 상	빈혈, 구토, 기침, 소화장애, 복통 등
	전파경로	기생부위는 십이지장(소장)이고 4~5주 후에 분변으로 나온다. 경구감염과 경피감염이 있다.
	예 방	위생관리, 피부보호 등
요 충	증 상	항문부위의 소양증, 위장장애, 야뇨증 등
	전파경로	성숙한 충란이 오염된 손과 음식물 등을 통해서 경구감염된다.
	예 방	집단 구충, 위생관리 등
② 흡충류(Trematoda)		
간디스토마 (간흡충증)	증 상	간장 및 비장 비대, 황달, 소화장애 등
	전파경로	간에 침입, 왜우렁이 → 잉어, 붕어 성충이 산란하면 간 담도를 통하여 배출된다.
	예 방	민물고기 생식을 금지, 분변관리, 위생처리 등
폐디스토마 (폐흡충증)	증 상	호흡기계 이상, 복통 등
	전파경로	폐에 침입, 다슬기 → 가재, 게 성충이 산란되면 기관지와 기도를 통하여 배출된다.
	예 방	민물가재, 게 생식을 금지, 위생처리 등
요코가와 흡충증	증 상	소장점막에 염증, 복통, 설사, 혈변 등
	전파경로	어페류, 다슬기 → 숭어, 은어
	예 방	숭어, 은어 생식을 금지, 분변관리, 위생처리 등

③ 조충류(Cestoda)		
유구조충증 (갈고리촌충)	증 상	소화불량, 불쾌감, 두통, 설사 등
	전파경로	중간숙주 돼지 → 사람
	예 방	돼지고기 생식을 금지, 완전히 익혀서 섭취 등
무구조충증 (민촌충)	증 상	소화불량, 불쾌감, 복통, 설사, 구토 등
	전파경로	중간숙주 소 → 사람
	예 방	소고기 생식을 금지, 완전히 익혀서 섭취 등
광절열두조충 (긴촌충)	증 상	소화불량, 빈혈, 복통, 설사, 구토 등
	전파경로	물벼룩 → 송어, 농어, 연어 → 사람
	예 방	송어, 농어, 연어 생식을 금지 등
④ 원충류(Protozoa)		
이질아메바	증 상	간 · 폐 등의 합병증, 복통, 점혈변 배설 등
	전파경로	오염된 물과 음식물 등을 통해서 경구감염된다.
	예 방	식수관리, 분변관리, 위생관리 등

4. 성인병 관리

(1) 성인병의 정의

성인병이란 주로 중년 이후에 많이 발생하는 질병이다. 즉, 성인병은 노화현상과 연관되어 있으며 신체기능과 대사기능의 저하, 식생활습관, 생활환경 등 여러 가지 요인들이 복잡하게 관련되어 있어 별도의 병인이 있는 것은 아니다. 성인병의 주된 질병은 고혈압, 동맥경화, 뇌졸중, 심장실환, 당뇨병 등이 있다.

(2) 성인병의 종류

① 고혈압(Hypertension)

혈압이란 심장이 수축을 해서 동맥으로 간 혈액이 혈관벽에 미치는 압력이다. 심장은 수축과 이완을 계속하기 때문에 수축기 혈압 또는 최고혈압은 심장이 수축을 할 때 혈관벽에 미치는 압력이고, 이완기 혈압 또는 최저혈압은 심장으로 돌아올 때의 압력이다. 고혈압은 세계보건기구(WHO)의 혈압기준에 따라 수축기 혈압 160mmHg 이상, 이완기 혈압 95mmHg 이상인 상태를 말한다.

고혈압은 정상체중을 유지하는 것이 중요하다. 흡연과 음주를 피하고 규칙적인 식생활 습관을 가지고 정신적·신체적으로 무리를 하지 않고 정기적으로 혈압을 측정해야 한다. 고혈압은 약물요법, 식이요법, 운동요법을 병행하면서 관리해야 한다. 고혈압은 언어장애, 혼수상태, 반신마비 등의 결과를 초래한다.

표 15-8 세계보건기구(WHO)의 혈압기준[16)]

구 분	수축기 혈압	이완기 혈압
저 혈 압	100mmHg 이하	60mmHg 이하
정 상	140mmHg 미만	90mmHg 미만
경계 고 혈 압	140~160mmHg	90~95mmHg
경증 고 혈 압	140~180mmHg	90~105mmHg

② 동맥경화(Arteriosclerosis)

동맥경화란 혈관에 콜레스테롤, 중성 지방 등이 침착되어 혈관의 내경이 좁아지고 탄력성과 유연성을 상실하여 혈액의 운반이 원활하지 못한 상태이다. 고지혈증, 고혈압, 흡연이 동맥경화를 유발하는 가장 위험 원인으로 알려져 있다.

동맥경화증은 위험 원인인 고지혈증, 고혈압, 흡연 등을 관리하고 정상 체중관리와 스트레스에 노출되지 않도록 관리해야 한다.

③ 뇌졸중(Cerebral apoplexy)

뇌혈관장애로 인한 질환으로 순환장애로 뇌혈관이 터지거나 막힘으로써 의식의 장애와 신체마비를 일으킨다. 뇌졸중 약물요법은 항응고제나 항혈소판제제 등의 약물을 이용하고 혈전을 제거하는 외과적 수술도 있다. 뇌졸중의 원인은 주로 고혈압과 동맥경화증이다.

④ 심장질환(Heart disease)

심장질환의 종류는 협심증, 심근경색, 부정맥 등이 있고, 심장질환은 적당한 운동을 통한 정상체중 관리와 흡연과 음주를 가급적 피하고 정기적인 검진 등을 통해 관리해야 한다.

⑤ 당뇨병(Diabetes)

췌장에서 분비되는 인슐린의 부족에 의해서 혈중의 포도당 농도가 상승하여 발생하는 질병이다. 당뇨병은 균형있는 식이요법과 인슐린 주사의 약물요법 및 운동을 병행하면서 관리해야 한다. 당뇨병은 유전적인 요인이 가장 주요한 원인이다.

5. 정신보건

(1) 정신보건의 정의

정신보건은 개인의 정신적인 안정뿐만 아니라 국민 전체의 정신적·사회적 안정을 포함한다. 마아가렛(E. Margaret)은 "정신보건이란 인간의 본능적 욕구를 충족시킴으로써 얻어지는 질적으로 양호한 마음의 상태를 말한다."라고 하였으며, 월린(Wallace Wallin)은 "정신보건 사업이란 개인과 사회의 정신적 건강의 유지와 증진, 그리고 정신병 및 정신적 결함과 이에 부속되는 정신적·교육적·사회적 부적응을 예방하고 치료하여 건전한 정신기능을 유지·증진시키고 정신질환자를 조기에 발견하여 사회에 복귀시키는 데 그 목적이 있다."라고 하였다.[17)]

(2) 정신질환의 종류

① 정신분열증(Schizophrenia) : 청소년기에 발생하여 만성적으로 진행된다. 사고장애로서 망상과 사고의 두절, 사고연상의 장애 등이 나타나고 불합리한 감정표현, 비현실적인 감성, 기괴한 감정반응, 무감동 등의 증상이 있다.

② 조울증(cyclothyme) : 조증과 우울증이 교대로 나타나거나 한 가지 증상이 반복적으로 나타난다.

③ 신경증(neurosis) : 불안장애 증후군으로 분류되며 강박신경증, 불안신경증, 히스테리, 우울신경증 등의 증상이 있다.

④ 인격장애(Personality Disorders) : 성격장애라고도 하며 사회적 인간관계 형성에 장애가 있다. 가정과 사회에 반사회적 행동을 보인다.

3. 가족 및 노인보건

1. 가족보건

(1) 가족보건의 정의

가족보건은 가정을 대상으로 하는 포괄적인 의료 서비스라고 할 수 있다. 가족구성원의 신체적 건강뿐만 아니라 정신적·사회적 건강과 더 나아가 지역사회의 건강도 함께 갖춰 나가는 것이라고 정의할 수 있다.

(2) 모자보건

모자보건이란 임신부와 영유아의 신체적·정신적·사회적 건강을 유지하고 증진하는 것을 말한다. 모자보건의 대상인구는 전체 인구의 60~70%를 차지할 정도로 대상자는 매우 많다. 모자보건의 지표는 영아사망률, 주산기사망률, 모성사망비, 모성사망률이 있다. 모성사망의 원인은 임신중독증, 출산 전후의 출혈, 분만감염 등이 있다.

2. 노인보건

(1) 노인보건의 정의

노인보건은 노인에게 알맞은 운동 프로그램 등을 통해서 신체적 노화의 진행을 억제하며, 노인들의 건강을 유지시키고 질병을 감소하게 하여 평균수명을 연장시키는 것뿐만 아니라 노인이 지역사회에서 의미 있는 삶을 살아갈 수 있도록 한다. 노인들은 적당한 운동과 영양섭취, 그리고 계절에 따른 체온조절과 함께 항상 건강에 유의하여야 한다.

4. 환경보건

1. 환경보건의 개념

(1) 환경보건의 정의

환경보건은 유해 화학물질 등의 환경 유해인자로부터 환경을 보존하고 생태계에 환경오염이 미치는 영향을 조사하고 평가하여 오염된 환경을 개선하고 관리하는 것이다.

(2) 환경보건의 분류

① 자연적 환경 : 공기, 물, 광선, 토지, 소리 등이 있다.
② 생물학적 환경 : 병원성 미생물, 모기, 파리 등의 해충과 쥐 등이 있다.
③ 사회적 환경 : 의·식·주, 정치, 경제, 종교, 교육, 문화 등이 있다.

(3) 기후(감각온도의 3요소)

① 기온 : 공기의 온도이다. 기온은 섭씨(℃)와 화씨(℉)로 나타낸다. 실내의 적정온도는 18±2℃이다.

② 기습 : 공기의 습도이다. 건습구 온도계로 측정하며 인체에 쾌적한 습도는 40~70%이다.

③ 기류 : 공기의 흐름이다. 카타온도계로 측정하며 쾌감기류는 1m/sec이다. 기류의 작용은 방열작용, 체온조절, 신진대사 촉진, 자연환기 등이 있다.

(4) 일광

① 자외선

- 파장의 범위는 약 10~380nm이며 살균력이 가장 강한 파장의 범위는 250~260nm이다.
- 피부의 홍반, 멜라닌 색소 침착, 부종, 수포 형성을 일으킨다.
- 체내에 비타민 D를 생성시켜 구루병을 예방하고 신진대사를 촉진시킨다.
- 이·미용 기계 소독, 수술실, 무균실 등에 사용되고 있다.

② 가시광선 : 파장의 범위는 380~780nm이며, 파장에 따라서 명암과 색채를 구분할 수 있게 해준다.

- 보라 : 380~436nm
- 파랑 : 436~495nm
- 초록 : 495~566nm
- 노랑 : 566~589nm
- 주황 : 589~627nm
- 빨강 : 627~780nm

③ 적외선 : 파장은 780nm 이상이다.

- 근적외선 : 780~1,400nm
- 중적외선 : 1,400~3,000nm
- 원적외선 : 3,000~10,000nm
- 일정량 이상의 적외선은 온열성 홍반, 백내장, 일사병, 현기증 등을 일으킨다.
- 살균과 피부 보호 작용을 하며 혈액순환을 증진시킨다.

2. 대기환경

(1) 공기의 구성 성분

공기의 구성 성분은 질소 78.10%, 산소 20.93%, 아르곤 0.93%, 이산화탄소 0.03%~0.04% 그 밖에 네온, 헬륨, 크립톤, 오존, 수소 등이 미량 함유되어 있다.

① 산소(O_2)
- 공기의 20.93%를 차지
- 산소가 결핍되면 저산소증이 올 수 있고 산소가 고농도가 되면 산소중독성이 발생할 수 있다.
- 산소의 양이 10% 이하가 되면 호흡곤란이 올 수 있고, 7% 이하가 되면 질식사가 발생할 수 있다.

② 질소(N_2)
- 공기의 78.10%를 차지
- 고압에서 압력이 급격하게 저하되면 잠함병이 발생할 수 있다. 잠함병은 모세혈관에 혈전현상이 일어나는 것을 말한다.

③ 이산화탄소(CO_2)
- 공기의 0.03%~0.04%를 차지
- 실내공기 오염의 지표이며 허용한계(서한량)는 0.1%(=1,000ppm)이다.
- 0.7% 이상이면 호흡곤란이 올 수 있고, 10% 이상이면 질식사로 사망에 까지 이를 수 있다.
- 실내에 인구의 밀집도가 높아질수록 이산화탄소가 증가한다.

④ 일산화탄소(CO)
- 연탄이나 숯 등의 물체가 불완전 연소 시에 많이 발생한다.
- 무색, 무취, 무미, 무자극성 가스로 독성이 강하다.
- 헤모글로빈(Hb)과의 결합능력이 산소에 비해 200~300배나 강하다.
- 허용한계(서한량)는 8시간 기준 0.01%(=100ppm)이고 4시간 기준 0.04%(=400ppm)이다.
- 일산화탄소에 중독이 되면 시야가 협소해지고 정신장애나 신경장애의 후유증이 생길 수 있다.

⑤ 아황산가스(SO_2)
- 대기오염, 실외 공기오염의 지표이다.
- 공장, 화력발전소, 자동차 배기가스 등에서 배출된다. 제한은 0.05ppm이다.
- 무색의 자극성 기체로 호흡곤란을 일으키고 금속을 부식시키며 농작물에 피해를 준다.

(2) 공기의 자정작용

① 희석작용
② 세정작용 : 용해성가스, 부유성 먼지
③ 산화작용 : 산소, 오존 및 과산화수소 등
④ 살균작용 : 일광
⑤ 교환작용 : 산소, 이산화탄소

3. 수질환경

(1) 물의 정의

물은 우리 인체의 약 60~70%(2/3)를 차지하고 있다. 인체 내의 물이 10~15% 상실하면 탈수현상으로 인해 생리적 이상이 발생하고 20% 이상을 상실하면 생명이 위험해질 수 있다. 성인이 하루에 필요한 물의 양은 2.0~2.5L이다. 물은 호흡, 순환, 체온조절, 음식물 소화 및 흡수 등을 도와 준다.

(2) 물의 종류

① 연수(단물) : 경도 10도 이하의 물이다. 수돗물을 말하며 세발, 세안, 세탁, 음료수 등으로 쓰인다. 물에는 칼슘, 마그네슘, 철분 등의 금속 성분이 적게 함유되어 있다.
② 경수(센물) : 경도 20도 이상의 물이다. 우물물 · 빗물 · 샘물을 말하며 술이나 간장 등을 만드는 데 쓰인다. 물에는 칼슘, 마그네슘, 철분 등의 금속 성분이 많이 함유되어 있다.

(3) 물에 의한 질병

① **수인성 감염병** : 장티푸스, 파라티푸스, 콜레라, 유행성 간염, 세균성 이질 등이 있다.

② **화학물질로 인한 질병** : 미나마타병-수은에 의한 중독, 이타이이타이병-카드뮴에 의한 중독 등이 있다.

(4) 상수도

① 처리 과정

취수 → 침사 → 침전 → 여과 → 소독 → 급수

② 소독

- 염소 소독(Cl_2) : 소독 효과가 빠르며 침전물이 생기지 않지만 냄새와 독성이 있다.
- 오존 소독(O_3) : 바이러스 및 탈취 작용에 효과적이다.
- 표백분 소독 : 우물물, 풀장과 같은 대량소독에 효과적이며 가정에서도 사용된다.

(5) 하수도

사용하지 못하는 물이다. 산업폐수, 생활폐수, 지하수 등이 있다.

① 처리 과정

예비 처리 → 본 처리 → 오니 처리

예비 처리

- 침사법(스크린) : 하수 유입구에 그물이나 망을 설치하여 큰 부유물이나 고형물을 걸러낸다.
- 침전법 : 보통 침전법, 황산알루미늄을 이용한 약품 침전법이 사용된다.

본 처리

- 혐기성 처리법 : 부패조 탱크법, 임호프 탱크법 등이 있다.
- 호기성 처리법 : 살수 여과법, 활성 오니법, 산화지법 등이 있다.

오니 처리

- 최종 단계의 처리 과정으로 육상투기, 해양투기, 소화법, 사상건조법 등이 있다.

(6) 수질오염 지표

① BOD(생물학적 산소요구량) : 시료를 20℃에서 5일 동안 안정화된 상태에서 배양할 때 호기성 미생물이 유기물을 분해하는 데 소비한 산소량이다. 하수의 오염지표로 주로 이용한다.

② DO(용존 산소량) : 물에 용해되어 있는 산소량이다. 물이 오염될수록 물의 기압이 높을수록 온도 및 염분이 낮을수록 용존 산소량은 높아진다. 수은과 염소이온 양에 의해서 변한다.

③ COD(화학적 산소요구량) : 수중의 유기물을 산화제로 화학적인 산화를 할 때 소비되는 산소량이다.

Tip

BOD(생물학적 산소요구량)와 DO(용존 산소량)는 서로 반비례한다.

4. 주거 및 의복환경

(1) 주거환경

① 주거환경의 조건

- 주거환경의 방향은 동남향과 서남향이 좋다. 거실과 침실은 남쪽, 화장실과 부엌은 북쪽으로 하는 것이 좋다.
- 지형은 넓고 지질은 견고해야 좋다.
- 하수처리가 잘 되어야 좋다.
- 지하수 깊이는 최소 1.5m 이상은 되어야 좋다.

② 채광과 조명

자연 채광

- 태양광선을 통한 실내 밝기를 말한다.
- 남향이 제일 밝기 때문에 창의 방향은 남향으로 하고 창의 크기는 실내 바닥의 1/5~1/7 정도로 하는 것이 좋다.

인공조명

- 직접조명 : 서치라이트와 같이 광원으로부터 직접 빛이 비치는 조명이다.
- 간접조명 : 형광등과 같이 다른 곳으로 광원을 반사시켜 비치게 하는 조명이다.
- 반간접조명 : 직접조명과 간접조명의 절충식 조명이다.
- 전체조명 : 전체적으로 밝게 조절하는 조명이다.
- 부분조명 : 스탠드와 같이 정밀작업을 할 때 사용하는 조명이다.

Tip

이 · 미용실에서의 조명은 75룩스 이상이어야 한다.
형광등이 백열전구보다 효율이 2~3배 좋다.

(2) 의복환경

① 의복의 조건

- 의복의 무게는 체중의 10% 이하가 좋다.
- 때가 잘 묻지 않고 세탁이 용이한 의복이 좋다.
- 질감이 좋고 감촉이 좋으며 활동이 잘 되는 의복이 좋다.
- 체온유지가 되는 의복이 좋다.

5. 산업보건

1. 산업보건의 개념

(1) 산업보건의 정의

산업장 안에 있는 모든 근로자들이 정신적·신체적으로 건강한 상태에서 작업 능률을 높일 수 있도록 근로방법 및 생활조건을 관리하는 것이다.

(2) 산업보건의 목표

① 근로자의 정신적·신체적·사회적 복지를 증진 및 유지시킨다.

② 산업장의 유해 요인에 관한 작업환경 관리를 통해 사전에 위험을 예방한다.

③ 근로자의 적성에 맞는 직종으로 작업 능률을 높이는 것이 기본목표이다.

2. 산업재해

(1) 산업재해의 정의

근로자가 불의의 사고로 건강하지 못한 상태에서 작업 능률의 저하와 장애 발생 및 유가족 등의 문제로 사회에까지 영향을 미치는 것이다.

(2) 산업재해의 발생 요인

① 환경적 요인

- 시설물 불량, 기계 자체의 불량, 작업장의 환경 불량, 과중한 작업 부담, 그 밖의 돌발사고 등

② 인적 요인

- **심리적 요인** : 정신력 부족, 집중력 부족, 부주의, 태만, 착오 등
- **생리적 요인** : 체력 부족, 피로함, 신체적 결함, 수면부족, 음주, 여성의 생리 및 임신 등
- **관리상 요인** : 작업 미숙 및 지식 부족, 작업진행 혼란, 인원 부족 및 과잉, 돌발사고 대처능력 부족

③ 직업병의 종류

수은 중독 – 미나마타병, 카드뮴 중독 – 이타이이타이병, 유리규산 – 규폐증, 고압환경 – 잠함병, 저압환경 – 고산병, 소음 –직업성 난청, 조명불량 – 안구진탕증, 근시, 안정피로

Tip

산업재해 발생의 3대 요인 : ① 생리적인 결함 ② 작업방법의 결함 ③ 관리의 결함

6. 식품위생과 영양

1. 식품위생의 개념

(1) 식품위생의 정의

식품위생법 제2조제1호에 의하면 식품위생이란 식품, 식품첨가물, 기구 또는 용기·포장을 대상으로 하는 음식에 관한 위생이라고 정의하고 있다. 식품의 재배, 생산, 제조, 가공, 유통, 소비의 과정을 통해 최종적으로 사람에게 섭취될 때까지의 모든 과정을 위생적으로 확보하기 위한 모든 수단을 의미한다.

(2) 식중독의 종류

① 세균성 식중독

표 15-9 세균성 식중독의 종류 및 특징

독소형 식중독	포도상구균	우유, 유제품, 곡류, 김밥, 도시락 식품 등에 있다. 잠복기 1~6시간(평균 3시간)으로 가장 짧다. 치명률은 거의 없다. 식품 취급자의 화농성 손에 의해 감염된다. 설사, 복통, 구토, 급성위장염 등의 증상이 있다.
	보툴리누스균	통조림 식품, 밀봉식품, 햄, 소시지, 육류 등에 있다. 잠복기 12~36시간(평균 24시간), 치명률이 가장 높다. 위장염, 언어곤란, 시력감퇴, 중추신경 마비, 사망 등의 증상이 있다.
감염형 식중독	살모넬라균	육류, 어패류, 달걀, 우유, 유제품 등에 있다. 잠복기 12~48시간(평균 20시간) 발병률은 75% 이상이다. 설사, 복통, 구토, 구역질, 급성 위장염, 발열 등의 증상이 있다.
	장염비브리오균	어패류, 해역의 해수 등에 있다. 잠복기 8~20시간(평균 12시간) 7~9월 발병률이 가장 높다. 설사, 복통, 구토, 오한, 급성 위장염, 발열 등의 증상이 있다.

② 자연에 의한 식중독

표 15-10 자연에 의한 식중독의 종류 및 특징

식물성 중독	감자의 새싹	솔라닌 중독
	무스카린	버섯 중독
	에르고톡신	맥각 중독
동물성 중독	테트로도토신	복어 중독
	베네루핀	모시조개, 굴 중독
	삭시톡신	검은조개, 섭조개 중독

2. 영양소

(1) 영양소의 작용

표 15-11 영양의 3대 작용

열량소	단백질, 탄수화물, 지방
조절소	무기질, 비타민
구성소	단백질, 탄수화물, 지방, 무기질

(2) 영양소의 종류

표 15-12 대표 영양소

3대 영양소	단백질, 탄수화물, 지방
4대 영양소	단백질, 탄수화물, 지방, 무기질
5대 영양소	단백질, 탄수화물, 지방, 무기질, 비타민

(3) 5대 영양소

표 15-13 5대 영양소의 특징

단 백 질	약 20여 종의 아미노산이 결합되어 있다. 체조직의 구성 성분이다. 계란, 두부, 된장, 콩, 육류, 어패류 등, 아미노산의 형태로 소장에서 흡수한다. 1g당 4kcal의 열량을 공급한다.		
탄수화물	주요 에너지원이다. 곡류, 빵, 과자, 고구마 등. 포도당의 형태로 소장에서 흡수한다. 1g당 4kcal의 열량을 공급한다.		
지 방	식물성 오일, 육류, 버터 등. 글리세린 형태로 소장에서 흡수한다. 1g당 9kcal의 열량을 공급한다.		
무 기 질	칼슘(Ca)	뼈, 치아의 주성분이다.	
	인(P)	뇌신경의 주성분이다.	
	철분(Fe)	혈액의 구성 성분이다. 체내 합성이 불가능해서 섭취해야 한다.	
	식염(NaCl)	근육 및 신경의 자극, 전도, 삼투압 조절기능을 한다.	
비 타 민 (지용성)	비타민 A	눈의 작용 개선, 피부윤기, 모발 영양	야맹증, 피부건조(결핍 시)
	비타민 D	칼슘, 인 흡수 자외선 인체 내 합성 노화방지	구루병, 골연화증(결핍 시)
	비타민 E	항산화	불임증 (결핍 시)
	비타민 K	혈액응고	혈액응고 지연 (결핍 시)
비 타 민 (수용성)	비타민 B_1	탄수화물 대사작용, 근육 기능 관여	각기병 (결핍 시)
	비타민 B_2	피부점막 보호, 성장촉진	구순염, 설염 (결핍 시)
	비타민 B_6	항피부염 인자	피부염 (결핍 시)
	비타민 C	체내 산화 · 환원작용, 미백작용	괴혈병 (결핍 시)

3. 영양상태 판정 및 영양장애

(1) 영양상태

영양상태는 영양의 섭취 칼로리와 식사 횟수, 1회 섭취량, 식습관, 규칙성 등으로 판단한다.

(2) 영양장애

영양장애는 식사, 체중변화, 피하지방 두께, 수분섭취량, 빈혈유무, 혈청의 총 단백질량, 알부민의 양, 혈청지질 등의 혈액의 영양학적 지표, 구강 내 및 혀의 상태, 활동량 등으로 종합적으로 판단한다.

7. 보건행정

1. 보건행정의 정의 및 체계

(1) 보건행정의 정의

지역사회의 전체 주민을 대상으로 하는 국민보건에 관한 행정으로, 질병을 예방하고 정신적·신체적 건강을 유지·증진하여 수명을 연장하고자 국가나 지방자치단체에서 수행하는 공적인 행정활동을 보건행정이라고 한다.

(2) 보건행정의 특성

① 봉사성
② 공공성과 사회성
③ 과학성과 기술성
④ 교육성과 조장성

2. 사회보장과 국제 보건기구

(1) 사회보장

사회보장은 국가가 국민의 생존권과 생활권을 보장하는 것으로 그 범위는 의료보장(보건의료시설, 의료수혜의 확충), 교육기회보장(교육기회 부여 및 확대), 소득보장(궁핍해결, 실업대책), 재해대책 보장 등이 포함된다.

(2) 국제보건기구

표 15-14 국제보건기구

구분	내용
세계보건기구 (W H O)	1948년 4월 7일 국제연합(UN)의 보건전문기관으로서 세계보건기구(WHO)가 정식으로 발족되었다. 우리나라는 1949년 8월 17일 65번째 회원국으로 정식 가입하였다. 보건 · 위생 분야의 국제적인 협력을 목적으로 전 세계의 모든 사람들이 가능한 한 최고의 건강 수준에 도달하는 것을 목적으로 한다.
국제연합 아동기금 (UNICEF)	전쟁피해 아동과 저개발국 아동의 보건 및 복지향상을 위한 국제연합 특별기구이다.

8. 소독의 정의 및 분류

1. 소독관련 용어 정의

(1) 소독 용어

① **멸균** : 병원성 · 비병원성, 포자를 가진 것은 전부 사멸시키는 것이다.

② **살균** : 살아있는 미생물을 여러가지 물리적 · 화학적 방법을 통해 급속하게 사멸시키는 것을 말한다. 멸균과는 달리, 내열성 포자는 잔존한다.

③ **소독** : 사람에게 유해한 미생물을 파괴하여 감염의 위험을 제거하는 비교적 약한 정도의 살균 작용을 말한다.

④ **방부** : 병원성 미생물의 발육을 제거시켜 음식물의 부패나 발효를 방지하는 것을 말한다.

Tip

소독의 세기는 멸균〉 살균〉 소독〉 방부의 순이다.

(2) 농도 표시 용어

① **퍼센트(%)** : 용액 100mL 중에 포함되어 있는 용질의 양을 표시한 수치이다.

$$\frac{\text{용질량}}{\text{용액량}} \times 100 = \text{퍼센트}(\%)$$

② **퍼밀리(‰)** : 용액 1,000mL 중에 포함되어 있는 용질의 양을 표시한 수치이다.

$$\frac{\text{용질량}}{\text{용액량}} \times 1{,}000 = \text{퍼밀리}(‰)$$

③ **피피엠(ppm)** : 용액 100만mL 중에 포함되어 있는 용질의 양을 표시한 수치이다.

$$\frac{\text{용질량}}{\text{용액량}} \times 1{,}000{,}000 = \text{피피엠}(\text{ppm})$$

Tip

용액 : 두 가지 이상의 물질이 혼합되어 있는 액체이다.
용질 : 용액 속에 용해되어 있는 물질이다.
용매 : 용질을 용해시키는 물질이다.

2. 소독기전

① 균체 단백질의 응고작용 : 석탄산, 알코올, 크레졸, 포르말린, 승홍 등
② 균체 효소계의 침투작용 : 석탄산, 알코올 등
③ 산화작용 : 과산화수소, 오존, 염소, 과망간산칼륨 등
④ 가수분해 작용 : 강산, 강알칼리, 열탕수 등
⑤ 중금속염의 형성 : 승홍, 머큐로크롬, 질산은 등

3. 소독의 분류

표 15-15 소독 및 멸균법

자연소독	희석, 태양광선, 한랭	
물리적 소독	건열에 의한 멸균법	화염멸균법, 소각소독법, 건열소독법
	습열에 의한 멸균법	자비소독법, 저온살균법, 간헐멸균법, 고압증기멸균법
	무가열에 의한 멸균법	자외선살균법, 세균여과법, 초음파살균법
화학적 소독	페놀 화합물	페놀(석탄산), 크레졸
	중금속 화합물	승홍수, 머큐로크롬(빨간약), 질산은
	할로겐 화합물	염소, 요오드팅크 , 요오드포름
	산화제	과산화수소, 과망간산칼륨
	알데히드류	포르말린, 글루타르알데히드
	계면활성제	역성비누, 알코올, 생석회
가스소독	포름알데히드, E.O(에틸렌 옥사이드), 오존, 프로필렌 옥사이드	

9. 미생물 총론

1. 미생물의 정의

미생물은 육안으로는 구분이 되지 않는, 크기가 0.1mm 이하의 미세한 생물 또는 원생생물이라고도 한다. 주로 단일세포 또는 균사로 이루어져 있고 숙주에 붙어서 기생생활을 한다.

2. 미생물의 역사

(1) 미생물의 발견

① **로버트 훅**(Robert Hooke) : 1665년에 코르크를 관찰하기 위해 복합 광학현미경을 조립하여 사용하였으며, 세포(Cell)라는 용어를 새롭게 명명하였다.
② **레벤후크**(Anton Van Leeuwenhoek) : 1673년에 미생물을 최초로 관찰하기 위해 현미경을 발명하여 사용하였으며, 미소동물(Animalcules)이라는 용어를 새롭게 명명하였다.

(2) 파스퇴르와 코흐의 업적

① **루이스 파스퇴르**(Louis Pasteur) : 저온멸균법, 간헐멸균법, 건열멸균법, 고압증기멸균법, 자연발생설의 반증을 발견하였고, 미생물 병인설, 포도주와 맥주의 발효, 광견병 백신 등을 개발하였다.
② **로버트 코흐**(Robert Koch) : 병원균을 규정하는 4대 원칙을 설정하였고 콜레라균과 결핵균을 발견하였다.

3. 미생물의 분류

표 15-16 미생물의 종류 및 특징

곰 팡 이	항생물질에 사용된다. 최적의 온도는 0~25℃이다.
효 모	메주, 포도주 등의 발효 식품이다.
세 균	구균 · 간균 · 나선균 · 대장균 등은 2분법으로 증식하는데, 대장균은 수질 오염의 지표로서 식품의 위생과 분변오염의 지표로도 사용이 된다. 포자(아포형성균)는 열과 약품에 대해 저항력이 강하다.
리 케 차	생세포 내에서만 증식할 수 있고 운동성이 없다.
바이러스	미생물 중 크기가 가장 작으며 세균 여과기로 분리할 수 없다. 생세포 내에서만 증식할 수 있고 자가증식을 한다.
원생동물	원충류라고도 하며, 한 개의 세포로 구성되어 있고 운동성이 있다.

Tip

미생물의 크기는 곰팡이 > 효모 > 스피로헤타 > 세균 > 리케차 > 바이러스 순이다.

4. 미생물의 증식

미생물은 적당한 환경이 주어지면 분열에 의하여 증식된다. 미생물 발육과 생존에 영향을 주는 요소로는 영양분, 수분, 산소 농도, 산소, 삼투압, 수소이온 농도(pH), 빛 등을 들 수 있다.

10. 병원성 미생물

1. 병원성 미생물의 분류

표 15-17 병원성 미생물의 종류 및 특징

구분	내용
세 균	구균, 간균, 나선균이 있다.
리 케 차	발진티푸스 리케차, 발진열 리케차, 지중해열 리케차, 반점열 리케차, 쯔쯔가무시병 리케차 등이 있다.
바이러스	동물 바이러스, 식물 바이러스, 세균 바이러스가 있다.
균 류	표재성 진균증, 피하성 진균증, 심재성 진균증이 있다.
원생동물	원충류(말라리아, 아메바성 이질, 아프리카 수면병 등)가 있다.
클라미디아 (Chlamydia)	클라미디아(트라코마, 앵무새병 등)가 있다.

2. 병원성 미생물의 특성

병원성 미생물은 발육과 생존을 통하여 병원균이 매개물로 전파된다. 또한 우리 몸속으로 들어와서 병적 반응을 일으키는 미생물이며, 분비물과 분변을 통해서 전파된다.

11. 소독방법

1. 소독 도구 및 기기

소독제의 조건은 살균력이 강하고 부식성과 표백성이 없으며 용행성이 높아야 한다. 또한, 침투력이 강하고 안전성이 있어야 한다.

(3) 물리적 소독

〈건열에 의한 멸균법〉

① 화염멸균법

- 오염된 물건을 알코올 버너나 램프, 천연가스 등을 이용하여 화염에 직접 접촉시켜 피 멸균물품의 표면에 붙어 있는 미생물을 태워서 멸균하는 방법이다. 불꽃 속에 20초 이상 접촉하는 방법이다.
- 백금 루프, 유리봉, 도자기 등 내열성이 있는 제품에 사용한다.

② 소각소독법

- 오염된 것을 태우는 가장 확실한 소독 방법이다. 재생은 불가능하다.

③ 건열멸균 소독

- 건열멸균기에 오염된 물건을 넣어 1~2시간 동안 160~170℃에서 처리하는 방법이다.

〈습열에 의한 멸균법〉

① 자비소독법

- 열탕소독법이라고도 하며, 10~20분 동안 100℃ 끓는 물에서 처리하는 방법이다.
- 물에 탄산나트륨(1~2%), 크레졸(1~2%), 석탄산(5%)을 넣으면 금속제품이 부식되는 것을 방지하고 소독력도 높아진다.
- 금속제품, 도자기류 등에 사용한다.

② 저온살균법

- 프랑스 파스퇴르에 의해 발명되었으며 영양성분 파괴를 방지한다.
- 살모넬라균, 아포가 없는 결핵균 등을 살균한다.
- 우유, 포도주, 아이스크림, 건조과일 등에 사용한다.

③ 간헐멸균법

- 코프 증기솥에서 40~45분 동안 100℃에서 처리하는 방법이다.
- 멸균 후 24시간 동안 실온방치를 3번 반복한다.

④ 고압증기멸균법

- 고압멸균기를 사용하며 20분 동안 120℃에서 처리하며 15Lbs(파운드) 기압이 필요하다.
- 강력한 소독법이다. 아포형성균의 멸균에 가장 좋다. 고압 · 고온에 견뎌 내는

멸균에 적합하다.

- 침투력이 빠르고 가격이 저렴하다.
- 10Lbs : 30분간, 15Lbs 20분간, 20Lbs 15분간

〈무가열에 의한 멸균법〉

① 자외선살균법

- 바이러스, 박테리아 등의 세포 내에 있는 유전 물질의 변이를 일으켜 성장 및 번식을 억제하여 살균·소독한다.
- 260~280nm의 전자파를 발사하여 살균한다. 자외선 램프를 이용한다.
- 직접 조사를 받으면 눈이나 피부 점막에 유해하기 때문에 주의하여야 한다.
- 이·미용 기계 소독, 수술실, 무균실 등에 사용한다.

② 세균여과법

- 열을 가할 수 없는 액체 물질에 사용한다.
- 바이러스는 걸러지지가 않기 때문에 불완전 소독방법이다.

③ 초음파살균법

- 매초 8,800사이클 음파로 파장을 이용해 균을 살균한다.
- 나선상균 살균에 가장 좋다.

(4) 화학적 소독

〈페놀 화합물〉

① 페놀(석탄산)

- 3% 농도 사용, 손 소독 시 2%를 사용한다.
- 고온일수록 효과가 좋고 유기물에도 효과가 좋다. 세균의 단백질을 응고시킨다.
- 금속을 부식시키며 피부점막에 자극을 준다.
- 토사물, 의류, 용기, 고무, 빗 등에 사용한다.
- **석탄산계수** : 소독력(살균력)의 지표이다.

② 크레졸

- 3% 농도 사용, 손 소독 시 1%를 사용한다.
- 소독력이 강하고 냄새가 강하지만 피부 자극성은 없다.
- 가죽, 고무, 손, 오물 등에 사용한다.
- 난용성(불용성)으로 비누액과 희석하여 사용한다.

  희석 배합 : 크레졸 + 물 = 희석액 / 3 + 97 = 100의 비율

〈중금속 화합물〉

① 승홍수(수은 화합물)

- 0.1(1/1,000)% 농도로 사용된다. 승홍수는 승홍(1) : 식염(1) : 물(998)로 조제한다.
- 무색, 무취, 살균력이 좋고 금속을 부식시키며 피부점막에 자극을 준다.
- 용액온도가 높을수록 살균력이 강하다.
- 의류, 유리, 도자기, 가죽, 목제품 등에 사용한다.

② 머큐로크롬(수은 화합물)

- 빨간약이라고 불리며 무자극성으로 상처에 2% 농도로 사용한다.

③ 질산은(은 화합물)

- 구내염 10%, 신생아 점안 시 1%, 방광과 요도 0.01% 농도로 사용한다.
- 피부에 반흔이 남는다.

〈할로겐 화합물〉

① 염소

- 표백분, 차이염소산나트륨, 클로르석회이다.
- 냄새가 강하고 독성이 있지만 소독력이 강하고 잔류 효과가 크다.
- 물, 음료수, 식품, 식기소독, 방위용 등으로 사용한다.
- 음료수 소독 시 유리잔류 염소량은 0.2ppm 이상이어야 한다.

② 요오드딩크

- 요오드를 알코올에 녹여 만든 화합물이다.

③ 요오드포름

- 요오드에 계면활성제를 첨가하여 만든 화합물이다.

〈산화제〉

① 과산화수소

- 2.5~3.5% 농도로 사용한다.
- 무포자균 살균에 효과적이다.
- 피부, 구내염, 입안 세척 등에 사용한다.

② 과망간산칼륨

- 강한 산화제이며 바이러스를 비활성화한다.

• 소독, 방부, 악취제거 등에 사용한다.

〈알데히드류〉

① 포르말린

• **포르말린** : 물 = 1 : 34의 비율로 사용 전에 제조해서 사용한다.
• 살균 방부제로 주로 사용한다.
• 메틸알코올을 산화하여 만든 소독용 포르말린 수는 일반적으로 1%로 실내 소독용 등에 사용한다.
• 단백질을 응고시키며 살균력이 강하다. 냄새가 자극적이고 독성이 강하기 때문에 눈, 피부, 점막에 손상을 준다. 온도의 영향을 받지 않는다.
• 도자기, 의류, 가죽, 고무, 목제품, 금속제품 등에 사용한다.

〈계면활성제〉

① 역성비누

• 0.25~0.5%의 농도로 사용한다.
• 자극성과 독성이 없다. 분자 중의 양이온이 활성화되어 있다.
• 이·미용사의 손 소독 시 사용하고 식기, 기구 소독 시에도 사용한다.

② 알코올(에탄올)

• 70~75% 농도로 사용한다.
• 술의 원료로 쓰이며 피부, 가위, 칼, 솔, 바늘, 이·미용기구 및 도구 등에 사용한다.

③ 생석회

• 산화칼슘을 98% 포함하고 있다.
• 백색의 고체의 분말체이다.
• 가격이 저렴하고 독성이 적다. 공기에 노출되면 살균력이 저하된다.
• 화장실, 하수구, 우물, 토사물 등에 사용한다.

〈가스 소독〉

① 포름알데히드

• 가스제이며 냄새가 심하여 피부 점막에 자극을 준다.
• 실내소독, 종이 제품 등에 사용한다.

2. 소독 시 유의사항

① 소독의 목적에 맞게 방법을 미리 구상한다.
② 소독대상을 유의하여 알맞은 소독약과 소독법을 선택한다.
③ 소독할 때마다 필요한 양을 새로 만들어서 사용한다.
④ 소독약품의 사용이 끝나면 즉시 밀폐하고 냉암소에 보관한다.
⑤ 다른 소독약품과 구별이 쉽도록 라벨을 관리한다.
⑥ 소독약품의 권장된 시간을 준수한다.

3. 대상별 살균력 평가

① 페놀계수(PC) $= \dfrac{\text{소독제의 최대 희석배수}}{\text{페놀의 최대 희석배수}}$
② 페놀계수(PC)가 클수록 살균력이 강하다.

12. 분야별 위생·소독

1. 실내 환경 위생·소독

(1) 이·미용실 실내 환경 위생

① **실내** : 약품 냄새, 호흡으로 인한 이산화탄소 배출 등을 외부의 깨끗한 공기를 유입하여 자주 정화시켜 주어야 한다. 조명과 전구 역시 자주 관리해 주어야 한다.
② **안내, 카운터 입구** : 방문 시, 제일 먼저 보이는 곳이니 항상 청결해야 한다.
③ **대기실** : 의자와 탁자를 청결하게 하고 서적과 상담지 등을 정리 정돈해야 한다.
④ **샴푸실** : 염색, 퍼머넌트 약제 등이 샴푸대에 묻어 날 수 있기 때문에 자주 청소해 주어야 한다.
⑤ **화장실** : 변기는 세제를 사용하여 청소하고 쓰레기는 자주 비워 준다. 세면대에는 비누와 세정제 등을 놓는다.

2. 도구 및 기기 위생·소독

① 가위 : 녹이 슬거나 가위 날이 손상되지 않도록 주의하여 소독한다.
② 레이저 : 면도날은 사용 후 다른 손님에게 사용하지 않도록 한다.
③ 클리퍼 : 사용 후 날과 몸체를 분리하여 날은 소독하고 몸체는 기름칠을 한다.
④ 빗 : 자주 빗을 세척하고 소독해야 한다.
⑤ 타월 : 이물질이 묻어 있지 않도록 세탁과 소독을 실시한다.

3. 이·미용업 종사자 및 고객의 위생관리

① 복장은 항상 청결해야 한다.
② 몸이 청결해야 한다. 몸에서 냄새가 나지 않도록 주의한다.
③ 건강관리를 한다. 피부질환, 전염병에 걸리면 시술을 금해야 한다.
④ 시술을 할 때 장갑을 착용하고 시술 후에는 손을 세척하고 보호 로션을 바른다.

13. 공중위생관리법의 목적 및 정의

공중위생관리법 [시행 2020. 7. 8, 법률 제17195호, 일부개정 2020. 4. 7.]
공중위생관리법 시행령 [시행 2020. 6. 4, 대통령령 제30744호, 일부개정 2020. 6. 2.]
공중위생관리법 시행규칙 [시행 2020. 6. 4, 보건복지부령 제733호, 일부개정 2020. 6. 4.]

4. 목적 및 정의

(1) 목적

공중위생관리법 제1조(목적)
이 법은 공중이 이용하는 영업의 위생관리 등에 관한 사항을 규정함으로써 위생수준을 향상시켜 국민의 건강증진에 기여함을 목적으로 한다.

(2) 정의

공중위생관리법 제2조(정의)
① 이 법에서 사용하는 용어의 정의는 다음과 같다. 〈개정 2019. 12. 3〉 1. **"공중위생영업"**이라 함은 다수인을 대상으로 위생관리 서비스를 제공하는 영업으로서 숙박업 · 목욕장업 · 이용업 · 미용업 · 세탁업 · 건물위생관리업을 말한다. 2. **"숙박업"**이라 함은 손님이 잠을 자고 머물 수 있도록 시설 및 설비 등의 서비스를 제공하는 영업을 말한다. 다만, 농어촌에 소재하는 민박 등 대통령령이 정하는 경우를 제외한다. 3. **"목욕장업"**이라 함은 다음 각 목의 어느 하나에 해당하는 서비스를 손님에게 제공하는 영업을 말한다. 다만, 숙박업 영업소에 부설된 욕실 등 대통령령이 정하는 경우를 제외한다. 가. 물로 목욕을 할 수 있는 시설 및 설비 등의 서비스 나. 맥반석 · 황토 · 옥 등을 직접 또는 간접 가열하여 발생되는 열기 또는 원적외선 등을 이용하여 땀을 낼 수 있는 시설 및 설비 등의 서비스 4. **"이용업"**이라 함은 손님의 머리카락 또는 수염을 깎거나 다듬는 등의 방법으로 손님의 용모를 단정하게 하는 영업을 말한다. 가. 일반미용업: 파마, 머리카락자르기, 머리카락 모양내기, 머리 · 피부손질, 머리카락 염색, 머리감기, 의료기기나 의약품을 사용하지 아니하는 눈썹손질을 하는 영업 나. 피부미용업: 의료기기나 의약품을 사용하지 아니하는 피부상태분석, 피부관리, 제모(除毛), 눈썹손질을 하는 영업 다. 네일미용업: 손톱과 발톱을 손질 · 화장(化粧)하는 영업 라. 화장 · 분장 미용업: 얼굴 등 신체의 화장, 분장 및 의료기기나 의약품을 사용하지 아니하는 눈썹손질을 하는 영업 마. 그 밖에 대통령령으로 정하는 세부 영업 바. 종합미용업 : 가목부터 마목까지의 업무를 모두 하는 영업 5. **"미용업"**이라 함은 손님의 얼굴, 머리, 피부 및 손톱 · 발톱 등을 손질하여 손님의 외모를 아름답게 꾸미는 다음 각 목의 영업을 말한다. 6. **"세탁업"**이라 함은 의류 기타 섬유제품이나 피혁제품 등을 세탁하는 영업을 말한다. 7. **"건물위생관리업"**이라 함은 공중이 이용하는 건축물 · 시설물 등의 청결유지와 실내 공기정화를 위한 청소 등을 대행하는 영업을 말한다.

14. 영업의 신고 및 폐업

1. 영업의 신고 및 폐업신고

공중위생관리법 제3조(공중위생영업의 신고 및 폐업신고)
① 공중위생영업을 하고자 하는 자는 공중위생영업의 종류별로 보건복지부령이 정하는 시설 및 설비를 갖추고 시장 · 군수 · 구청장에게 신고하여야 한다. 보건복지부령이 정하는 중요 사항을 변경하고자 하는 때에도 또한 같다. ② 제1항의 규정에 의하여 공중위생영업의 신고를 한 자는 공중위생영업을 폐업한 날로부터 20일 이내에 시장 · 군수 · 구청장에게 신고하여야 한다. 다만, 제11조에 따른 영업정지 등의 기간 중에는 폐업신고를 할 수 없다. ③ 시장 · 군수 · 구청장은 공중위생영업자가 「부가가치세법」 제8조에 따라 관할 세무서장에게 폐업신고를 하거나 관할 세무서장이 사업자등록을 말소한 경우에는 신고 사항을 직권으로 말소 할 수 있다. ④ 시장 · 군수 · 구청장은 제3항의 직권말소를 위하여 필요한 경우 관할 세무서장에게 공중위생영업자의 폐업여부에 대한 정보 제공을 요청할 수 있다. 이 경우 요청을 받은 관할 세무서장은 「전자정부법」 제36조 제1항에 따라 공중위생영업자의 폐업여부에 대한 정보를 제공하여야 한다. ⑤ 제1항 및 제2항의 규정에 의한 신고의 방법 및 절차 등에 관하여 필요한 사항은 보건복지부령으로 정한다.

2. 영업의 승계

공중위생관리법 제3조의2(공중위생영업의 승계)
① 공중위생영업자가 그 공중위생영업을 양도하거나 사망한 때 또는 법인의 합병이 있는 때에는 그 양수인 · 상속인 또는 합병 후 존속하는 법인이나 합병에 의하여 설립되는 법인은 그 공중위생영업자의 지위를 승계한다. ② 민사집행법에 의한 경매, 「채무자 회생 및 파산에 관한 법률」에 의한 환가나 국세징수법 · 관세법 또는 「지방세징수법」에 의한 압류재산의 매각 그 밖에 이에 준하는 절차에 따라 공중위생영업 관련시설 및 설비의 전부를 인수한 자는 이 법에 의한 그 공중위생영업자의 지위를 승계한다. ③ 제1항 또는 제2항의 규정에 불구하고 이용업 또는 미용업의 경우에는 제6조의 규정에 의한 면허를 소지한 자에 한하여 공중위생영업자의 지위를 승계할 수 있다. ④ 제1항 또는 제2항의 규정에 의하여 공중위생영업자의 지위를 승계한 자는 1월 이내에 보건복지부령이 정하는 바에 따라 시장 · 군수 또는 구청장에게 신고하여야 한다.

15. 영업자 준수사항

1. 위생관리

공중위생관리법 제4조(공중위생영업자의 위생관리의무 등)

① 공중위생영업자는 그 이용자에게 건강상 위해요인이 발생하지 아니하도록 영업 관련 시설 및 설비를 위생적이고 안전하게 관리하여야 한다.
② 이용업을 하는 자는 다음 각 호의 사항을 지켜야 한다.
1. 이용기구는 소독을 한 기구와 소독을 하지 아니한 기구로 분리하여 보관하고, 면도기는 1회용 면도날만을 손님 1인에 한하여 사용할 것. 이 경우 이용기구의 소독기준 및 방법은 보건복지부령으로 정한다.
2. 이용사면허증을 영업소안에 게시할 것
3. 이용업소 표시등을 영업소 외부에 설치할 것

16. 이·미용사의 면허

1. 면허발급 및 취소

(1) 면허발급

공중위생관리법 제6조(이용사 및 미용사의 면허 등)

① 이용사 또는 미용사가 되고자 하는 자는 다음 각 호의 1에 해당하는 자로서 보건복지부령이 정하는 바에 의하여 시장 · 군수 · 구청장의 면허를 받아야 한다. 〈개정 2019. 12. 3〉
1. 전문대학 또는 이와 같은 수준 이상의 학력이 있다고 교육부장관이 인정하는 학교에서 이용 또는 미용에 관한 학과를 졸업한 자
1의2. 「학점인정 등에 관한 법률」 제8조에 따라 대학 또는 전문대학을 졸업한 자와 같은 수준 이상의 학력이 있는 것으로 인정되어 같은 법 제9조에 따라 이용 또는 미용에 관한 학위를 취득한 자
2. 고등학교 또는 이와 같은 수준의 학력이 있다고 교육부장관이 인정하는 학교에서 이용 또는 미용에 관한 학과를 졸업한 자
3. 초 · 중등교육법령에 따른 특성화고등학교, 고등기술학교나 고등학교 또는 고등기술학교에 준하는 각종학교에서 1년 이상 이용 또는 미용에 관한 소정의 과정을 이수한 자
4. 국가기술자격법에 의한 이용사 또는 미용사의 자격을 취득한 자
② 다음 각 호의 1에 해당하는 자는 이용사 또는 미용사의 면허를 받을 수 없다.
1. 피성년후견인
2. 「정신건강증진 및 정신질환자 복지서비스 지원에 관한 법률」 제3조제1호에 따른 정신질환자. 다만, 전문의가 이용사 또는 미용사로서 적합하다고 인정하는 사람은 그러하지 아니하다.
3. 공중의 위생에 영향을 미칠 수 있는 감염병환자로서 보건복지부령이 정하는 자
4. 마약 기타 대통령령으로 정하는 약물 중독자
5. 피성년후견인, 마약 기타 대통령령으로 정하는 약물 중독자, 「국가기술자격법」에 따라 자격이 취소된 때, 이중으로 면허를 취득한 때, 면허정지처분을 받고도 그 정지 기간 중에 업무를 한 때의 사유로 면허가 취소된 후 1년이 경과되지 아니한 자

(2) 면허 취소

공중위생관리법 제7조(이용사 및 미용사의 면허취소 등)
① 시장 · 군수 · 구청장은 이용사 또는 미용사가 다음 각 호의 1에 해당하는 때에는 그 면허를 취소하거나 6월 이내의 기간을 정하여 그 면허의 정지를 명할 수 있다. 다만, 제1호, 제2호, 제4호, 제6호 또는 제7호에 해당하는 경우에는 그 면허를 취소하여야 한다. 1. 피성년후견인 2. 마약 기타 대통령령으로 정하는 약물 중독자 3. 면허증을 다른 사람에게 대여한 때 4. 「국가기술자격법」에 따라 자격이 취소된 때 5. 「국가기술자격법」에 따라 자격정지처분을 받은 때(「국가기술자격법」에 따른 자격정지처분 기간에 한정한다) 6. 이중으로 면허를 취득한 때(나중에 발급받은 면허를 말한다) 7. 면허정지처분을 받고도 그 정지 기간 중에 업무를 한 때 8. 「성매매알선 등 행위의 처벌에 관한 법률」이나 「풍속영업의 규제에 관한 법률」을 위반하여 관계 행정기관의 장으로부터 그 사실을 통보받은 때 ② 제1항의 규정에 의한 면허취소 · 정지처분의 세부적인 기준은 그 처분의 사유와 위반의 정도 등을 감안하여 보건복지부령으로 정한다.

(3) 면허 재발급

공중위생관리법 시행규칙 제10조(면허증의 재발급 등)
① 이용사 또는 미용사는 면허증의 기재사항에 변경이 있는 때, 면허증을 잃어버린 때 또는 면허증이 헐어 못쓰게 된 때에는 면허증의 재발급을 신청할 수 있다. 〈개정 2019. 9. 27〉 ② 제1항에 따른 면허증의 재발급 신청을 하려는 자는 별지 제10호서식의 신청서(전자문서로 된 신청서를 포함한다)에 다음 각 호의 서류(전자문서를 포함한다)를 첨부하여 시장 · 군수 · 구청장에게 제출해야 한다. 〈개정 2019. 12. 31〉 1. 면허증 원본(기재사항이 변경되거나 헐어 못쓰게 된 경우에 한정한다) 2. 사진 1장 또는 전자적 파일 형태의 사진

2. 면허수수료

공중위생관리법 제19조2(수수료)
제6조의 규정에 의하여 이용사 또는 미용사 면허를 받고자 하는 자는 대통령령이 정하는 바에 따라 수수료를 납부하여야 한다.

공중위생관리법 시행령 제10조의2(수수료)

공중위생관리법 제19조의2의 규정에 따른 수수료는 지방자치단체의 수입증지 또는 정보통신망을 이용한 전자화폐 · 전자결제 등의 방법으로 시장 · 군수 · 구청장에게 납부하여야 하며, 그 금액은 다음 각 호와 같다.
1. 이용사 또는 미용사 면허를 신규로 신청하는 경우 : 5천500원
2. 이용사 또는 미용사 면허증을 재교부 받고자 하는 경우 : 3천원

17. 이·미용사의 업무

1. 이·미용사의 업무

공중위생관리법 제8조(이용사 및 미용사의 업무범위 등)

① 제6조제1항의 규정에 의한 이용사 또는 미용사의 면허를 받은 자가 아니면 이용업 또는 미용업을 개설하거나 그 업무에 종사할 수 없다. 다만, 이용사 또는 미용사의 감독을 받아 이용 또는 미용 업무의 보조를 행하는 경우에는 그러하지 아니하다.
② 이용 및 미용의 업무는 영업소 외의 장소에서 행할 수 없다. 다만, 보건복지부령이 정하는 특별한 사유가 있는 경우에는 그러하지 아니하다.
③ 제1항의 규정에 의한 이용사 및 미용사의 업무범위와 이용 · 미용의 업무보조 범위에 관하여 필요한 사항은 보건복지부령으로 정한다.

공중위생관리법 시행규칙 제14조(업무범위)

① 공중위생관리법 제8조제3항에 따른 이용사의 업무범위는 이발 · 아이론 · 면도 · 머리피부손질 · 머리카락염색 및 머리감기로 한다.
② 법 제8조제3항에 따른 미용사의 업무범위는 다음 각 호와 같다. 〈개정 2020. 6. 4〉
③ 공중위생관리법 제8조제3항에 따른 이용 · 미용의 업무보조 범위는 다음 각 호와 같다. 〈개정 2019. 9. 27〉
1. 이용 · 미용 업무를 위한 사전 준비에 관한 사항
2. 이용 · 미용 업무를 위한 기구 · 제품 등의 관리에 관한 사항
3. 영업소의 청결 유지 등 위생관리에 관한 사항
4. 그 밖에 머리감기 등 이용 · 미용 업무의 보조에 관한 사항

공중위생관리법 시행규칙 제13조(영업소 외에서의 이용 및 미용 업무)

공중위생법 제8조제2항 단서에서 "보건복지부령이 정하는 특별한 사유"란 다음 각 호의 사유를 말한다.
1. 질병이나 그 밖의 사유로 영업소에 나올 수 없는 자에 대하여 이용 또는 미용을 하는 경우
2. 혼례나 그 밖의 의식에 참여하는 자에 대하여 그 의식 직전에 이용 또는 미용을 하는 경우
3. 「사회복지사업법」 제2조제4호에 따른 사회복지시설에서 봉사활동으로 이용 또는 미용을 하는 경우
4. 방송 등의 촬영에 참여하는 사람에 대하여 그 촬영 직전에 이용 또는 미용을 하는 경우
5. 제1호부터 제4호까지의 경우 외에 특별한 사정이 있다고 시장 · 군수 · 구청장이 인정하는 경우

18. 행정지도·감독

1. 영업소 출입검사

공중위생관리법 제9조(보고 및 출입 · 검사)
① 특별시장 · 광역시장 · 도지사 또는 시장 · 군수 · 구청장은 공중위생관리상 필요하다고 인정하는 때에는 공중위생영업자에 대하여 필요한 보고를 하게 하거나 소속공무원으로 하여금 영업소 · 사무소 등에 출입하여 공중위생영업자의 위생관리의무이행 등에 대하여 검사하게 하거나 필요에 따라 공중위생 영업장부나 서류를 열람하게 할 수 있다. ② 시 · 도지사 또는 시장 · 군수 · 구청장은 공중위생영업자의 영업소에 제5조에 따라 설치가 금지되는 카메라나 기계장치가 설치되었는지를 검사할 수 있다. 이 경우 공중위생영업자는 특별한 사정이 없으면 검사에 따라야 한다. ③ 제2항의 경우에 시 · 도지사 또는 시장 · 군수 · 구청장은 관할 경찰관서의 장에게 협조를 요청할 수 있다. ④ 제2항의 경우에 시 · 도지사 또는 시장 · 군수 · 구청장은 영업소에 대하여 검사 결과에 대한 확인증을 발부할 수 있다. ⑤ 제1항 및 제2항의 경우에 관계 공무원은 그 권한을 표시하는 증표를 지녀야 하며, 관계인에게 이를 내보여야 한다. ⑥ 제1항 및 제2항의 규정을 적용함에 있어서 관광진흥법 제4조제2항의 규정에 의하여 등록한 관광숙박업의 경우에는 해당 관광숙박업의 관할 행정기관의 장과 사전에 협의하여야 한다. 다만, 보건위생관리상 위해요인을 방지하기 위하여 긴급한 사유가 있는 경우에는 그러하지 아니하다. 〈개정 2019. 12. 3〉

2. 영업제한 및 개선

공중위생관리법 제9조2(영업의 제한)
시 · 도지사는 공익상 또는 선량한 풍속을 유지하기 위하여 필요하다고 인정하는 때에는 공중위생영업자 및 종사원에 대하여 영업시간 및 영업행위에 관한 필요한 제한을 할 수 있다.

공중위생관리법 제10조(위생지도 및 개선명령)
시 · 도지사 또는 시장 · 군수 · 구청장은 다음 각 호의 어느 하나에 해당하는 자에 대하여 보건복지부령으로 정하는 바에 따라 기간을 정하여 그 개선을 명할 수 있다. 1. 제3조제1항의 규정에 의한 공중위생영업의 종류별 시설 및 설비기준을 위반한 공중위생영업자 2. 제4조의 규정에 의한 위생관리의무 등을 위반한 공중위생영업자

3. 영업소 폐쇄

공중위생관리법 제11조(공중위생영업소의 폐쇄 등)
① 시장 · 군수 · 구청장은 공중위생영업자가 다음 각 호의 어느 하나에 해당하면 6월 이내의 기간을 정하여 영업의 정지 또는 일부 시설의 사용중지를 명하거나 영업소폐쇄 등을 명할 수 있다. 다만, 관광숙박업의 경우에는 해당 관광숙박업의 관할행정기관의 장과 미리 협의하여야 한다. 〈개정 2019. 12. 3〉 1. 영업신고를 하지 아니하거나 시설과 설비기준을 위반한 경우 2. 변경신고를 하지 아니한 경우 3. 지위승계신고를 하지 아니한 경우 4. 공중위생영업자의 위생관리의무 등을 지키지 아니한 경우 4의2. 카메라나 기계장치를 설치한 경우 5. 영업소 외의 장소에서 이용 또는 미용 업무를 한 경우 6. 보고를 하지 아니하거나 거짓으로 보고한 경우 또는 관계 공무원의 출입, 검사 또는 공중위생영업 장부 또는 서류의 열람을 거부 · 방해하거나 기피한 경우 7. 개선명령을 이행하지 아니한 경우 8.「성매매알선 등 행위의 처벌에 관한 법률」,「풍속영업의 규제에 관한 법률」,「청소년 보호법」,「아동 · 청소년의 성보호에 관한 법률」 또는「의료법」을 위반하여 관계 행정기관의 장으로부터 그 사실을 통보받은 경우 ② 시장 · 군수 · 구청장은 제1항에 따른 영업정지 처분을 받고도 그 영업정지 기간에 영업을 한 경우에는 영업소 폐쇄를 명할 수 있다. ③ 시장 · 군수 · 구청장은 다음 각 호의 어느 하나에 해당하는 경우에는 영업소 폐쇄를 명할 수 있다. 1. 공중위생영업자가 정당한 사유 없이 6개월 이상 계속 휴업하는 경우 2. 공중위생영업자가「부가가치세법」제8조에 따라 관할 세무서장에게 폐업신고를 하거나 관할 세무서장이 사업자 등록을 말소한 경우 ④ 제1항에 따른 행정처분의 세부기준은 그 위반행위의 유형과 위반 정도 등을 고려하여 보건복지부령으로 정한다. ⑤ 시장 · 군수 · 구청장은 공중위생영업자가 제1항의 규정에 의한 영업소 폐쇄명령을 받고도 계속하여 영업을 하는 때에는 관계 공무원으로 하여금 해당 영업소를 폐쇄하기 위하여 다음 각 호의 조치를 하게 할 수 있다. 제3조 제1항 전단을 위반하여 신고를 하지 아니하고 공중위생영업을 하는 경우에도 또한 같다. 1. 해당 영업소의 간판 기타 영업표지물의 제거 2. 해당 영업소가 위법한 영업소임을 알리는 게시물 등의 부착 3. 영업을 위하여 필수불가결한 기구 또는 시설물을 사용할 수 없게 하는 봉인 ⑥ 시장 · 군수 · 구청장은 제5항제3호에 따른 봉인을 한 후 봉인을 계속할 필요가 없다고 인정되는 때와 영업자 등이나 그 대리인이 해당 영업소를 폐쇄할 것을 약속하는 때 및 정당한 사유를 들어 봉인의 해제를 요청하는 때에는 그 봉인을 해제할 수 있다. 제5항제2호에 따른 게시물 등의 제거를 요청하는 경우에도 또한 같다. 〈개정 2019. 12. 3〉

4. 공중위생 감시원

(1) 공중위생 감시원

공중위생관리법 제15조(공중위생감시원)
① 공중위생영업의 신고 및 폐업신고, 공중위생영업의 승계, 공중위생영업자의 위생관리의무 등 또는 이용사 및 미용사의 업무범위 등 내지 공중위생영업소의 폐쇄 등의 규정에 의한 관계 공무원의 업무를 행하게 하기 위하여 특별시 · 광역시 · 도 및 시 · 군 · 구에 공중위생감시원을 둔다. ② 제1항의 규정에 의한 공중위생감시원의 자격 · 임명 · 업무범위 기타 필요한 사항은 대통령령으로 정한다.

공중위생관리법 시행령 제8조(공중위생감시원의 자격 및 임명)
① 공중위생관리법 제15조에 따라 특별시장 · 광역시장 · 도지사 또는 시장 · 군수 · 구청장은 다음 각 호의 어느 하나에 해당하는 소속 공무원 중에서 공중위생감시원을 임명한다. 1. 위생사 또는 환경기사 2급 이상의 자격증이 있는 사람 2. 「고등교육법」에 따른 대학에서 화학 · 화공학 · 환경공학 또는 위생학 분야를 전공하고 졸업한 사람 또는 법령에 따라 이와 같은 수준 이상의 학력이 있다고 인정되는 사람 3. 외국에서 위생사 또는 환경기사의 면허를 받은 사람 4. 1년 이상 공중위생 행정에 종사한 경력이 있는 사람 ② 시 · 도지사 또는 시장 · 군수 · 구청장은 제1항 각 호의 어느 하나에 해당하는 사람만으로는 공중위생감시원의 인력확보가 곤란하다고 인정되는 때에는 공중위생 행정에 종사하는 사람 중 공중위생 감시에 관한 교육훈련을 2주 이상 받은 사람을 공중위생 행정에 종사하는 기간 동안 공중위생감시원으로 임명할 수 있다.

공중위생관리법 시행령 제9조(공중위생감시원의 업무범위)
공중위생관리법 제15조에 따른 공중위생감시원의 업무는 다음 각 호와 같다. 1. 시설 및 설비의 확인 2. 공중위생영업 관련 시설 및 설비의 위생상태 확인 · 검사, 공중위생영업자의 위생관리의무 및 영업자 준수사항 이행여부의 확인 3. 삭제 〈2016. 8. 2.〉 4. 위생지도 및 개선명령 이행여부의 확인 5. 공중위생영업소의 영업의 정지, 일부 시설의 사용중지 또는 영업소 폐쇄명령 이행여부의 확인 6. 위생교육 이행여부의 확인

(2) 명예공중위생감시원

공중위생관리법 제15조2(명예공중위생감시원)

① 시 · 도지사는 공중위생의 관리를 위한 지도 · 계몽 등을 행하게 하기 위하여 명예공중위생감시원을 둘 수 있다.
② 제1항의 규정에 의한 명예공중위생감시원의 자격 및 위촉방법, 업무범위 등에 관하여 필요한 사항은 대통령령으로 정한다.

공중위생관리법 시행령 제9조2(명예공중위생감시원 자격 등)

① 공중위생관리법 제15조의2제1항의 규정에 의한 명예공중위생감시원은 시 · 도지사가 다음 각 호의 1에 해당하는 자중에서 위촉한다.
1. 공중위생에 대한 지식과 관심이 있는 자
2. 소비자단체, 공중위생관련 협회 또는 단체의 소속직원 중에서 당해 단체 등의 장이 추천하는 자
② 명예감시원의 업무는 다음 각 호와 같다.
1. 공중위생감시원이 행하는 검사대상물의 수거 지원
2. 법령 위반행위에 대한 신고 및 자료 제공
3. 그 밖에 공중위생에 관한 홍보 · 계몽 등 공중위생관리업무와 관련하여 시 · 도지사가 따로 정하여 부여하는 업무
③ 시 · 도지사는 명예감시원의 활동지원을 위하여 예산의 범위 안에서 시 · 도지사가 정하는 바에 따라 수당 등을 지급할 수 있다.
④ 명예감시원의 운영에 관하여 필요한 사항은 시 · 도지사가 정한다.

19. 업소 위생등급

1. 위생서비스평가

공중위생관리법 제13조(위생서비스수준의 평가)

① 시 · 도지사는 공중위생영업소의 위생관리수준을 향상시키기 위하여 위생서비스평가계획을 수립하여 시장 · 군수 · 구청장에게 통보하여야 한다.
② 시장 · 군수 · 구청장은 평가계획에 따라 관할지역별 세부평가계획을 수립한 후 공중위생영업소의 위생서비스수준을 평가하여야 한다.
③ 시장 · 군수 · 구청장은 위생서비스평가의 전문성을 높이기 위하여 필요하다고 인정하는 경우에는 관련 전문기관 및 단체로 하여금 위생서비스평가를 실시하게 할 수 있다.
④ 제1항 내지 제3항의 규정에 의한 위생서비스평가의 주기 · 방법, 위생관리등급의 기준 기타 평가에 관하여 필요한 사항은 보건복지부령으로 정한다.

공중위생관리법 시행규칙 제20조(위생서비스수준의 평가)

공중위생관리법 제13조제4항에 따른 공중위생영업소의 위생서비스수준 평가는 2년마다 실시하되, 공중위생영업소의 보건 · 위생관리를 위하여 특히 필요한 경우에는 보건복지부장관이 정하여 고시하는 바에 따라 공중위생영업의 종류 또는 제21조에 따른 위생관리등급별로 평가주기를 달리 할 수 있다. 다만, 공중위생영업자가 「부가가치세법」 제8조제7항에 따른 휴업신고를 한 경우 해당 공중위생영업소에 대해서는 위생서비스평가를 실시하지 않을 수 있다. 〈개정 2019. 12. 31〉

2. 위생등급

공중위생관리법 제14조(위생관리등급 공표 등)

① 시장 · 군수 · 구청장은 보건복지부령이 정하는 바에 의하여 위생서비스평가의 결과에 따른 위생관리등급을 해당공중위생영업자에게 통보하고 이를 공표하여야 한다.
② 공중위생영업자는 제1항의 규정에 의하여 시장 · 군수 · 구청장으로부터 통보받은 위생관리급의 표지를 영업소의 명칭과 함께 영업소의 출입구에 부착할 수 있다.
③ 시 · 도지사 또는 시장 · 군수 · 구청장은 위생서비스평가의 결과 위생서비스의 수준이 우수하다고 인정되는 영업소에 대하여 포상을 실시할 수 있다.
④ 시 · 도지사 또는 시장 · 군수 · 구청장은 위생서비스평가의 결과에 따른 위생관리 등급별로 영업소에 대한 위생 감시를 실시하여야 한다. 이 경우 영업소에 대한 출입 · 검사와 위생 감시의 실시주기 및 횟수 등 위생관리 등급별 위생감시기준은 보건복지부령으로 정한다.

공중위생관리법 시행규칙 제21조(위생관리등급의 구분 등)

① 공중위생관리법 제13조제4항의 규정에 의한 위생관리등급의 구분은 다음 각 호와 같다.
1. 최우수업소 : 녹색등급
2. 우수업소 : 황색등급
3. 일반관리대상 업소 : 백색등급
② 제1항의 규정에 의한 위생관리등급의 판정을 위한 세부항목, 등급결정 절차와 기타 위생서비스 평가에 필요한 구체적인 사항은 보건복지부장관이 정하여 고시한다.

20. 보수교육

1. 영업자 위생교육, 위생교육기관

공중위생관리법 제17조(위생교육)

① 공중위생영업자는 매년 위생교육을 받아야 한다.
② 신고를 하고자 하는 자는 미리 위생교육을 받아야 한다. 다만, 보건복지부령으로 정하는 부득이한 사유로 미리 교육을 받을 수 없는 경우에는 영업개시 후 6개월 이내에 위생교육을 받을 수 있다.
③ 위생교육을 받아야 하는 자 중 영업에 직접 종사하지 아니하거나 2 이상의 장소에서 영업을 하는 자는 종업원 중 영업장별로 공중위생에 관한 책임자를 지정하고 그 책임자로 하여금 위생교육을 받게 하여야 한다.
④ 위생교육은 보건복지부장관이 허가한 단체 또는 제16조에 따른 단체가 실시할 수 있다.
⑤ 위생교육의 방법 · 절차 등에 관하여 필요한 사항은 보건복지부령으로 정한다.

공중위생관리법 시행규칙 제23조(위생교육)

① 위생교육은 3시간으로 한다.
② 위생교육의 내용은 「공중위생관리법」 및 관련 법규, 소양교육, 기술교육, 그 밖에 공중위생에 관하여 필요한 내용으로 한다.
③ 동일한 공중위생영업자가 법 제2조제1항제5호 각 목 중 둘 이상의 미용업을 같은 장소에서 하는 경우에는 그 중 하나의 미용업에 대한 위생교육을 받으면 나머지 미용업에 대한 위생교육도 받은 것으로 본다. 〈신설 2020. 6. 4〉
④ 위생교육 대상자 중 보건복지부장관이 고시하는 섬 · 벽지지역에서 영업을 하고 있거나 하려는 자에 대하여는 제7항에 따른 교육교재를 배부하여 이를 익히고 활용하도록 함으로써 교육에 갈음할 수 있다.
⑤ 위생교육 대상자 중 「부가가치세법」 제8조제7항에 따른 휴업신고를 한 자에 대해서는 휴업신고를 한 다음 해부터 영업을 재개하기 전까지 위생교육을 유예할 수 있다. 〈개정 2020. 6. 4〉
⑥ 영업신고 전에 위생교육을 받아야 하는 자 중 다음 각 호의 어느 하나에 해당하는 자는 영업 신고를 한 후 6개월 이내에 위생교육을 받을 수 있다. 〈개정 2020. 6. 4〉
1. 천재지변, 본인의 질병 · 사고, 업무상 국외출장 등의 사유로 교육을 받을 수 없는 경우
2. 교육을 실시하는 단체의 사정 등으로 미리 교육을 받기 불가능한 경우
⑦ 위생교육을 받은 자가 위생교육을 받은 날부터 2년 이내에 위생교육을 받은 업종과 같은 업종의 영업을 하려는 경우에는 해당 영업에 대한 위생교육을 받은 것으로 본다. 〈개정 2020. 6. 4〉
⑧ 위생교육을 실시하는 단체는 보건복지부장관이 고시한다. 〈개정 2020. 6. 4〉
⑨ 위생교육 실시단체는 교육교재를 편찬하여 교육대상자에게 제공하여야 한다. 〈개정 2020. 6. 4〉
⑩ 위생교육 실시단체의 장은 위생교육을 수료한 자에게 수료증을 교부하고, 교육실시 결과를 교육 후 1개월 이내에 시장 · 군수 · 구청장에게 통보하여야 하며, 수료증 교부대장 등 교육에 관한 기록을 2년 이상 보관 · 관리하여야 한다. 〈개정 2020. 6. 4〉
⑪ 제1항부터 제8항까지의 규정 외에 위생교육에 관하여 필요한 세부사항은 보건복지부장관이 정한다. 〈개정 2020. 6. 4〉

21. 벌칙

1. 위반자에 대한 벌칙, 과징금

(1) 벌칙

공중위생관리법 제20조(벌칙)
① 다음 각 호의 1에 해당하는 자는 1년 이하의 징역 또는 1천만 원 이하의 벌금에 처한다. 1. 공중위생영업의 신고 및 폐업신고 규정에 의한 신고를 하지 아니한 자 2. 공중위생영업소의 폐쇄 등 규정에 의한 영업정지명령 또는 일부 시설의 사용중지명령을 받고도 그 기간 중에 영업을 하거나 그 시설을 사용한 자 또는 영업소 폐쇄명령을 받고도 계속하여 영업을 한 자 ② 다음 각 호의 1에 해당하는 자는 6월 이하의 징역 또는 500만 원 이하의 벌금에 처한다. 1. 공중위생영업의 신고 및 폐업신고 규정에 의한 변경신고를 하지 아니한 자 2. 공중위생영업의 승계 규정에 의하여 공중위생영업자의 지위를 승계한 자로서 규정에 의한 신고를 하지 아니한 자 3. 공중위생영업자의 위생관리의무 등 규정에 위반하여 건전한 영업질서를 위하여 공중위생영업자가 준수하여야 할 사항을 준수하지 아니한 자 ③ 다음 각 호의 어느 하나에 해당하는 사람은 300만 원 이하의 벌금에 처한다. 〈개정 2020. 4. 7〉 1. 다른 사람에게 이용사 또는 미용사의 면허증을 빌려주거나 빌린 사람 2. 이용사 또는 미용사의 면허증을 빌려주거나 빌리는 것을 알선한 사람 3. 다른 사람에게 위생사의 면허증을 빌려주거나 빌린 사람 4. 위생사의 면허증을 빌려주거나 빌리는 것을 알선한 사람 5. 면허의 취소 또는 정지 중에 이용업 또는 미용업을 한 사람 6. 면허를 받지 아니하고 이용업 또는 미용업을 개설하거나 그 업무에 종사한 사람

(2) 과징금

공중위생관리법 제11조의2(과징금처분)
① 시장 · 군수 · 구청장은 공중위생영업소의 폐쇄 등의 규정에 의한 영업정지가 이용자에게 심한 불편을 주거나 그 밖에 공익을 해할 우려가 있는 경우에는 영업정지 처분에 갈음하여 1억 원 이하의 과징금을 부과할 수 있다. 다만, 공중위생영업자의 불법카메라 설치 금지, 「성매매알선 등 행위의 처벌에 관한 법률」, 「아동 · 청소년의 성보호에 관한 법률」, 「풍속영업의 규제에 관한 법률」 제3조 각호의 1 또는 이에 상응하는 위반행위로 인하여 처분을 받게 되는 경우를 제외한다. ② 제1항의 규정에 의한 과징금을 부과하는 위반행위의 종별 · 정도 등에 따른 과징금의 금액 등에 관하여 필요한 사항은 대통령령으로 정한다. ③ 시장 · 군수 · 구청장은 제1항의 규정에 의한 과징금을 납부하여야 할 자가 납부기한까지 이를 납부하지 아니한 경우에는 대통령령으로 정하는 바에 따라 제1항에 따른 과징금 부과처분을 취소하고, 제11조제1항에 따른 영업정지 처분을 하거나 「지방행정제재 · 부과금의 징수 등에 관한 법률」에 따라 이를 징수한다. 〈개정 2020. 3. 24〉

④ 제1항 및 제3항의 규정에 의하여 시장 · 군수 · 구청장이 부과 · 징수한 과징금은 해당 시 · 군 · 구에 귀속된다.
⑤ 시장 · 군수 · 구청장은 과징금의 징수를 위하여 필요한 경우에는 다음 각 호의 사항을 기재한 문서로 관할 세무관서의 장에게 과세정보의 제공을 요청할 수 있다.
1. 납세자의 인적사항
2. 사용목적
3. 과징금 부과기준이 되는 매출금액

공중위생관리법 시행령 제7조의2(과징금을 부과할 위반행위의 종별과 과징금의 금액)

① 공중위생관리법 제11조의2제2항의 규정에 따라 부과하는 과징금의 금액은 위반행위의 종별 · 정도 등을 감안하여 보건복지부령이 정하는 영업정지기간에 별표 1의 과징금 산정기준을 적용하여 산정한다.
② 시장 · 군수 · 구청장은 공중위생영업자의 사업규모 · 위반행위의 정도 및 횟수 등을 고려하여 제1항에 따른 과징금의 2분의 1 범위에서 과징금을 늘리거나 줄일 수 있다. 이 경우 과징금을 늘리는 때에도 그 총액은 1억 원을 초과할 수 없다.

공중위생관리법 시행령 제7조의3(과징금의 부과 및 납부)

① 시장 · 군수 · 구청장은 공중위생관리법 제11조의2의 규정에 따라 과징금을 부과하고자 할 때에는 그 위반행위의 종별과 해당 과징금의 금액 등을 명시하여 이를 납부할 것을 서면으로 통지하여야 한다.
② 제1항의 규정에 따라 통지를 받은 자는 통지를 받은 날부터 20일 이내에 과징금을 시장 · 군수 · 구청장이 정하는 수납기관에 납부하여야 한다. 다만, 천재 · 지변 그 밖에 부득이한 사유로 인하여 그 기간 내에 과징금을 납부할 수 없는 때에는 그 사유가 없어진 날부터 7일 이내에 납부하여야 한다.
③ 제2항의 규정에 따라 과징금의 납부를 받은 수납기관은 영수증을 납부자에게 교부하여야 한다.
④ 과징금의 수납기관은 제2항의 규정에 따라 과징금을 수납한 때에는 지체 없이 그 사실을 시장 · 군수 · 구청장에게 통보하여야 한다.
⑤ 시장 · 군수 · 구청장은 법 제11조의2에 따라 과징금을 부과받은 자(이하 "과징금납세의무자"라 한다)가 납부해야 할 과징금의 금액이 100만원 이상인 경우로서 다음 각 호의 어느 하나에 해당하는 사유로 과징금의 전액을 한꺼번에 납부하기 어렵다고 인정될 때에는 과징금납부의무자의 신청을 받아 12개월의 범위에서 분할 납부의 횟수를 3회 이내로 정하여 분할 납부하게 할 수 있다. 〈개정 2020. 6. 2〉
1. 재해 등으로 재산에 현저한 손실을 입은 경우
2. 사업 여건의 악화로 사업이 중대한 위기에 있는 경우
3. 과징금을 한꺼번에 납부하면 자금사정에 현저한 어려움이 예상되는 경우
4. 그 밖에 제1호부터 제3호까지의 규정에 준하는 사유가 있다고 인정되는 경우
⑥ 과징금납부의무자는 제5항에 따라 과징금을 분할 납부하려는 경우에는 그 납부기한의 10일 전까지 같은 항 각 호의 사유를 증명하는 서류를 첨부하여 시장 · 군수 · 구청장에게 과징금의 분할 납부를 신청해야 한다. 〈신설 2020. 6. 2〉
⑦ 시장 · 군수 · 구청장은 과징금납부의무자가 다음 각 호의 어느 하나에 해당하는 경우에는 분할 납부 결정을 취소하고 과징금을 한꺼번에 징수할 수 있다. 〈신설 2020. 6. 2〉
1. 분할 납부하기로 결정된 과징금을 납부기한까지 내지 않은 경우

2. 강제집행, 경매의 개시, 파산선고, 법인의 해산, 국세 또는 지방세의 체납처분을 받은 경우 등 과징금의 전부 또는 잔여분을 징수할 수 없다고 인정되는 경우
⑧ 과징금의 징수절차는 보건복지부령으로 정한다.

공중위생관리법 시행령 제7조의4(과징금 부과처분 취소 대상자)

공중위생관리법 제11조의2제3항에 따라 과징금 부과처분을 취소하고 영업정지 처분을 하거나 「지방행정제재 · 부과금의 징수 등에 관한 법률」에 따라 과징금을 징수하여야 하는 대상자는 과징금을 기한 내에 납부하지 아니한 자로서 1회의 독촉을 받고 그 독촉을 받은 날부터 15일 이내에 과징금을 납부하지 아니한 자로 한다. 〈개정 2020. 3. 24〉

2. 과태료, 양벌규정

공중위생관리법 제22조(과태료)

① 다음 각 호의 1에 해당하는 자는 300만 원 이하의 과태료에 처한다.
1. 삭제
1의2. 목욕장의 수질기준 또는 위생기준을 준수하지 아니한 자로서 위생지도 및 개선명령 규정에 의한 개선명령에 따르지 아니한 자
2. 숙박업소의 시설 및 설비를 위생적이고 안전하게 관리하지 아니한 자
3. 목욕장업소의 시설 및 설비를 위생적이고 안전하게 관리하지 아니한 자
4. 보고 및 출입 · 검사 규정에 의한 보고를 하지 아니하거나 관계 공무원의 출입 · 검사 기타 조치를 거부 · 방해 또는 기피한 자
5. 위생지도 및 개선명령 규정에 의한 개선명령에 위반한 자
6. 이용업소표시등의 사용제한을 위반하여 이용업소표시등을 설치한 자
② 다음 각 호의 1에 해당하는 자는 200만 원 이하의 과태료에 처한다.
1. 이용업소의 위생관리 의무를 지키지 아니한 자
2. 미용업소의 위생관리 의무를 지키지 아니한 자
3. 세탁업소의 위생관리 의무를 지키지 아니한 자
4. 건물위생관리업소의 위생관리 의무를 지키지 아니한 자
5. 영업소외의 장소에서 이용 또는 미용업무를 행한 자
6. 위생교육을 받지 아니한 자
③ 같은 명칭의 사용금지 규정에 위반하여 위생사의 명칭을 사용한 자에게는 100만 원 이하의 과태료를 부과한다.
④ 제1항부터 제3항까지의 규정에 따른 과태료는 대통령령으로 정하는 바에 따라 보건복지부장관 또는 시장 · 군수 · 구청장이 부과 · 징수한다.

3. 행정처분

공중위생관리법 시행규칙 제19조 관련 [별표 7] 〈개정 2019. 09. 27.〉
Ⅰ. 일반기준 1. 위반행위가 2 이상인 경우로서 그에 해당하는 각각의 처분기준이 다른 경우에는 그 중 중한 처분기준에 의하되, 2 이상의 처분기준이 영업정지에 해당하는 경우에는 가장 중한 정지처분기간에 나머지 각각의 정지처분기간의 2분의 1을 더하여 처분한다. 2. 행정처분을 하기 위한 절차가 진행되는 기간 중에 반복하여 같은 사항을 위반한 때에는 그 위반 횟수마다 행정처분 기준의 2분의 1씩 더하여 처분한다. 3. 위반행위의 차수에 따른 행정처분기준은 최근 1년간(「성매매알선 등 행위의 처벌에 관한 법률」 제4조를 위반하여 관계 행정기관의 장이 행정처분을 요청한 경우에는 최근 3년간) 같은 위반행위로 행정처분을 받은 경우에 이를 적용한다. 이 경우 기간의 계산은 위반행위에 대하여 행정처분을 받은 날과 그 처분 후 다시 같은 위반행위를 하여 적발된 날(수거검사에 의한 경우에는 해당 검사결과를 처분청이 접수한 날을 말한다)을 기준으로 한다. 4. 제3호에 따라 가중된 행정처분을 하는 경우 가중처분의 적용 차수는 그 위반행위 전 행정처분 차수(제3호에 따른 기간 내에 행정처분이 둘 이상 있었던 경우에는 높은 차수를 말한다)의 다음 차수로 한다. 5. 행정처분권자는 위반사항의 내용으로 보아 그 위반정도가 경미하거나 해당위반사항에 관하여 검사로부터 기소유예의 처분을 받거나 법원으로부터 선고유예의 판결을 받은 때에는 Ⅱ. 개별기준에 불구하고 그 처분기준을 다음의 구분에 따라 경감할 수 있다. 가. 영업정지 및 면허정지의 경우에는 그 처분기준 일수의 2분의 1의 범위안에서 경감할 수 있다. 나. 영업장폐쇄의 경우에는 3월 이상의 영업정지처분으로 경감할 수 있다. 6. 영업정지 1월은 30일을 기준으로 하고, 행정처분기준을 가중하거나 경감하는 경우 1일 미만은 처분기준 산정에서 제외한다.

표 15-18 이용업 행정처분 기준[18] 〈개정 2019. 09. 27.〉

위 반 행 위	근거 법조문	행정처분기준			
		1차 위반	2차 위반	3차 위반	4차 이상 위반
가. 법 제3조 제1항 전단에 따른 영업신고를 하지 않거나 시설과 설비기준을 위반한 경우	법 제11조제1항 제1호				
1) 영업신고를 하지 않은 경우		영업장 폐쇄 명령			
2) 시설 및 설비기준을 위반한 경우		개선명령	영업정지 15일	영업정지 1월	영업장 폐쇄 명령
가) 응접장소와 작업장소 또는 의자와 의자를 구획하는 커튼 · 칸막이 그밖에 이와 유사한 장애물을 설치한 경우		개선명령	영업정지 15일	영업정지 1월	영업장 폐쇄 명령
나) 이용업소 안에 별실 그 밖에 이와 유사한 시설을 설치한 경우		영업정지 1월	영업정지 2월	영업장 폐쇄 명령	
다) 그 밖에 시설 및 설비가 기준에 미달한 경우		개선명령	영업정지 15일	영업정지 1월	영업장 폐쇄 명령
나. 법 제3조 제1항 후단에 따른 변경신고를 하지 않은 경우	법 제11조제1항 제2호				
1) 신고를 하지 않고 영업소의 명칭 및 상호 또는 영업장 면적의 3분의 1 이상을 변경한 경우		경고 또는 개선명령	영업정지 15일	영업정지 1월	영업장 폐쇄 명령
2) 신고를 하지 않고 영업소의 소재지를 변경한 경우		영업정지 1월	영업정지 2월	영업장 폐쇄 명령	
다. 법 제3조의 2제4항에 따른 지위승계 신고를 하지 않은 경우	법 제11조 제1항 제3호	경고	영업정지 10일	영업정지 1월	영업장 폐쇄 명령
라. 법 제4조에 따른 공중위생영업자의 위생관리의무등을 지키지 않은 경우	법 제11조 제1항 제4호				
1) 소독을 한 기구와 소독을 하지 않은 기구를 각각 다른 용기에 넣어 보관하지 아니하거나 1회용 면도날을 2인 이상의 손님에게 사용한 경우		경고	영업정지 5일	영업정지 10일	영업장 폐쇄 명령
2) 이용업 신고증 및 면허증 원본을 게시하지 않거나 업소 내 조명도를 준수하지 않은 경우		경고 또는 개선명령	영업정지 5일	영업정지 10일	영업장 폐쇄 명령

위 반 행 위	근거 법조문	행정처분기준			
		1차 위반	2차 위반	3차 위반	4차 이상 위반
3) 별표 4 제3호 전단을 위반하여 개별 이용서비스의 최종 지불가격 및 전체 이용서비스의 총액에 관한 내역서를 이용자에게 미리 제공하지 않은 경우		경고	영업정지 5일	영업정지 10일	영업정지 1월
마. 법 제5조를 위반하여 카메라나 기계장치를 설치한 경우	법 제11조 제1항 제4호의 2	영업정지 1월	영업정지 2월	영업장 폐쇄명령	
바. 법 제7조 제1항 각 호의 어느 하나에 해당하는 면허정지 및 면허취소 사유에 해당하는 경우	법 제7조 제1항				
1) 법 제6조 제2항 제1호부터 제4호까지에 해당하게 된 경우		면허취소			
2) 면허증을 다른 사람에게 대여한 경우		면허정지 3월	면허정지 6월	면허취소	
3) 「국가기술자격법」에 따라 이용사자격이 취소된 경우		면허취소			
4) 「국가기술자격법」에 따라 자격정지 처분을 받은 경우(「국가기술자격법」에 따른 자격정지처분 기간에 한정한다)		면허정지			
5) 이중으로 면허를 취득한 경우(나중에 발급받은 면허를 말한다)		면허취소			
6) 면허정지처분을 받고도 그 정지 기간 중 업무를 한 경우		면허취소			
사. 법 제8조 제2항을 위반하여 영업소 외의 장소에서 이용 업무를 한 경우	법 제11조 제1항 제5호	영업정지 1월	영업정지 2월	영업장 폐쇄명령	
아. 법 제9조에 따른 보고를 하지 않거나 거짓으로 보고한 경우 또는 관계 공무원의 출입, 검사 또는 공중위생영업 장부 또는 서류의 열람을 거부·방해하거나 기피한 경우	법 제11조 제1항 제6호	영업정지 10일	영업정지 20일	영업정지 1월	영업장 폐쇄명령
자. 법 제10조에 따른 개선명령을 이행하지 않은 경우	법 제11조 제1항 제7호	경고	영업정지 10일	영업정지 1월	영업장 폐쇄명령
차. 「성매매알선 등 행위의 처벌에 관한 법률」, 「풍속영업의 규제에 관한 법률」, 「청소년 보호법」, 「아동·청소년의 성보호에 관한 법률」 또는 「의료법」을 위반하여 관계 행정기관의 장으로 부터 그 사실을 통보받은 경우	법 제11조 제1항 제8호				

위 반 행 위	근거 법조문	행정처분기준			
		1차 위반	2차 위반	3차 위반	4차 이상 위반
1) 손님에게 성매매알선 등 행위 또는 음란행위를 하게 하거나 이를 알선 또는 제공한 경우					
가) 영업소	영업정지 3월	영업장 폐쇄명령			
나) 이용사	면허정지 3월	면허취소			
2) 손님에게 도박 그 밖에 사행행위를 하게 한 경우	영업정지 1월	영업정지 2월	영업장 폐쇄명령		
3) 음란한 물건을 관람 · 열람하게 하거나 진열 또는 보관한 경우	경고	영업정지 15일	영업정지 1월	영업장 폐쇄명령	
4) 무자격안마사로 하여금 안마사의 업무에 관한 행위를 하게 한 경우	영업정지 1월	영업정지 2월	영업장 폐쇄명령		
카. 영업정지처분을 받고도 그 영업정지 기간에 영업을 한 경우	법 제11조 제2항	영업장 폐쇄명령			
타. 공중위생영업자가 정당한 사유 없이 6개월 이상 계속 휴업하는 경우	법 제11조 제3항 제1호	영업장 폐쇄명령			
파. 공중위생영업자가 「부가가치세법」 제8조에 따라 관할 세무서장에게 폐업신고를 하거나 관할 세무서장이 사업자 등록을 말소한 경우	법 제11조 제3항 제2호	영업장 폐쇄명령			

적중 예상문제 및 해설 공중보건학

01 지역사회보건 수준을 비교할 때 쓰여지는 지표가 아닌 것은?

(가) 영아사망률 (나) 평균수명
(다) 일반사망률 (라) 국세조사

02 감염병이 발생하는 3대 요인이 아닌 것은?

(가) 숙주 (나) 환경
(다) 병원체 (라) 중독증

03 실내공기의 오염지표로 쓰이는 것은?

(가) 이산화탄소(CO_2) (나) 질소(N_2)
(다) 일산화탄소(CO) (라) 산소(O_2)

04 우리나라가 세계보건기구(WHO)에 가입한 연도는 언제인가?

(가) 1949년 (나) 1955년
(다) 1960년 (라) 1966년

05 도시의 폐기물 처리 중 가장 좋은 방법은?

(가) 매몰 (나) 소각
(다) 마쇄 (라) 해양투기

06 다음 중 경피로 감염되는 것은?

(가) 회충 (나) 요충
(다) 십이지장충 (라) 선모충

CLICK HINT

- **보건지표**
  비례사망지수
  평균수명
  조사망률(일반사망률)
  영아사망률
- **발생 3대 요인**
  병인요인(병원체)
  숙주요인(감수성)
  환경요인(감염경로)
- 이산화탄소는 실내공기 오염의 지표이며 공기의 0.03~0.04%를 차지한다.
- 우리나라는 1949년 8월 17일 65번째로 태평양지역 사무국 소속으로 정식 가입하였다.
- **소각소독법**
  오염된 것을 태우는 가장 확실한 방법이며 재생은 불가능하다.
- 구충(십이지장충)은 경피감염과 경구감염이 있다.

Answer

01 (라) 02 (라) 03 (가) 04 (가) 05 (나) 06 (다)

07 다음 질병 중 쥐와 관계가 없는 것은?

(가) 발진열 (나) 유행성 출혈열
(다) 사상충증 (라) 살모넬라

08 다음 중 기온측정 등에 관한 설명 중 타당하지 않은 것은?

(가) 기온은 실온에서는 백엽상에서, 실내에서는 통풍이 잘되는 직사광선을 받지 않는 곳에 매달아 놓고 측정하는 것이 좋다.
(나) 백엽상의 높이는 지상 1.5m이고, 실내에서의 온도계 수은주 주머니 높이가 바닥에서 1m이면 된다.
(다) 측정할 때 수은주 높이와 측정자의 눈의 높이가 같아야 한다.
(라) 정상적인 날의 하루 중 가장 낮을 때는 밤 12시이다.

09 B.C.G 접종은 어느 질병의 예방법인가?

(가) 천연두 (나) 소아마비
(다) 홍역 (라) 결핵

10 무구조충은 어느 고기를 생식할 때 감염되는가?

(가) 돼지고기 (나) 쇠고기
(다) 개고기 (라) 닭고기

11 솔라닌(Solanine) 독소에 의한 중독이 원인이 되는 것은?

(가) 복어 (나) 버섯
(다) 감자 (라) 고등어

12 연탄가스의 중독 물질은?

(가) CO (나) CO_2
(다) NO_2 (라) SO_2

CLICK HINT

▶ 사상충증은 모기와 관계가 있는 질병이다.

▶ 정상적인 날의 하루 중 가장 기온이 낮을 때는 해뜨기 30분 전이다.

▶ B. C. G 접종은 결핵을 예방하고 생후 4주 이내에 가장 먼저 하는 기본 접종이다.

▶ • 무구조층 : 쇠고기
• 유구조층 : 돼지고기

▶ 식물성 중독
솔라닌 : 감자
무스카린 : 버섯
에르고톡신 : 맥각

▶ 일산화탄소(CO)는 연탄, 숯 등의 물체가 불완전 연소시에 많이 발생한다.

Answer

07 (다) 08 (라) 09 (라) 10 (나) 11 (다) 12 (가)

13 제3급 법정 감염병이 아닌 것은?

(가) 인플루엔자　　(나) 말라리아
(다) 결핵　　(라) 장티푸스

14 포말 감염을 예방할 수 있는 환자와 대화 시 최소 안전거리는?

(가) 30cm　　(나) 60cm
(다) 1.5m　　(라) 5m

15 체감온도(감각온도)의 3요소가 아닌 것은?

(가) 기온　　(나) 기습
(다) 기류　　(라) 기압

16 음료수에서 대장균 검출의 의의는?

(가) 비병원성이므로 무관함
(나) 음료수의 부패상태 파악
(다) 오염의 지표
(라) 감염병 발생예고

17 다음 중 불결한 환경관리에 의해 집단감염이 잘되고 특히 어린이가 잘 감염될 수 있는 기생충은?

(가) 편충　　(나) 페디스토마
(다) 회충　　(라) 요충

18 포도상구균 식중독의 특징이 아닌 것은?

(가) 잠복기가 짧다.
(나) 식품취급자 손의 화농성 질환으로 감염된다.
(다) 독소형 식중독이다.
(라) 고열을 일으킨다.

CLICK HINT

- **〈법정 감염병의 분류〉 2020. 3. 4. 개정** 장티푸스는 제2급 법정 감염병이다.
- 포말 감염을 예방할 수 있는 환자와의 최소 거리는 1.5m이다.
- **감각온도의 3요소** 기온 기습 기류
- 대장균은 수질오염의 지표로서 식품의 위생과 분변오염의 지표로도 사용이 된다.
- **요충**은 1~10세 어린이에게 집단감염이 잘되므로 주의하여야 한다.
- **포도상구균**은 독소형 식중독으로 잠복기가 짧고 화농성 손에 의해 감염된다.

Answer

13 (라) 14 (다) 15 (라) 16 (다) 17 (라) 18 (라)

19 제4급 감염병에 속하는 것은?

(가) 홍역 (나) 풍진
(다) 인플루엔자 (라) 일본뇌염

20 세발과 세안에 가장 알맞은 물은?

(가) 연수 (나) 경수
(다) 철분이 많은 물 (라) 지하수

21 다음 중 일산화탄소(CO) 중독의 후유증이 아닌 것은?

(가) 정신장애 (나) 무균성 괴사
(다) 시야협소 (라) 신경장애

22 다음 기생충 중 송어, 연어 등의 생식으로 감염될 수 있는 것은?

(가) 유구조충증 (나) 무구조충증
(다) 유구낭충증 (라) 긴촌충증

23 탄산가스의 실내 최대 허용한 계량은?

(가) 0.3% (나) 0.7%
(다) 0.5% (라) 0.1%

24 규폐증을 일으키는 결정적인 원인 인자는?

(가) 유리규산 (나) 납
(다) 수은 (라) 암모니아

25 한 나라의 보건수준을 측정하는 지표로서 가장 적절한 것은?

(가) 영아사망률 (나) 의과대학 설치 수
(다) 국민소득 (라) 감염병 발생률

CLICK HINT

▶ **〈법정 감염병의 분류〉 2020. 3. 4. 개정**
홍역, 풍진은 제2급 감염병이고, 일본뇌염은 제3급 감염병에 속한다.

▶ 연수(단물)은 경도 10 이하의 수돗물을 말하며 세발, 세안, 세탁 등으로 쓰인다.

▶ 일산화탄소에 중독이 되면 시야가 협소해지고 정신장애, 신경장애의 후유증이 생길 수 있다.

▶ 송어, 연어, 농어 등의 전파경로로 인해 긴촌충이 감염될 수 있다.

▶ **이산화탄소**는 실내공기 오염의 지표이며 허용 한계는 0.1%이다.

▶
- 규폐증 : 유리규산
- 미나마타병 : 수은 중독
- 이타이이타이병 : 카드뮴 중독

▶ **영아사망률**은 국가건강 수준을 나타내는 가장 대표적인 보건지표로 사용된다.

Answer

19 (다) 20 (가) 21 (나) 22 (라) 23 (라) 24 (가) 25 (가)

26 물속에 칼슘, 마그네슘, 철분 등이 많이 함유된 물은?

(가) 자연수 (나) 경수
(다) 중수 (라) 연수

27 감염병 예방법 중 제1급 감염병에 속하는 것은?

(가) 페스트 (나) 일본뇌염
(다) 파라티푸스 (라) 한센병

28 B.C.G 접종은 다음 중 어디에 해당되는 면역인가?

(가) 자연수동면역 (나) 자연능동면역
(다) 인공수동면역 (라) 인공능동면역

29 공중보건의 주된 영역에 속하지 않은 것은?

(가) 건강증진 (나) 질병치료
(다) 질병예방 (라) 생명연장

30 폐흡충증의 제 1중간숙주에 해당되는 것은?

(가) 게 (나) 가재
(다) 다슬기 (라) 왜우렁

31 8시간 기준으로 일산화탄소의 실내 최대허용한계는?

(가) 0.1% (나) 0.01%
(다) 0.07% (라) 0.3%

CLICK HINT

▶ **경수**(센물)는 물에 칼슘, 마그네슘, 철분 등의 금속 성분이 많이 함유되어 있고 우물물, 빗물, 샘물 등을 말한다.

▶ **〈법정 감염병의 분류〉 2020. 3. 4. 개정**
파라티푸스, 한센병은 제2급 감염병에 속하며 일본뇌염은 제3급 감염병에 속한다.

▶ B.C.G는 예방접종으로 인공능동면역에 해당된다.

▶ **공중보건의 목적**
1. 질병예방
2. 생명연장
3. 건강증진

▶ **폐흡충증의 전파경로**
제1중간숙주 : 다슬기
제2중간숙주 : 가재, 게

▶ **일산화탄소의 허용한계**는 8시간 기준 0.01%이고 4시간 기준 0.04%이다.

Answer

26 (나) 27 (가) 28 (라) 29 (나)
30 (다) 31 (나)

32 감염에 의한 임상증상이 전혀 없고 건강자와 다름이 없지만 병원체를 보유하는 감염자를 가장 잘 표현한 것은?

㈎ 병후보균자　　㈏ 잠복기보균자
㈐ 건강보균자　　㈑ 만성보균자

33 일반적으로 돼지고기의 생식에 의해 감염될 수 없는 것은?

㈎ 유구조충　　㈏ 무구조충
㈐ 살모넬라　　㈑ 선모충

CLICK HINT

▶ **건강보균자**
건강한 사람처럼 보이지만, 불현성 감염과 같은 상태로 임상증상이 전혀없고 병원체를 보유한 감염자이다.

▶ 무구조충 : 쇠고기

Answer

32 ㈐ 33 ㈏

적중 예상문제 및 해설 소독학

01 인체의 피부소독에 사용되지 않는 소독제는?

(가) 머큐로크롬 (나) 과산화수소
(다) 생석회수 (라) 승홍수

▶ **생석회수**는 백색의 고체 분말체로, 화장실, 하수, 우물, 토사물 등에 사용되는 화학적 소독이다.

02 다음 중 화학적 소독방법에 해당되는 것은?

(가) 일광소독 (나) 생석회 소독
(다) 자외선 소독 (라) 자비소독

▶ 일광소독, 자외선 소독, 자비소독은 **물리적 소독방법**이다.

03 소독액의 농도표시법에 있어서 소독액 1,000,000mL 중에 포함되어 있는 소독약의 양을 나타낸 단위는?

(가) 퍼센트(%) (나) 밀리그램(mg)
(다) 퍼밀리(‰) (라) 피피엠(ppm)

▶
- **퍼센트**(%)
  용액 100mL 중에 포함되어 있는 용질의 양
- **퍼밀리**(‰)
  용액 1,000mL 중에 포함되어 있는 용질의 양
- **피피엠**(ppm)
  용액 100만mL 중에 포함되어 있는 용질의 양

04 다음 중 내열성이 강해서 자비소독으로는 큰 효과가 없는 것은?

(가) 아포형성균 (나) 장티푸스균
(다) 살모넬라균 (라) 이질아메바

▶ **아포형성균**(포자)은 세균으로써 열과 약품에 대해 저항력이 강하다.

05 승홍수에 관한 설명으로 틀린 것은?

(가) 용액온도가 높을수록 살균력이 강하다.
(나) 금속 부식성이 있다.
(다) 0.1% 수용액을 사용한다.
(라) 상처 및 구내염 소독에 적당한 소독약이다.

▶ **승홍수**는 의류, 유리, 도자기, 가죽, 목제품 등에 사용한다.

Answer

01 (다) 02 (나) 03 (라) 04 (가) 05 (라)

06 피부소독 약품으로 부적당한 것은?

(가) 포르말린 (나) 크레졸
(다) 역성비누 (라) 과산화수소

07 아포(Spore)를 갖고 있는 병원균의 소독법으로 적당한 것은?

(가) 일광 소독 (나) 알코올 소독
(다) 고압증기멸균 소독 (라) 크레졸 소독

08 크레졸비누액의 가장 적절한 조제방법은?

(가) 크레졸비누액 0.5 + 물 99.5 (나) 크레졸비누액 50 + 물 50
(다) 크레졸비누액 1 + 물 99 (라) 크레졸비누액 3 + 물 97

09 다음 중 강력한 소독법이라 할 수 있는 것은?

(가) 염소 소독 (나) 고압증기멸균
(다) 저온 소독 (라) 일광 소독

10 피부소독 시 과산화수소의 적당한 농도는?

(가) 5.5~7.0% (나) 3.5~5.5%
(다) 2.5~3.5% (라) 5~6%

11 음료수 소독의 일반적인 방법은?

(가) 염소 처리 (나) 석탄산소독
(다) 자외선 처리 (라) 폭기법

12 이 · 미용에 사용되는 수건과 용구의 소독방법으로 적당치 않은 것은?

(가) 증기 소독 (나) 자비 소독
(다) 염소 소독 (라) 건열멸균 소독

CLICK HINT

▶ **포르말린**은 독성이 강하기 때문에 눈, 피부, 점막에 손상을 준다.

▶ **고압증기멸균소독**은 20분간 120℃에서 처리하는 방법으로 아포형성균의 멸균에 가장 좋다.

▶ **크레졸**은 보통 3%농도로 사용하고 3+97=100의 비율로 희석되어 사용한다.

▶ 저항력이 강한 아포 형성균을 멸균하는 소독법은 **고압증기멸균법**이다.

▶ **과산화수소**는 2.5~3.5% 농도로 사용한다.

▶ 음료수 소독 시 유리잔류 염소량은 0.2ppm 이상이어야 한다.

▶ **염소 소독**은 화학적 소독법이며 물, 음료수, 식품, 식기 소독 등으로 사용된다.

Answer

06 (가) 07 (다) 08 (라) 09 (나) 10 (다) 11 (가) 12 (다)

13 건열멸균법으로 충분한 온도와 처리기간은?

㈎ 100℃에 1시간　　㈏ 100℃에 2시간
㈐ 120℃에 1시간　　㈑ 170℃에 2시간

14 일반적으로 자비 소독(열탕소독)은 물이 끓기 시작한 후 몇 분 이상 끓는 것을 기준으로 하는가?

㈎ 20분 이상　　㈏ 10분 이상
㈐ 5분 이상　　㈑ 30분 이상

15 음료수 소독에 사용되지 않는 것은?

㈎ 염소　　㈏ 표백분
㈐ 자비 소독　　㈑ 승홍액

16 다음 소독약 중 결핵균에 대해서 소독효과가 가장 약한 것은?

㈎ 석탄산수　　㈏ 크레졸 비누액
㈐ 역성비누　　㈑ 승홍수

17 소독약을 수용액으로 만들 때 식염(NaCl)을 첨가하면 용액이 중성으로 되고 자극성이 완화되는 소독약은?

㈎ 알코올　　㈏ 크레졸
㈐ 석탄산　　㈑ 승홍수

18 소독약품의 살균력 측정에 지표로 하는 것은?

㈎ 크레졸　　㈏ 과산화수소
㈐ 알코올　　㈑ 석탄산

CLICK HINT

▶ **건열멸균법**은 1~2시간 160~170℃에서 처리하는 방법이다.

▶ **자비 소독**은 10~20분간 100℃ 끓는 물에서 처리하는 방법이다.

▶ **승홍액**은 의류, 유리, 도자기, 가죽, 목제품 등에 사용된다.

▶ **역성비누**는 이 · 미용사 손 소독, 식기, 기구 소독에 사용되며 자극과 독성이 없다.

▶ **승홍수의 조제**
승홍(1) : 식염(1) : 물 (998)

▶ **석탄산계수**는 소독력의 지표이다.

Answer

13 ㈑ 14 ㈏ 15 ㈑ 16 ㈐
17 ㈑ 18 ㈑

19 다음 중 소독에 있어 수증기를 동시에 혼합하여 사용하는 것은?

(가) 승홍수 소독 (나) 포르말린 소독
(다) 석회수 소독 (라) 석탄산수 소독

20 고압증기멸균법에 대한 설명으로서 옳은 것은?

(가) 보통 120℃에서 20분 동안 고압증기로써 멸균한다.
(나) 코흐(Koch)솥을 사용한다.
(다) 아포는 살아남게 된다.
(라) 기구나 의류 등의 멸균에는 적당하지 않다.

21 다음 중 하수구와 변소 등을 소독하기에 적합한 약품은?

(가) 역성비누 (나) 과산화수소
(다) 머큐롬 (라) 생석회

22 포르말린수 소독에 가장 부적당한 것은?

(가) 금속제품 (나) 의류
(다) 배설물 (라) 고무제품

23 다음 중 세균의 단백질을 응고시켜 살균하는 것은?

(가) 염소 (나) 석탄산수
(다) 수소이온 (라) 자외선

24 다음 중 물에 가장 난용성인 소독제는?

(가) 석탄산 (나) 과산화수소
(다) 크레졸 (라) 승홍수

CLICK HINT

▶ **포르말린 소독**
포르말린 1 : 물 34

▶ **고압증기멸균 소독**은 20분간 120℃에서 처리하는 방법으로 아포형성균의 멸균에 가장 좋다.

▶ **생석회**는 산화칼슘 98%를 포함하고 있으며 화장실, 하수구, 우물, 토사물 등에 사용한다.

▶ **포르말린수**는 도자기, 의류, 가죽, 고무, 목제품, 금속 제품 등에 사용한다.

▶ **석탄산수**는 세균의 단백질을 응고시켜 살균한다.

▶ **크레졸**은 난용성으로 비누액과 혼합하여 사용한다. 크레졸 3, 물 97의 비율로 배합한다.

Answer

19 (나) 20 (가) 21 (라) 22 (다)
23 (나) 24 (다)

25 자비 소독 시 살균력 상승과 금속의 부식을 방지하기 위해서 첨가하는 물질(약품)로 알맞은 것은?

(가) 염화칼슘 (나) 승홍수
(다) 탄산나트륨 (라) 알코올

26 승홍수는 몇 배로 희석하여 소독액으로 사용하는가?

(가) 300배 (나) 100배
(다) 500배 (라) 1,000배

27 소독용 포르말린수의 일반적인 사용농도에 해당되는 것은?

(가) 1~1.5% (나) 0.3~5.5%
(다) 0.1~0.2% (라) 3~5%

28 염소 소독의 장점이 아닌 것은?

(가) 냄새가 없다. (나) 조작이 간편하다.
(다) 잔류효과가 크다. (라) 소독력이 강하다.

29 가죽제품의 소독법으로 가장 적당한 것은?

(가) 자비 소독 (나) 약품소독법
(다) 증기 소독 (라) 일광 소독

30 다음 중 알코올 소독에 부적당한 것에 해당되는 것은?

(가) 고무제품 (나) 면도칼
(다) 가위 (라) 상처피부

31 저온소독법으로 주로 처리할 수 있는 것은?

(가) 고무제품 (나) 유리기구
(다) 금속제기구 (라) 식품

CLICK HINT

- 물에 탄산나트륨(1~2%), 크레졸(1~2%), 석탄산(5%)을 넣으면 금속제품이 부식되는 것을 방지하고 소독력도 높아진다.
- **승홍수의 조제**
  승홍(1) : 식염(1) : 물 (998)
- 소독용 포르말린 수는 일반적으로 1%으로 실내 소독용 등에 사용한다.
- 염소 소독은 냄새가 강하고 독성이 있지만 소독력이 강하고 잔류 효과가 크다.
- 가죽제품은 크레졸 등의 약액을 솜에 적신 후에 닦고 마른 타월로 마무리한다.
- 알코올 소독은 피부, 가위, 칼, 솥 등에 사용한다.
- 저온소독은 영양성분 파괴를 방지하고 우유, 포도주, 아이스크림, 건조과일 등 식품에 사용한다.

Answer

25 (다) 26 (라) 27 (가) 28 (가) 29 (나) 30 (가) 31 (라)

32 이 · 미용실 기구(가위, 레이저) 소독으로 가장 적당한 약품은?

㈎ 50%의 페놀액
㈏ 70~80%의 알코올
㈐ 100~200배 희석 역성비누
㈑ 5% 크레졸 비누액

33 소독제인 석탄산의 단점이라고 할 수 없는 것은?

㈎ 피부에 자극성이 있다.
㈏ 금속에 부식성이 있다.
㈐ 독성과 취기가 강하다.
㈑ 유기물 접촉 시 소독력이 약화된다.

34 다음 중 물리적 소독방법이 아닌 것은?

㈎ 생석회 소독
㈏ 건열 소독
㈐ 고압증기 멸균법
㈑ 방사선 멸균법

35 결핵환자의 객담 소독으로 가장 위생적이며 적절한 방법은?

㈎ 일광 소독
㈏ 알코올 소독
㈐ 대립법
㈑ 소각법

36 고압증기멸균에 있어서 20파운드 압력에서 몇 분간 처리하는 것이 적절한가?

㈎ 15분 동안
㈏ 5분 동안
㈐ 25분 동안
㈑ 35분 동안

CLICK HINT

▶ 알코올 70~75% 농도로 피부, 가위, 칼, 솔 등에 사용한다.

▶ 석탄산 소독은 유기물에 효과가 좋다.

▶ 생석회 소독은 화학적 소독방법이다.

▶ 소각소독법
오염된 것을 태우는 가장 확실한 방법이다. 재생은 불가능하다.

▶ 고압증기멸균법
10파운드 : 30분간
15파운드 : 20분간
20파운드 : 15분간

Answer

32 ㈏ 33 ㈑ 34 ㈎ 35 ㈑ 36 ㈎

적중 예상문제 및 해설 공중위생관리법

CLICK HINT

01 이 · 미용사가 받아야 할 위생교육 시간은?

(가) 2시간 (나) 3시간
(다) 6시간 (라) 8시간

▶ **이 · 미용사**는 매년 3시간 위생교육을 받아야 한다. 시행규칙 제23조제1항

02 이용 또는 미용의 업무에 종사하는 자는 매년 몇 회 이상 건강 진단을 받아야 하는가?

(가) 1회 (나) 2회
(다) 3회 (라) 4회

▶ **이 · 미용업에 종사하는 자**는 1년에 1회 일반건강 진단을 받아야 한다.

03 다음 중 이용 또는 미용영업소 개설 신고 기관은?

(가) 관할세무서 (나) 관할도지사
(다) 시장, 군수, 구청장 (라) 보건복지부

▶ 이용 또는 미용 영업소 개설 및 폐업 신고는 시장 · 군수 · 구청장에게 신고하여야 한다.

04 이 · 미용소를 하기 위한 바닥의 최소면적은?

(가) $10m^2$ (나) $20m^2$
(다) $30m^2$ (라) $42m^2$

▶ **이 · 미용소의 바닥**은 최소 면적 $10m^2$이다.

05 손님에게 윤락행위, 음란행위를 알선하거나 제공한 영업소의 행정처분 기준은?

(가) 보조원이 업주의 승낙없이 한 행위는 업주에게 책임이 없다.
(나) 1차 위반 시 영업정지 3월이다.
(다) 1차 위반 시 폐쇄이다.
(라) 영업소의 폐쇄와 병행하여 이용사의 면허가 취소된다.

▶ 손님에게 성매매 알선 등 음란행위를 하게 하거나 이를 알선 또는 제공한 경우 영업소는 1차 위반시 영업정지 3월, 2차 위반 시 영업장 폐쇄이다.

Answer

01 (나) 02 (가) 03 (다) 04 (가)
05 (나)

06 이용 또는 미용의 국가기술자격을 취득한 자는 다음 중 누구에게 면허를 받아야 하는가?

(가) 시장, 군수, 구청장 (나) 대통령
(다) 보건소장 (라) 시·도지사

07 다음 중 이용사 또는 미용사의 면허를 받을 수 있는 자는?

(가) 감염병 환자 (나) 고혈압자
(다) 피성년후견인 (라) 약물중독자

08 관계공무원이 이 · 미용사의 영업상 준수사항 등을 검사하고자 할 때 방해하거나 기피한 자에 대한 처벌 기준은?

(가) 10만 원 이하의 과태료 부과
(나) 30만 원 이하의 과태료 부과
(다) 50만 원 이하의 과태료 부과
(라) 300만 원 이하의 과태료 부과

09 이 · 미용업소를 개설하고자 할 때에는?

(가) 관할 도지사에게 허가를 받아야 한다.
(나) 관할 시장, 군수, 구청장에게 신고한다.
(다) 노동부장관의 인가를 받아야 한다.
(라) 관할 세무서에 등록하여야 한다.

10 이 · 미용업소의 시설기준을 구체적으로 정하고 있는 것은?

(가) 공중위생법 시행규칙 (나) 공중위생법
(다) 공중위생법 시행령 (라) 이용사법 조례

CLICK HINT

- 국가기술자격법에 의한 이용사 또는 미용사의 자격을 취득한 자는 보건 복지부령이 정하는 바에 의하여 시장 · 군수 · 구청장에게 면허를 받아야 한다.
- **이 · 미용사 면허를 받을 수 없는 자**
  - 피성년후견인
  - 정신질환자
  - 감염병환자
  - 약물중독자
  - 이중면허취득
  - 면허 취소 후 1년이 경과되지 아니한 자
- 관계공무원의 출입 · 검사 기타 조치를 거부 · 방해 또는 기피한 자는 300만 원의 과태료에 처한다.
- 공중위생영업을 하고자하는 자는 보건복지부령이 정하는 시설 및 설비를 갖추고 시장 · 군수 · 구청장에게 신고하여야 한다.
- 공중위생법 시행규칙 제 2 조에 시설 및 설비 기준이 구체적으로 정해져있다.

Answer

06 (가) 07 (나) 08 (라) 09 (나) 10 (가)

11 면허를 받지 않고 이 · 미용업을 개설하거나 그 업무에 종사한 자의 벌칙은?

(가) 3개월 이하의 징역 또는 500만 원 이하의 벌금
(나) 6개월 이하의 징역 또는 500만 원 이하의 벌금
(다) 3개월 이하의 징역 또는 300만 원 이하의 벌금
(라) 300만 원 이하의 벌금

12 이 · 미용업소 이외의 장소에서 이 · 미용을 할 수 있는 경우는?

(가) 혼례에 참석하는 자에 대하여 그 직전에 행할 때
(나) 학교 등 단체의 인원을 대상으로 할 때
(다) 일반 가정에서 초청이 있을 때
(라) 영업상 특별한 서비스가 필요할 때

13 이 · 미용업의 영업 중 국가자격법에 의하여 이 · 미용사 자격정지 처분을 받은 때의 행정처분기준은?

(가) 영업장 폐쇄 (나) 개선명령
(다) 면허정지 (라) 면허취소

14 청문을 실시하는 사항이 아닌 것은?

(가) 공중위생영업의 폐쇄처분 후 그 기간이 끝난 경우
(나) 정신질환자 또는 간질병자로 면허증을 받을 수 없을 경우
(다) 공중위생업의 일부시설의 사용중지 및 영업소 폐쇄처분을 하고자 하는 경우
(라) 공중위생영업의 정지처분을 하고자 하는 경우

15 이 · 미용사의 면허증을 다른 사람에게 대여한 1차 위반 시에 행정처분 기준은?

(가) 면허정지 3월 (나) 영업정지 2월
(다) 영업정지 3월 (라) 면허정지 2월

CLICK HINT

▶ 면허를 받지 아니하고 이 · 미용업을 개설하거나 그 업무에 종사한 사람. 면허의 취소 또는 정지 중에 이 · 미용업을 한 사람은 300만 원의 벌금에 처한다.

▶ 영업소 외에서 이 · 미용 가능한 경우
- 질병 그 밖의 사유로 영업소에 나올 수 없는 자
- 혼례나 그 밖의 의식에 참여하는 자에 대하여 그 의식 전에는 가능
- 사회복지시설에서 봉사
- 방송 등의 촬영
- 시장 · 군수 · 구청장이 특별한 사정이 있다고 인정하는 경우

▶ 국가기술자격법에 따라 자격정지 처분을 받은 경우는 면허 정지 행정 처분을 받는다.

▶ 청문
- 신고 및 폐업신고사항의 직권 말소
- 이 · 미용사의 면허취소 또는 면허정지
- 위생사의 면허취소
- 영업정지명령, 일부시설 사용중지명령, 영업소 폐쇄명령

▶ 이 · 미용사 면허증을 다른 사람에게 대여한 경우
- 1차 위반 : 면허정지 3월
- 2차 위반 : 면허정지 6월
- 3차 위반 : 면허취소

Answer

11 (라) 12 (가) 13 (다) 14 (가) 15 (가)

16 다음 중 이 · 미용업자에 대한 과태료를 부과 징수할 수 있는 자는?

㈎ 세무서장　㈏ 대통령
㈐ 시장·군수·구청장　㈑ 시·도지사

17 공중위생영업자가 당국으로부터 통보받은 위생관리등급의 표지를 관리하는 내용 중 가장 옳은 것은?

㈎ 영업소 내 다른 게시물과 같이 반드시 게시한다.
㈏ 영업소에서 비밀보관 관리하면 된다.
㈐ 관계공무원의 지도 감독 시 게시만 하면 된다.
㈑ 영업소의 명칭과 함께 영업소의 출입구에 부착할 수 있다.

18 다음 중 위생교육을 받아야 하는 자에 대한 설명 중 옳은 것은?

㈎ 공중위생영업의 신고를 하고자 하는 때
㈏ 이·미용사면허증을 재교부 받은 때
㈐ 이·미용사 면허를 취득한 때
㈑ 이·미용사 국가기술자격증을 취득한 때

19 영업의 정지 또는 일부시설의 사용중지를 명하거나 이 · 미용 영업소의 폐쇄 등을 명할 수 있는 기간으로 적합한 것은?

㈎ 12일 이내　㈏ 3월 이내
㈐ 9월 이내　㈑ 6월 이내

20 다음 중 위생서비스 평가의 결과에 따라 위생관리등급별로 영업소에 대한 위생 감시를 실시하여야 하는 자는?

㈎ 보건복지부장관　㈏ 노동부장관
㈐ 행정안전부장관　㈑ 법무부장관

CLICK HINT

▶ **과태료**는 대통령령으로 정하는 바에 따라 보건 복지부장관 또는 시장 · 군수 · 구청장이 부과 · 징수한다.

▶ **공중위생영업자**는 시장 · 군수 · 구청장으로부터 통보받은 위생관리등급의 표지를 영업소의 명칭과 함께 영업소의 출입구에 부착할 수 있다.

▶ 공중위생영업의 신고를 하고자 하는 자는 미리 위생교육을 받아야 한다.

▶ 시장 · 군수 · 구청장은 6월 이내의 기간을 정하여 영업의 정지 또는 일부시설의 사용중지를 명하거나 영업소의 폐쇄 등을 명할 수 있다.

▶ 위생관리등급의 판정을 위한 세부항목, 등급결정 절차와 기타 위생서비스 평가에 필요한 구체적인 사항은 보건복지부장관이 정하여 고시한다.

Answer

16 ㈐ 17 ㈑ 18 ㈎ 19 ㈑ 20 ㈎

21 이 · 미용업자가 건전한 영업질서를 위하여 영업자가 준수하여야 할 사항을 준수하지 아니한 자에 대한 벌칙 사항은?

(가) 1년 이하의 징역 또는 500만 원 이하의 벌금
(나) 6개월 이하의 징역 또는 500만 원 이하의 벌금
(다) 6개월 이하의 징역 또는 300만 원 이하의 벌금
(라) 1년 이하의 징역 또는 300만 원 이하의 벌금

22 공중위생영업자의 현황을 매월 파악 관리해야 하는 자는?

(가) 시장·군수·구청장　(나) 경찰서장
(다) 세무서장　(라) 시·도지사

23 보건위생 정책상 특별히 필요하다고 인정하는 때 공중위생영업에 종사하는 자에게 위생교육을 실시하도록 고시할 수 있는 사람은?

(가) 보건복지부장관　(나) 시·도지사
(다) 대통령　(라) 시장·군수·구청장

24 공중위생감시원을 둘 수 있는 곳은?

(가) 보건소　(나) 동사무소
(다) 시·군·구　(라) 위생영업소

25 이용 또는 미용의 면허정지기간 중에 이 · 미용업무를 행한 자에 대한 벌칙 사항은?

(가) 300만 원 이하의 벌금　(나) 200만 원 이하의 벌금
(다) 400만 원 이하의 벌금　(라) 100만 원 이하의 벌금

26 영업소 외의 장소에서 이용 또는 미용 업무를 행한 자에 대한 벌칙은?

(가) 200만 원 이하의 과태료　(나) 100만 원 이하의 벌금
(다) 200만 원 이하의 벌금　(라) 100만 원 이하의 과태료

CLICK HINT

▶ 위생관리의무 등 규정에 위반하여 건전한 영업 질서를 위하여 영업자가 준수하여야 할 사항을 준수하지 아니한 자는 6개월 이하의 징역 또는 500만 원 이하의 벌금에 처한다.

▶ 위생교육 실시단체의 장은 교육실시 결과를 교육 후 1개월 이내에 시장 · 군수 · 구청장에게 통보하여야 한다.

▶ 위생교육의 방법 · 절차 등에 관하여 필요한 사항 보건복지부령으로 정한다.

▶ 특별시 · 광역시 · 도 및 시 · 군 · 구에 공중위생감시원을 둔다.

▶ **300만 원 이하의 벌금** (법제20조제3항)
- 면허 취소 또는 정지 중 이 · 미용업을 한 사람
- 면허를 받지 않고 이 · 미용업을 개설하거나 그 업무에 종사한 사람

▶ **200만 원 이하의 과태료** (법제22조제2항)
- 위생관리 의무를 지키지 아니한자
- 영업소 외의 장소에서 이 · 미용업무를 행한 자
- 위생교육을 받지 아니한자

Answer

21 (나) 22 (가) 23 (가) 24 (다) 25 (가) 26 (가)

27 영업소 폐쇄명령을 받은 후 폐쇄명령을 받은 영업과 같은 종류의 영업(이 · 미용)을 하려면?

㈎ 폐쇄명령을 받은 후 6월이 지나면 같은 종류의 영업을 할 수 있다.
㈏ 폐쇄명령을 받은 후 1년이 지나면 같은 종류의 영업을 할 수 있다.
㈐ 어떠한 경우에도 동일한 장소에서는 같은 영업을 할 수 없다.
㈑ 폐쇄명령을 받은 후 3월이 지나면 같은 종류의 영업을 할 수 있다.

CLICK HINT

▶ 시장 · 군수 · 구청장은 6개월 기간을 정하여 영업의 정지 또는 일부 시설의 사용정지를 명하거나 영업소폐쇄 등을 명할 수 있다.

28 위생서비스 평가계획에 따라 관할지역별 세부평가계획을 수립한 후 공중위생영업소의 위생서비스 수준을 평가하여야 하는 자는?

㈎ 대통령 ㈏ 시장·군수·구청장
㈐ 관련 전문기관 및 단체장 ㈑ 보건복지부장관

▶ 시장 · 군수 · 구청장은 평가계획에 따라 관할 지역별 세부평가계획을 수립한 후 공중위생영업소의 위생서비스수준을 평가하여야 한다.

29 이 · 미용업소 일부 시설의 사용중지 명령을 받고도 계속하여 그 시설을 사용한 자에 대한 벌칙 사항은?

㈎ 6월 이하의 징역 또는 3백만 원 이하의 벌금
㈏ 1년 이하의 징역 또는 1천만 원 이하의 벌금
㈐ 1년 이하의 징역 또는 5백만 원 이하의 벌금
㈑ 6월 이하의 징역 또는 5백만 원 이하의 벌금

▶ **1년 이하의 징역 또는 1천만 원 이하의 벌금**
(제20조제1항제2호)
- 일부시설 사용중지명령을 받고도 그 시설을 사용한자 또는 폐쇄 명령을 받고도 계속 영업을 한자
- 이 · 미용 영업의 신고 및 폐업신고 규정에의한 신고를 아니한 자

30 이 · 미용 영업소에서 1회용 면도날을 손님 2인에게 사용한 때의 1차 위반 행정처분기준은?

㈎ 영업정지 5일 ㈏ 시정명령
㈐ 개선명령 ㈑ 경고

▶ **1회용 면도날을 2인에게 사용한 때**
- 1차 위반 : 경고
- 2차 위반 : 영업정지 5일
- 3차 위반 : 영업정지 10일
- 4차 위반 : 영업장 폐쇄명령

Answer

27 ㈎ 28 ㈏ 29 ㈏ 30 ㈑

31 이용사 또는 미용사의 면허를 받지 아니한 자가 이 · 미용의 영업업무를 행하였을 때의 벌칙 사항은?

(가) 6개월 이하의 징역 또는 500만 원 이하의 벌금
(나) 300만 원 이하의 벌금
(다) 500만 원 이하의 벌금
(라) 400만 원 이하의 벌금

32 영업소 폐쇄명령을 받은 이 · 미용업소가 계속하여 영업을 하는 때의 당국의 조치 내용 중 옳은 것은?

(가) 당해 영업소의 강제 폐쇄집행
(나) 당해 영업소의 금지구역 설정
(다) 당해 영업소의 간판 기타 영업표지물 제거
(라) 당해 영업소의 출입자 통제

CLICK HINT

▶ 300만 원 이하의 벌금 (제20조제3항제6호)
- 면허를 받지 않고 이 · 미용업을 개설하거나 그 업무에 종사한 사람
- 면허 취소 또는 정지 중 이 · 미용업을 한 사람

▶ 영업소 폐쇄명령 받은 이 · 미용업소가 계속 영업을 하는 때의 조치
- 영업소의 간판 기타 영업 표지물 제거
- 영업소가 위법한 영업소임을 알리는 게시물 등의 부착
- 영업을 위하여 필수불가결한 기구 또는 시설물을 사용할 수 없게 봉인

Answer

31 (나) 32 (다)

제3과목 화장품학

16. 화장품학

제16장

화장품학

Check Point

화장품의 이해 및 분류, 화장품제조기술, 화장품의 종류와 기능 등 화장품의 모든 것을 다루고 있으며, 대체로 5~6문항이 출제됩니다.

1. 화장품 개론

1. 화장품의 정의

(1) 화장품의 이해

인체를 청결·미화하여 매력을 더하고 용모를 밝게 변화시키거나 피부·모발의 건강을 유지 또는 증진하기 위하여 인체에 바르고 문지르거나 뿌리는 등 이와 유사한 방법으로 사용되는 물품으로써 인체에 대한 작용이 경미한 것으로 인체의 청결·보습·보호 및 피부활성과 미화 등의 기능을 갖는 제품을 말한다. 단, 의약품에 해당하는 제품은 제외한다.

(2) 사용 목적

① 전신의 피부를 청결하게 유지 · 관리하기 위하여 사용한다.
② 자기 미화와 매력을 더하는 표현을 함으로써 남녀노소를 불문하고 아름다움에 대한 욕구를 만족시킨다.
③ 외부의 자극(자외선, 건조, 한냉, 열 등)으로부터 피부를 보호하여 건강하게 유지시킨다.
④ 노화방지 및 쾌적한 생활을 즐기기 위해 사용한다.
⑤ 자신감을 갖기 위해 사용한다.
⑥ 타인에게 좋은 이미지를 연출하기 위해 사용한다.

2. 화장품의 분류

그림 16-1 관련 법규에 따른 화장품 유형[19)]

화장품 유형	효능 · 효과	화장품 분류
영 · 유아용 제품 (만 3세 이하의 어린이용)	세정, 피부보호	영 · 유아용 샴푸, 린스 / 영 · 유아용 로션, 크림 영 · 유아용 오일 / 영 · 유아 인체 세정용 제품 영 · 유아 목욕용 제품
목욕용 제품류	세정, 피부보호	목욕용 오일 · 정제 · 캡슐 / 목욕용 소금류 버블 배스 / 그 밖의 목욕용 제품류
인체 세정용 제품류	세정, 피부보호	폼 클렌저 / 바디 클렌저 / 액체 비누 /외음부 세정제 물휴지 / 그 밖의 인체 세정용 제품류
눈 화장품 제품류	색체효과, 눈썹 · 속눈썹 보호	아이블로우 팬슬 / 아이 라이너 / 아이 섀도 마스카라 / 아이 메이크업 리무버 그 밖의 눈 화장품 제품류
방향용 제품류	향취부여	향수 / 분말향 / 향낭 / 콜롱 / 그 밖의 방향용 제품류
두발 염색용 제품류	염색	헤어 틴트 / 헤어 컬러스프레이 / 염모제 탈염 · 탈색용 제품 / 그 밖의 두발 연색용 제품류
색조 화장용 제품류	피부색 표현 및 피부 결점 보완	볼연지 / 페이스 파우더 / 페이스 케이크 리퀴드 · 크림 · 케이크 파운데이션 메이크업 베이스 / 메이크업 픽서티브 립스틱, 립 라이너 / 립 글로즈 바디 페인팅, 페이스 페인팅, 분장용 제품 그 밖의 색조 화장용 제품류
두발용 제품류	세정, 두발보호, 웨이브 형성	헤어 컨디셔너 / 헤어토닉 /헤어 그루밍 에이드 헤어 크림 · 로션 / 헤어 오일 / 포마드 헤어 스프레이 · 무스 · 겔 · 왁스 / 샴푸, 린스 퍼머넌트 웨이브 / 헤어 스트레이트너 그 밖의 두발용 제품류
손발톱용 제품류	손발톱 정돈, 손발톱 보호	베이스 코트, 언더 코트 / 네일 폴리시, 네일 에나멜 톱 코트 / 네일 크림 · 로션 · 에센스 네일 폴리시 · 네일에나멜 리무버 / 그 밖의 손발톱용 제품류
면도용 제품류	면도용이, 피부보호	애프터 셰이브 로션 / 남성용 탤컴 / 프리셰이브 로션 셰이빙 크림 / 셰이빙 폼 / 그 밖의 면도용 제품류
기초화장용 제품류	세안, 피부정돈, 피부보호	수렴 · 유연 · 영양 화장수 / 마사지 크림 / 에센스, 오일 파우더 / 바디 제품 / 팩, 마스크 / 눈 주위 제품 로션, 크림 / 손 · 발의 피부연화 제품 클렌징 워터, 클렌징 오일, 클렌징 로션, 클렌징 크림 등 메이크업 리무버 / 그 밖의 기초 화장용 제품류
체취 방지용 제품류	체취 방지	데오도란트(Deodorant) / 그 밖의 체취용 제품류
체모 제거용 제품류	제모	제모제 / 그 밖의 체모 제거용 제품류

2. 화장품 제조

1. 화장품의 원료

(1) 수성원료

① 정제수

- 세균과 금속이온(마그네슘, 칼슘)등이 제거된 물로 화장품의 기초 물질이며 주성분
- 수분 공급과 용해 기능을 통하여 피부를 촉촉하게 가꾸어 준다.

② 에탄올

- 피부에 청량감, 수렴효과를 부여하는데, 이는 에틸알코올에 휘발성이 있기 때문이다.
- 다른 원료와 섞어주면 그 원료를 녹이는 용매역할을 하며, 배합량이 많아지면 소독작용도 나타낸다. 화장수, 토너, 향수 등에 사용한다.

(2) 유성 원료

고체 원료와 액체 원료로 나뉘며 고체 원료는 왁스, 액체 원료는 오일로 구분된다.

(3) 계면활성제

계면활성제란 한 분자 내에 물에 녹기 쉬운 친수성 성분과 기름에 녹기 쉬운 친유성 부분을 동시에 가지고 있는 물질로 그 구조에 따라 유화, 가용화, 분산, 습윤, 세정, 대전방지 등의 기능을 가지고 있다.

또한, 계면에 흡착하여 계면의 성질을 현저히 변화시키는 물질로서 계면이 가지고 있는 표면 장력을 약하게 한다. 계면활성제는 양이온성 계면활성제, 음이온성 계면활성제, 양쪽성 계면활성제, 비이온성 계면활성제로 나눌 수 있다.

(4) 보습제

화장품에서 사용되는 보습제는 수용성 물질로서 피부에 수분을 공급하여 촉촉하게 하는 작용을 하는 것과 화장품 자체의 수분보유제로서 작용을 하는 물질을 말하는 것으로 크게 폴리올, 천연보습인자, 고분자 보습제로 나눌 수 있다.

(5) 방부제

화장품에는 각종 유·수분, 보습제 및 활성 성분 등이 함유되어 있고 이들이 미생물에 오염되면 감염증을 유발할 수 있어 위험하며 품질력이 저하되기 때문에 미생물에 오염되지 않기 위한 노력이 필요하다. 이러한 미생물의 억제를 위해 화장품 제조시 소비자가 안전하게 사용할 수 있도록 방부제를 첨가한다.

(6) 화장품 색소

화장품 색소에는 유기합성색소와 무기안료 및 천연색소로 나눌 수 있다. 유기합성색소에는 염료와 레이크 유기안료가 있고 무기안료에는 백색안료와 착색안료 및 체질안료와 진주광택안료 등이 있다.

(7) 기타 첨가제

① **산화방지제** : 유지의 산화 방지, 화장품의 품질을 일정하게 유지, 안정된 품질유지가 목적이다.

② **금속이온차단제** : 각각의 원료에 함유된 미량의 금속이온의 촉매작용을 차단하는게 목적이다.

(8) 활성 성분

활성 성분에는 동·식물 추출물, 비타민, AHA, BHA, 클레이 알긴산 등이 있다.

2. 화장품의 기술

(1) 가용화(Solubilization)

① 수성 성분(물)에 소량의 유성 성분(오일)이 계면활성제(HLB)의 미셀 형성 작용을 이용하여 투명하게 용해시키는 상태이다.

② 종류에는 화장수, 에센스, 헤어토닉, 헤어리퀴드, 향수, 포마드, 립스틱, 네일 에나멜 등이 있다.

(2) 유화(Emulsion)

① 하나의 액체에 상호 혼합되지 않는 유성 성분(오일)이 작은 방울로 되어서 미세한 입자의 상태로 분산되어 빛을 통과 시키지 못하고 산란시키기 때문에 뿌옇게 우유처럼 백탁화되어 있는 상태이다.
② 아주 미세한 입자로 분산시켜 우유와 같은 성상이 일정 기간 안정적이며, 지속적으로 유지된다.
③ 에멀션(유제, 유탁액)의 생성된 분산계는 계면활성제(유화제)를 사용하여 유화한다

(3) 분산(Dispersion)

① 기체, 액체, 고체 등을 하나의 상에 다른 상이 미세한 상태로 분산되어 있는 상태이다.
② 고체 · 액체 분산계는 안료 등의 고체 입자를 액체 속에 균일하게 혼합시키는 것을 현탁이라고 한다.
③ 고체 · 액체의 화장품은 파운데이션, 메이크업 베이스, 크림 마스카라, 립스틱, 라이너, 네일 에나멜 등과 같은 색조화장품을 말한다.

3. 화장품의 특성

(1) 화장품의 4대 조건

① **안전성** : 장기간 지속적으로 사용해야 하므로 피부에 어떠한 자극이나 경구독성, 알레르기, 파손 등 어떠한 부작용이 없어야 한다.
② **안정성** : 사용 기간 중 보관에 따른 변질, 변색, 변취, 미생물의 오염 등이 없어야 한다.
③ **사용성** : 사용자의 기호에 따라 피부 친화성, 촉촉함, 부드러움, 기호성 등 사용감이 좋아야 한다.
④ **유용성** : 사용 목적에 적합한 기능을 충분히 나타내어 피부에 보습효과, 자외선 차단효과, 세정효과, 색채효과 등이 있어야 한다.

3. 화장품의 종류와 기능

1. 기초 화장품

(1) 세안 화장품

① 세안 화장품은 첫 단계의 화장품으로서 피부에서 분비되는 피지와 땀, 먼지, 각질, 노폐물, 메이크업 잔여물 등을 제거할 목적으로 사용한다.

② 계면활성제형 세정 화장품은 비누, 폼 클렌저, 페이셜스크럽 등이 있고 용제형 세정 화장은 클렌징 크림, 클렌징 로션, 클렌징 겔, 클렌징 오일 등이 있다.

(2) 화장수(Skin lotion, 토너 : Toner)

화장수는 세안 후 피부를 유연하게 하고 각질층에 수분을 공급하며, 남은 메이크업 잔여물을 제거하여 피부 진정 효과에 도움을 주며 피부를 청결하게 유지시키는 목적으로 약 10%의 알코올이 함유되어 있다.

표 16-1 화장수의 종류 및 특징

종 류	특 징
유연 화장수	• 각질층에 수분 공급과 보습을 통해 피부 유연효과를 준다. • 다음 단계의 화장품이 잘 흡수되도록 해준다. • pH를 원래의 약산성으로 만들어 준다. • 세균의 번식을 막아 주는 역할을 한다.
수렴 화장수	• 아스트린젠트라고 불리는 제품으로 모공을 수축시켜 피부결을 정돈해 준다. • 일시적으로 단백질을 수축, 과잉 분비되는 피지나 땀을 억제시켜 준다. • 청량감과 수렴효과를 부여한다.

(3) 유액(Lotion, 에멀션 : Emulsion)

① 유액은 수분, 보습제, 유분, 계면활성제를 주성분의 유동성을 가지는 것으로 세안 후 건조해진 피부에 수분과 영양분을 공급하여 유 · 수분 밸런스를 조절하여 피부의 항상성을 유지시켜 준다.

② 피부 타입에 따라 유분제 함양을 다르게 배합하여 중성 피부용, 건성 피부용, 지성 피부용, 복합성 피부용, 민감성 피부용이 있다.

③ 사용 목적에 따라 모이스처 로션, 마사지 로션, 클렌징 로션, 선블럭 로션, 핸드로션, 바디 로션 등이 있다.

(4) 에센스(Essence)

① 에센스는 피부에 유익한 각종 보습 성분 및 유효 성분을 다량으로 함유하고 있어 거칠어진 피부 개선과 피부 수분 손실에 대한 보정 등 영양 공급에 효과가 있다.
② 기능에 따라 미백, 주름 개선, 보습 에센스, 여드름 진정 에센스 등이 있다.
③ 제형에 따라 스킨 타입, 유화 타입, 오일 타입, 겔 타입 등이 있다.

(5) 크림(Cream)

① 크림은 세안 후 일시적으로 피부 표면을 덮고 있던 천연 보습인자가 씻겨 소실됨에 따라 인공적인 방법으로 보충하여 피부의 촉촉함을 부여하고 외부로부터의 피부를 보호하는 제품이다.
② 사용 목적에 따라 아이 크림, 화이트닝 크림, 마사지 크림(콜드 크림), 클렌징 크림, 각질제거 크림 등이 있다.
③ 제형에 따라 O/W형, W/O형, W/O/W형, S/W형, W/S형 등이 있다.

(6) 팩(Pack)

① 팩은 도포 후 일정시간 방치하여 팩 속의 유효 성분이 피부에 흡수되도록 한다. 마스크라고 통용되어 사용하고 있지만, 팩과 마스크는 외부공기를 차단하는지의 여부로 분류된다.
② 팩은 보습작용, 청정작용, 혈액순환 촉진 작용 등의 효과가 있다.
③ 팩의 피막 형성제와 보습제를 기본으로 하여 에탄올과 가용화제 등이 배합되어 있다.

2. 메이크업 화장품

(1) 베이스 메이크업

인공 피지막을 형성하여 피부를 보호해 주며 피부의 혈색 보정 및 피부색을 균일하게 정돈, 색조 화장품의 표현을 효과적으로 도와 주는 역할을 한다.

① 메이크업 베이스

- 기초 화장품을 사용한 후 색조 화장의 첫 단계이다.
- 파운데이션의 색소가 피부에 침착되는 것을 방지하며, 파운데이션의 밀착력을 높인다.
- 화장이 들뜨지 않고 화장의 지속력을 높여 준다.
- 다양한 색조의 얼굴색을 조정해 주기 위해 초록색-울긋불긋한 피부, 분홍색-창백한 피부, 보라색-노란피부, 흰색-칙칙한 피부, 푸른색-잡티 피부 등의 제품이 있다.

② 파운데이션

- 피부의 결점을 커버해 주는 동시에 피부의 색상조정과 피부결을 정돈하여 이상적인 피부색을 표현한다.
- 피부의 광택과 투명감, 탄력을 부여한다.
- 피부보호 및 자외선을 차단한다.
- 유액 또는 크림 타입의 유화성 파운데이션, 왁스 등을 포함한 오일 성분의 유성형 파운데이션, 압축하여 고형으로 배합한 압축 고형 파운데이션이 있다.

③ 파우더

- 베이스 메이크업을 마무리하기 위한 제품이다.
- 피부색을 화사하게 조정한다.
- 파운데이션의 유분기를 잡아 피부의 번들거림을 방지한다.
- 분말 타입인 루즈 파우더와 압축 고형 타입인 콤팩트 파우더가 있다.

(2) 포인트 메이크업

① 아이 메이크업

- **아이라이너** : 눈의 윤곽을 강조한다.
- **마스카라** : 속눈썹을 길고 풍부하게 강조한다.
- **아이 섀도** : 눈매에 음영을 준다.
- **아이 블로우** : 눈썹의 형태를 정리하여 뚜렷한 인상을 준다.

② 립 메이크업

- **립스틱** : 입술에 색상과 윤기를 부여한다.
- **립글로스**(Lipgloss) : 약간의 색감, 펄감, 광택, 윤기를 부여한다.
- **립 밤** : 입술에 영양과 탄력을 부여한다.

- **립라이너** : 입술의 외곽선을 그려 선명하게 해준다.

③ 블러셔

- 윤곽에 음영을 주어 얼굴에 입체감을 부여한다.
- 볼 부위에 건강한 혈색을 표현한다.
- 얼굴에 생동감을 부여한다.

3. 모발 화장품

(1) 세발용 화장품

① **샴푸** : 두피나 모발의 오염을 씻겨 내주는 것으로 노폐물을 제거 · 세정하고, 청결을 유지한다.

② **린스** : 양이온성 계면활성제의 함유로 정전기 방지, 모발의 윤기부여, 모표피의 손상으로부터 보호한다.

(2) 정발용 화장품

① 물리적 힘으로 모발을 가다듬어 원하는 스타일링과 형태를 고정시켜 주는 세팅의 역할을 한다.

② 정발제는 수분, 유분, 광택, 향 등이 첨가되어 헤어 스타일을 고정시킨다.

③ 포마드, 유성 헤어오일, 헤어크림, 헤어 스프레이, 세트 로션, 리퀴드, 왁스 타입 등의 정발제가 있다.

(3) 헤어 트리트먼트 화장품

① 모발의 손상을 예방하는 역할로 모발에 영양공급을 한다.

② 헤어 트리트먼트 크림, 헤어 팩, 헤어 코트 등이 있다.

(4) 양모제 화장품

① 두피에 청량감과 쾌적함을 주는 두피용 제품이다.

② 혈액순환 촉진, 비듬과 가려움을 제거, 모근 등을 튼튼하게 해준다.

(5) 헤어 컬러링 화장품

① 모발의 착색, 염색 탈색의 목적을 가진다.
② 코팅제, 염모제, 탈색제 등이 있다.

(6) 퍼머넌트 웨이브 화장품

① 제1제 화원제와 제2제 산화제로 구성된다.
② 웨이브 혹은 스트레이트의 목적으로 사용한다.

(7) 제모제 화장품

① 겨드랑이나 다리 등의 잔털을 제거하기 위한 목적으로 사용한다.
② 의약외품으로 취급한다.
③ 물리적 탈모제와 화학적인 탈모제로 분류된다.

4. 바디(body) 관리 화장품

(1) 바디 화장품의 정의

바디 화장품은 얼굴과 모발을 제외한 인체의 모든 부위를 대상으로 한 화장품을 통칭한다.

(2) 바디 화장품의 종류

표 16-2 바디 화장품의 종류 및 특징

구분	특징
세정제	• 피부 전신의 오염을 제거하여 청결 유지를 한다. • 바디 워시, 바디 샴푸, 비누, 버블바스 등이 있다.
트리트먼트(보습제)	• 건조한 바디에 수분과 영양을 공급하여 매끄럽고 탄력 있는 피부를 유지한다. • 바디 로션, 바디 크림, 바디 오일, 풋로션, 풋 크림 등이 있다.
각질 제거제	• 피부의 노화된 각질 제거 및 피부 유연성을 부여한다. • 바디 솔트, 바디 스크럽 등이 있다.
체취 방지용	• 인체의 불결한 체취를 방지한다. • 데오도란트 로션, 스프레이, 파우더 등이 있다.
일소 방지제(자외선 차단제)	• 자외선으로부터 피부를 보호해 준다. • 선스크린 겔, 선 스크린 크림, 선탠 겔, 선탠 오일 등이 있다.

5. 네일 화장품

(1) 베이스 코트

네일 에나멜의 착색·변색을 예방하고 손톱 표면을 부드럽게 한다.

(2) 네일 에나멜(네일 폴리시)

손·발톱에 색채와 광택을 부여한다.

(3) 네일 에나멜 리무버

네일 에나멜을 지울 때 사용하는 용제이다.

(4) 톱 코트

네일 에나멜 위에 도포하여 광택과 지속성을 유지시켜 준다.

(5) 큐티클 리무버

상피 조직을 부드럽게 하고 큐티클 오일이라고도 한다.

6. 방향 화장품

(1) 부향률(향의 농도)에 따른 분류

표 16-3 부향률에 따른 분류

유 형	부향률 (농도)	지속시간	특 징
퍼 퓸	15~30%	6~7시간	농도가 가장 진해 향이 제일 짙고, 지속시간이 길다.
오데 퍼퓸	7~15%	5~6시간	퍼퓸에 가까운 향과 지속성을 가지며 경제적이다.
오데 토일렛	6~10%	3~5시간	상쾌한 향으로 가장 흔하게 쓰인다.
오데 코롱	5~7%	1~2시간	가볍고 신선한 향으로 첫 향수로 접하기 좋다.
샤워 코롱	3~5%	약 1시간	바디용 방향제품으로 부향률이 낮아 전신 사용에 부담 없다.

(2) 발향 단계에 따른 분류

표 16-4 발향 단계에 따른 분류

단 계	특 징
베이스 노트	향의 마지막 느낌으로 향수의 성격을 결정 짓는 향이다. 휘발성이 낮은 우디, 머스크, 발삼, 오리엔탈, 시프레 등이 있다.
미들 노트	향의 중간 느낌으로 풍요로운 향수 자체의 향이다. 쟈스민, 장미, 알데히드, 그린계열 등이 있다.
톱 노트	향수의 첫 향으로 감귤계와 같은 휘발성이 높은 향을 사용한다. 시트러스(레몬, 오렌지, 라임 등) 계열, 프루티 등이 있다.

7. 에센셜(아로마) 오일 및 캐리어 오일

(1) 천연향의 추출 방법

① **증류법** : 식물에 수증기 또는 뜨거운 물을 직접 접촉시켜 오일을 추출하는 방법이다.

② **압축법** : 감귤류의 과실 껍질에서 추출하는 방법으로 열에 매우 약해 식물에 압력을 가해 추출하는 방법이다.

③ **용매 추출법** : 휘발성이나 비휘발성 용매를 이용하여 오일을 추출하는 방법이다.

(2) 에센셜(아로마) 오일

① 에센셜 오일은 향염, 향균, 피부미용, 혈액순환 촉진, 면역력 강화 기능이 있다.

② 양용 식물, 즉 허브의 꽃, 줄기, 열매, 잎, 뿌리 등에서 추출한 100% 천연 방향성 오일이다.

③ 체내에 흡수하는 방법에 따라 족욕법, 마사지법, 흡입법, 목욕법, 확산법, 습포법 등으로 나뉜다.

표 16-5 에센셜 오일의 종류 및 특징

구 분	특 징
족욕법	• 차가운 물에 족욕 시 심신이 상쾌해지고, 뜨거운 물에 족욕 시 긴장을 완화시켜 준다. • 3~10 방울 에센셜 오일을 넣어 15분 정도 족욕한다.
마사지법	• 호호바 오일과 1~3% 희석해서 전신 마사지한다. • 심장과 가장 먼 곳부터 가볍게 마사지하는 것이 좋다.
흡입법	• 가장 편하고 손쉬운 방법으로 초보자에게 적합하다. • 티슈에 아로마 오일을 1~2방울 떨어뜨리고 심호흡하면 호흡기 감염, 감기, 두통, 멀미 등에 효과적이다.
목욕법	• 욕조에 따뜻한 물과 아로마 오일 6~8방울을 떨어뜨려 20분 가량 몸을 담근다.
확산법	• 아로마 증기로, 아로마 램프, 스프레이 등으로 향기를 확산시켜 준다.
습포법	• 물과 오일 5~10방울을 떨어뜨리고 수건을 담그어 적신 후 신체 부위별로 찜질하는 방법이다. • 따뜻한 습포는 피부염, 차가운 습포는 통증이나 부어오른 피부를 가라앉히는 데 좋다.

④ 에센셜 오일의 주의사항

- 피부에 직접 바르거나 마사지하지 않는다.
- 새로운 오일을 사용할 시 반드시 패치 테스트를 통과한다.
- 오일의 유통기한은 1년이다.
- 감광성에 주의한다.
- 임산부 및 고혈압 환자나 간질 환자는 사용에 유의한다.
- 직접 눈에 닿지 않도록 유의한다.

(3) 캐리어(베이스) 오일

① 캐리어 오일은 에센셜 오일의 자극을 낮추고 피부 흡수를 높인다. 공기 중에 노출되면 산패하므로 반드시 밀봉하여 냉장 보관한다.

② 캐리어는 식물의 씨를 압착하여 추출한 오일로 휘발성이 없는 식물성 오일이다.

표 16-6 캐리어 오일의 종류 및 특징

구 분	특 징
호호바 오일 (Jojoba oil)	• 액상 왁스에 속하며, 모든 피부 타입의 피부 유연효과가 있다. • 다른 식물성 오일에 비해 쉽게 산화되지 않으므로 보존성과 안정성이 높다. • 화학구조의 성분이 사람의 피부와 흡사하여 피부 침투력과 보습력이 우수하다. • 독소 배출, 노폐물 배출, 림프 배출 등의 효과가 있다. • 지성 피부, 여드름, 습진, 모발영양, 축소관리에 효과적이다.
아보카도 오일 (Avocado oil)	• 모든 피부 타입에 적절건성, 습진, 탈수 예방에 효과적이다. • 체내에서 생성되지 않는 비타민 A,D, 레시틴, 칼륨 등이 풍부하다. • 건조한 피부와 비만용 관리로 많이 쓰인다.
스위트 아몬드 오일 (Sweet Amond oil)	• 모든 피부 타입에 적절하다. • 기저귀 땀띠, 튼 손, 거친 피부, 가려움증과 염증 부위에 효과적이다.
그레이프 시드 오일 (Grape Seed oil)	• 모든 피부에 적합하며, 여드름 피부에 효과적이다. • 포도씨에서 추출하여 비타민E가 풍부하다. • 항산화작용, 피부 재생 효과가 뛰어나며 유분이 적은 오일이다.
윗점 오일 (Wheat Germ oil)	• 소맥배아 오일로 무거운 오일이기에 가벼운 오일에 5~10% 희석해서 사용한다. • 습진, 건성, 피부노화 방지 효과가 있다. • 혈액의 응고를 막아주며 콜레스테롤 수치를 낮춘다.
살구씨 오일	• 건조, 민감성 피부에 적합하며 피부에 쉽게 흡수되어 피부를 연화시킨다. • 올레인산과 리놀산의 트리글리세리드가 주성분이다.
캐롯 시드 오일 (Carrot Seed oil)	• 건성 피부의 가려움증, 습진, 피부 재생에 효과적이다. • 비타민 B,C,D,E, 베타카로틴이 풍부한 오일로 단독 사용 불가. 10% 정도 희석해서 사용해야 한다.

8. 기능성 화장품

(1) 기능성 화장품의 정의

화장품 중에서 다음 각 목의 어느 하나에 해당되는 것으로서 총리령으로 정하는 화장품을 말한다.

① 피부의 미백에 도움을 주는 제품

② 피부의 주름 개선에 도움을 주는 제품

③ 피부를 곱게 태워 주거나 자외선으로부터 피부를 보호하는 데에 도움을 주는 제품

④ 모발의 색상 변화 · 제거 또는 영양공급에 도움을 주는 제품

⑤ 피부나 모발의 기능 약화로 말미암은 건조함, 갈라짐, 빠짐, 각질화 등을 방지하거나 개선하는 데에 도움을 주는 제품

(2) 기능성 화장품의 종류

① 주름 개선 화장품

- **레티놀** : 비타민A의 유도체로 콜라겐 생성을 촉진, 케라티노사이트의 증식 촉진, 표피의 두께 증가, 히알루론산 생성 촉진, MMP 생성 억제, 진피 내 섬유 정상화 효능을 나타내어 주름을 개선시키고 탄력을 증대시킨다.
- **레티닐 팔미테이트** : 레티놀보다 안전성과 안정성은 우수하나 흡수성은 떨어진다. 에스테라아제에 의해 분해되어 레티놀을 거쳐 레티노산으로 대사되어 효과를 발휘한다.
- **아데노신** : 섬유아세포의 DNA 합성을 촉진하고 단백질 합성을 증가시키며, 세포의 크기를 증가시킴으로써 진피세포의 파괴와 노화로 말미암은 주름 형성을 개선시켜 준다.
- **메디민A(폴리에톡실레이티드레틴아미드)** : 메디민A의 레티노이드에 PEG는 겔 타입으로 흡수성과 안정성을 높였다.

② 미백개선 화장품

- **닥나무 추출물** : 뽕나무의 식물로 티로시나아제 활성을 저해하는 효과가 탁월하다.
- **알부틴** : 배나무와 월귤나무 잎에서 추출하며, 의약품 성분 중 하나인 하이드로퀴논 배당체라고도 하며 티로시나아제 활성을 저해한다.
- **비타민C와 유도체** : 감귤, 레몬, 양배추, 꽃양배추, 메론, 감자 등의 식물에 존재하는 티로시나아제에서 반응하는 2가지 작용을 한다. 환원하여 멜라닌 생성을 억제, 엷은 색의 환원형 멜라닌으로 만든다.
- **니아신아미드** : 수용성 비타민 B_3를 말하며, 멜라노사이트에서 케라티노사이트로의 멜라닌 색소의 이동을 감소시키는 역할을 한다.
- **알파·비사보롤** : 가지와 잎을 분별 증류하여 얻은 에센셜 오일로 세포 내 멜라닌의 합성을 저해하는 작용을 한다.

③ 자외선 차단 화장품

- **자외선 산란제(물리적 방법)** : 피부에 바른 후 시간의 경과에 따른 차단 효과의 저하가 없고 안전성이 높으며 백탁 현상이 있어 미용적인 면이나 사용감

면에서 만족스럽지 못하기 때문에 많은 양의 배합이 불가능하다. 대표적 차단제로는 이산화티탄과 산화아연이 있다.

- **자외선 흡수제 (화학적 방법)** : 자외선을 흡수시켜 소멸시키는 자외선 차단 방법으로 차단 효율이 낮은 유기물질을 이용한 화학적인 방법이다. 방향족 화합물로서 아미노기나 메톡시기 등의 자외선 흡수에 유리한 공명구조를 가지고 있다. 자외선 흡수제들은 피부에 바른 후 투명하고 백탁 현상이 없기 때문에 미용적인 측면이나 사용감면에서 만족스러우나 많이 배합하게 되면 접촉성 피부염을 일으킬 수 있으므로 주의하여야 한다.
- SPF (Sun Protection Factor) : 자외선 차단제품을 사용했을 때와 사용하지 않았을 때의 최소 홍반량 비율을 말한다.

적중 예상문제 및 해설 화장품학

CLICK HINT

01 화장품 품질 특성의 4대 조건은?

(가) 안전성, 안정성, 사용성, 유용성
(나) 안전성, 방부성, 방향성, 유용성
(다) 발림성, 안정성, 방부성, 사용성
(라) 방향성, 안전성, 발림성, 사용성

▶ 화장품 4대 조건
- 안전성
- 안정성
- 사용성
- 유용성

02 화장품법상 기능성 화장품에 대한 설명으로 옳은 것은?

(가) 자외선에 의해 피부가 심하게 그을리거나 일광화상이 생기는 것을 지연해 준다.
(나) 피부 표면의 더러움이나 노폐물을 제거하여 피부를 청결하게 해준다.
(다) 피부 표면의 건조를 방지해 주고 피부를 매끄럽게 한다.
(라) 비누 세안에 의해 손상된 피부의 pH를 정상적인 상태로 빨리 돌아오게 한다.

▶ 기능성 화장품
미백, 주름개선, 자외선으로 피부를 보호하는 등의 화장품을 말한다. 보습 제품은 탄력을 강화하지는 않는다.

03 기능성 화장품의 종류와 그 범위에 대한 설명으로 틀린 것은?

(가) 주름 개선 제품 : 피부탄력 강화와 표피의 신진대사를 촉진한다.
(나) 미백 제품 : 피부 색소 침착을 방지하고 멜라닌 생성 및 산화를 방지한다.
(다) 자외선 차단 제품 : 자외선을 차단 및 산란시켜 피부를 보호한다.
(라) 보습 제품 : 피부에 유·수분을 공급하여 피부의 탄력을 강화한다.

▶ 보습 제품은 탄력을 강화하지는 않는다.

04 화장수의 원료로 사용되는 글리세린의 주작용은?

(가) 소독 작용 (나) 방부 작용
(다) 보습 작용 (라) 탈수 작용

▶ 글리세린
글리세린은 보습제로 수분을 공급하여 촉촉하게 하는 작용을 한다.

Answer

01 (가) 02 (가) 03 (라) 04 (다)

05 시트러스 계열 정유가 아닌 것은?

(가) 레몬 (나) 그레이프 프루트
(다) 라벤더 (라) 오렌지

06 다음 중 티로시나아제(Tyrosinase)의 작용을 억제하여 피부의 미백 효과를 나타내는 것은?

(가) 알부틴(Arbutin) (나) 판테놀(Panthenol)
(다) 비오틴(Biotin) (라) 멘톨(Menthol)

07 다음 중 기능성 화장품이 아닌 것은?

(가) 여드름 개선 화장품 (나) 셀프 태닝 화장품
(다) 미백 화장품 (라) 주름 개선 화장품

08 다음의 설명에 해당되는 캐리어 오일은?

> 액상 왁스에 속하며, 인체피지와 지방산의 조성이 유사하므로 피부 친화력이 좋다. 다른 식물성 오일에 비해 쉽게 산화되지 않으므로 보존성, 안전성이 높으며 독소 배출, 노폐물 배출, 림프 배출 등의 효과가 있다.

(가) 아몬드 오일 (나) 맥아 오일
(다) 호호바 오일 (라) 아보카도 오일

09 자외선 차단제에 대한 설명으로 옳은 것은?

(가) 일광의 노출 전에 바르는 것이 효과적이다.
(나) 피부 병변이 있는 부위에 사용하여도 무관하다.
(다) 사용 후 시간이 경과하여도 다시 덧바르지 않는다.
(라) SPF 지수가 높을수록 민감한 피부에 적합하다.

CLICK HINT

- **시트러스 계열**
  - 레몬
  - 오렌지
  - 라임
  - 그레이프 프루트
- **알부틴**
  미백개선 화장품으로 배나무와 월귤나무 잎에서 추출하며, 의약품 성분 중 하나인 하이드로퀴논 배당체라고도 하며 티로시나아제 활성을 저해한다.
- 셀프 태닝 화장품은 기능성 화장품이 아니다.
- **호호바 오일**
  액상 왁스에 속하며, 모든 피부 타입의 피부 유연효과가 있다. 독소 배출, 림프 배출 등의 효과가 있다.
- **자외선 차단제**는 일광의 노출 전에 바르는 것이 효과적이다.

Answer

05 (다) 06 (가) 07 (나) 08 (다) 09 (가)

10 다음 중 모발 디자인용 화장품이 아닌 것은?

(가) 세트 로션 (나) 포마드
(다) 헤어 린스 (라) 헤어 스프레이

11 유연 화장수의 작용이 아닌 것은?

(가) 피부에 유연작용을 한다.
(나) 피부에 수축작용을 한다.
(다) 약산성이다.
(라) 피부 거침을 방지하고 부드럽게 한다.

12 아로마 오일을 피부에 효과적으로 침투시키기 위해 사용하는 식물성 오일은?

(가) 에센셜 오일 (나) 캐리어 오일
(다) 트랜스 오일 (라) 미네랄 오일

13 기능성 화장품에 대한 설명 중 틀린 것은?

(가) 기능성 주성분을 표시할 의무가 있다.
(나) 식약청의 허가가 필요하다.
(다) 기능성 효능을 광고할 수 있다.
(라) 항목 중 표시 및 기재사항에 기능성 화장품이라는 표기가 가능하다.

14 팩의 주요 기능이 아닌 것은?

(가) 보습작용 (나) 청정 작용
(다) 혈행 촉진 작용 (라) 얼굴 축소 작용

CLICK HINT

▶ **헤어 린스**
린스는 물리 · 화학적 자극으로 손상된 모발을 보호하고 손상 부위의 결절 현상 등을 방지하는 제품이다.

▶ **유연 화장수**
피부유연효과
pH를 조절
세균 번식 방지
※피부의 수축작용을 하는 것은 수렴 화장수이다.

▶ **캐리어 오일**
에센셜 오일의 자극을 낮추고 피부 흡수를 높인다. 식물의 씨를 압착하여 추출한 오일로 휘발성이 없는 식물성 오일이다.

▶ 식약청의 허가는 음식 등에 해당된다.

▶ 팩의 주요기능에 얼굴 축소 작용은 없다.

Answer

10 (다) 11 (나) 12 (나) 13 (나) 14 (라)

15 다음 (　　) 안에 알맞은 것은?

> 자외선 차단지수(SPF)란 자외선 차단제품을 사용했을 때와 사용하지 않았을 때의 (　　) 비율을 말한다.

㈎ 최대 홍반량　　㈏ 최소 홍반량
㈐ 최대 흑화량　　㈑ 최소 흑화량

16 자외선 산란제로 가장 많이 쓰이는 것은?

㈎ 산화철　　㈏ 이산화티탄
㈐ 울트란 마린　　㈑ 산화알루미늄

17 자외선 중 홍반을 주로 유발시키는 것은?

㈎ UVA　　㈏ UVB
㈐ UVC　　㈑ UCD

18 다음 중 모발에 사용하는 화장품이 아닌 것은?

㈎ 호스메직크　　㈏ 염모제
㈐ 탈모제　　㈑ 콜드크림

19 화장수 중 아스트리젠트의 특징을 설명한 것 중 옳지 않은 것은?

㈎ 클렌징 작용　　㈏ 산성 화장수
㈐ 피부의 수렴 작용　　㈑ 지성 피부에 적합

20 다음 중 피부 상재균의 증식을 억제하는 향균 기능을 가지고 있고, 발생한 체취를 억제하는 기능을 가진 것은?

㈎ 바디 샴푸　　㈏ 데오도런트
㈐ 샤워 코롱　　㈑ 오데 토일렛

CLICK HINT

- **자외선 차단지수**란 자외선 차단제품을 사용했을 때와 사용하지 않았을 때의 최소 홍반량 비율을 말한다.
- **자외선 산란제**
  - 이산화티탄
  - 산화아연
- • UVA : 흑화
  • UVB : 홍반
- **콜드크림**은 얼굴 마사지 크림이다.
- **아스트리젠트의 특징**
  산성 수렴 화장수 피부의 수렴 작용 지성피부의 적합
- **체취 방지용 화장품**은 데오도런트, 스프레이, 파우더 등이 있다.

Answer

15 ㈏ 16 ㈏ 17 ㈏ 18 ㈑
19 ㈎ 20 ㈏

21 기초 화장품에 대한 설명으로 가장 거리가 먼 것은?

㈎ 피부를 청결히 한다.
㈏ 피부의 모이스처 밸런스를 유지한다.
㈐ 피부의 신진대사를 활발하게 한다.
㈑ 피부의 결점을 보완하고 개성을 표현한다.

CLICK HINT

▶ 기초 화장품 사용 목적
- 피부 청결의 세안
- 피부정돈
- 피부의 영양공급
- 피부보호

Answer

21 ㈑

기출문제 및 해설

- 이용사 2016년 제1회 출제문제
- 이용사 2016년 제2회 출제문제
- 이용사 2016년 제4회 출제문제
- 이용사 2017년 기출 복원문제 1
- 이용사 2017년 기출 복원문제 2
- 이용사 2018년 기출 복원문제 1
- 이용사 2018년 기출 복원문제 2
- 이용사 2019년 기출 복원문제 1
- 이용장 2016년 제60회 출제문제
- 이용장 2017년 제61회 출제문제
- 이용장 2017년 제62회 출제문제
- 이용장 2018년 기출 복원문제
- 이용장 2018년 제63회 출제문제

[기출문제 및 해설] (이용사 2016년 제1회 출제문제)

01 우리나라에 단발령이 내려진 시기는?

(가) 조선 중엽부터 (나) 해방 후부터
(다) 6.25 후부터 (라) 1895년부터

▶ 1895년 11월 고종황제 때 단발령으로 이발이 처음으로 시작하게 되었다.

02 이용업소에서의 면도날 사용에 대한 설명 중 가장 적합한 것은?

(가) 면도날은 면체술 외는 일체 사용할 수 없다.
(나) 반드시 1회용 면도기를 1인에게 1회만 사용하고 사용 직후 폐기 처리한다.
(다) 면도날은 한 번 사용 후 깨끗이 소독하여 계속 사용해도 무방하다.
(라) 일자 면도날(일도)은 매번 재사용하고 1회용 면도날은 1회에 한해서 사용한다.

▶ **면도기**는 1회용 면도날만을 손님 1인에 한하여 사용해야 한다.

03 두피손질 중 화학적인 방법이 아닌 것은?

(가) 양모제를 바르고 손질한다.
(나) 헤어크림을 바르고 손질한다.
(다) 헤어로션을 바르고 손질한다.
(라) 빗과 브러시로 손질한다.

▶ 빗과 브러시는 화학적인 방법이 아니다.

04 가발의 샴푸에 관한 설명으로 가장 적합한 것은?

(가) 가발은 매일 샴푸하는 것이 가발수명에 좋다.
(나) 가발은 미지근한 물로 샴푸해야 한다.
(다) 가발은 물로 샴푸해서는 안 된다.
(다) 가발은 락스로 샴푸하는 것이 좋다.

CLICK HINT

Answer

01 (라) 02 (나) 03 (라) 04 (나)

05 염발 및 가발을 처음 사용하여 유행하던 시대는?

㈎ 르네상스 시대 ㈏ 중세 시대
㈐ 로마 시대 ㈑ 고대 이집트 시대

06 염모제 도포 시 실내온도가 적정온도보다 낮을 때 취하는 조치로 가장 거리가 먼 것은?

㈎ 블로우 드라이어의 바람을 온풍으로 쐬어 준다.
㈏ 염모제 도포량을 줄여서 발라 준다.
㈐ 염모제 도포량을 늘여서 충분히 발라 준다.
㈑ 비닐 캡 등으로 두발을 싸서 보온하여 준다.

07 아이론의 구조 중 모발이 감기거나 모발의 컬을 만드는 부분의 명칭은?

㈎ 프롱 ㈏ 그루브
㈐ 핸들 ㈑ 피벗 스크루

08 덧돌에 대한 설명 중 가장 적합한 것은?

㈎ 덧돌에는 천연석과 인조석이 있다.
㈏ 덧돌은 숫돌보다 약 2배 정도 크다.
㈐ 덧돌은 주로 가위를 연마할 때 사용한다.
㈑ 덧돌은 숫돌이 깨졌을 때 쓰는 비상용이다.

09 이용사의 조발과 정발시술에 필요한 능력 중 가장 기본적으로 갖추어야 하는 것은?

㈎ 빗 사용능력 ㈏ 드라이어 사용능력
㈐ 바리캉 사용 능력 ㈑ 레이저 사용능력

CLICK HINT

▶ 고대 이집트 시대에 가발은 신분을 나타내기 위한 표식으로 사용하였다.

▶ 프롱
원형 쇠 막대기 부분으로 위에서 눌러 주는 작용을 한다. 모발이 감기거나 컬을 만드는 부분이다.

▶ 이용사 조발과 정발시술시에 기본적으로 빗의 사용 능력을 갖추어야 한다.

Answer

05 ㈑ 06 ㈏ 07 ㈎ 08 ㈎ 09 ㈎

10 레이저(Razor) 커트를 할 수 있는 헤어스타일로 가장 적합한 것은?

(가) 블런트 커트(Blunt Cut)
(나) 스컬프처 커트(Sculpture Cut)
(다) 베이비 커트(Baby Cut)
(라) 브로스 커트(Bross Cut)

11 다음 중 두발의 볼륨을 살릴 때의 아이론 각도로 가장 이상적인 것은?

(가) 15°　　(나) 45°
(다) 90°　　(라) 120°

12 부족 시 모발이 건조해지고 부스러지는 것은?

(가) 비타민 A　　(나) 비타민 B_2
(다) 비타민 C　　(라) 비타민 E

13 드라이 샴푸(Dry Shampoo)에 관한 설명으로 가장 거리가 먼 것은?

(가) 주로 거동이 어려운 환자에게 사용되는 샴푸 방법이다.
(나) 가발에도 사용할 수 있는 샴푸 방법이다.
(다) 건조한 타월과 브러시를 이용하여 닦아 낸다.
(라) 일반적으로 이용업 업소에서 가장 많이 사용하고 있는 샴푸 방법이다.

14 이용사를 바버(Barber)라고 한다. 이용사 어원은 어디에서 유래된 것인가?

(가) 사람 이름　　(나) 병원 이름
(다) 화장품 회사 이름　　(라) 가위 이름

CLICK HINT

▶ 아이론 각도
- 볼 륨 : 120°
- 웨이브 : 90°

▶
- 비타민 A : 모발영양, 피부윤기, 눈의 작용 개선
- 비타민 B_2 : 피부점막 보호, 성장촉진
- 비타민 C : 미백, 진정 작용
- 비타민 E : 항산화 작용

▶ 세계 최초의 이용사는 프랑스의 장 바버(Jean Barber)이다.

Answer

10 (나) 11 (라) 12 (가) 13 (라) 14 (가)

15 다음 중 셰이핑 레이저와 관계가 있는 것은?

(가) 사용자의 숙련도가 높아야 한다.
(나) 사용상 안전도는 있으나 시간적으로 효율이 떨어진다.
(다) 세밀한 작업이 용이하다.
(라) 지나치게 자를 우려가 있다.

16 이용업무와 가장 거리가 먼 것은?

(가) 조발술 (나) 면체술
(다) 정발술 (라) 소제술

17 두피를 가볍게 문지르면서 왕복운동, 원운동을 하는 매뉴얼 테크닉 방법은?

(가) 경찰법 (나) 강찰법
(다) 유연법 (라) 고타법

18 다음 중 정발술에 사용하는 브러시에 대한 설명으로 가장 적절한 것은?

(가) 동물의 털이면 브러시로 가능하다.
(나) 딱딱하고 탄력이 있어야 한다.
(다) 부드러워야 한다.
(라) 나일론 브러시면 아무거나 상관없다.

19 이용기술의 기본이 되는 두부를 구분한 명칭 중 옳은 것은?

(가) 크라운 – 측두부 (나) 톱 – 전두부
(다) 네이프 – 두정부 (라) 사이드 – 후두부

CLICK HINT

▶ **셰이핑 레이저**는 안전하지만, 잘려지는 부위가 좁아 작업 속도는 느리다.

▶ 소제술은 이용업무와 거리가 멀다.

▶
- 경찰법 : 문지르기
- 유연법 : 주무르기
- 진동법 : 떨기
- 고타법 : 두드리기
- 압박법 : 누르기
- 강찰법 : 강하게 문지르기

▶ **브러시**는 부드러우면 자극이 적어서 좋다.

▶
- 크라운 : 두정부
- 톱 : 전두부
- 네이프 : 후두부 하단
- 사이드 : 측두부

Answer

15 (나) 16 (라) 17 (가) 18 (다) 19 (나)

20 피부의 비타민 D 합성과 가장 관계가 있는 것은?

(가) 갈바닉 전류 미안기 (나) 자외선등
(다) 적외선등 (라) 패러딕 전류 미안기

21 면체 후 또는 세발 후 사용되는 화장수(Skin Lotion)는 안면에 주로 어떤 작용을 하는가?

(가) 세정 작용 (나) 수렴(수축) 작용
(다) 탈수 작용 (라) 침윤 작용

22 정발 시술 시 컬링 아이론을 사용하는 주 목적은?

(가) 경모를 연모로 변화시키기 위해서
(나) 두발의 질을 좋게 하기 위해서
(다) 손님의 기분을 좋게 하기 위해서
(라) 두발의 흐름과 볼륨을 주기 위해서

23 퍼머넌트 웨이브의 역사로 틀린 것은?

(가) 고대 로마인들은 나일강 유역 진흙의 산성 성분과 가는 막대를 이용하여 웨이브를 만들었다.
(나) 그리스 로마는 불로 가열한 철막대기를 이용하여 웨이브를 만들었다.
(다) 19세기에는 석유램프를 이용하여 웨이브를 만들었다.
(라) 1875년에 마샬 그라또가 고안한 헤어 아이론을 이용하여 웨이브를 만들었다.

24 면도 시 스티밍(찜 타월)의 방법 및 효과에 대한 설명 중 틀린 것은?

(가) 찜 타월과 안면과의 사이가 밀착이 되지 않도록 한다.
(나) 수염을 유연하게 한다.
(다) 면도날에 의한 자극을 줄여 준다.
(라) 피부의 먼지와 이물질 등을 비눗물과 함께 닦아 낸다.

CLICK HINT

- **비타민 D**는 칼슘과 인을 흡수하고 자외선 인체 내 합성, 노화방지 작용이 있다.
- **컬링 아이론**은 C컬과 S컬의 두발 흐름과 볼륨 주기 위해서 사용한다.
- 나일강 유역 진흙의 산성 성분과 가는 막대를 이용하여 웨이브를 만든 시대는 고대 이집트이다.
- 면체 시술 시 **스팀타월**은 수염을 부드럽게 해줘서 시술효과를 높여준다.

Answer

20 (나) 21 (나) 22 (라) 23 (가) 24 (가)

25 레이저를 이용하여 모발을 자를 때 가장 적합한 날의 각도는?

(가) 25° (나) 35°
(다) 45° (라) 55°

26 피부 각질형성세포의 일반적 각화 주기는?

(가) 약 1주 (나) 약 2주
(다) 약 3주 (라) 약 4주

27 감염성 피부병변으로서 바이러스가 원인이 아닌 것은?

(가) 건선 (나) 사마귀
(다) 단순포진 (라) 대상포진

28 열에 의한 피부손상으로 하부조직까지 파괴되는 피부병변은?

(가) 동상 (나) 수포
(다) 화상 (라) 결절

29 다음 중 피부색을 결정짓는 요인으로 가장 적합한 것은?

(가) 멜라닌의 분포 (나) 카로틴의 분포
(다) 털의 분포 (라) 케라토히알린의 분포

30 피부탄력 증진과 주름 개선용 화장품에 주로 사용되는 것은?

(가) 비타민 A (나) 비타민 B
(다) 비타민 C (라) 비타민 D

CLICK HINT

- **레이저의 커트 시** 45도가 가장 적합하다.
- **각화주기**는 28일이다.
- **건선**
  속발진으로 홍반성구진 및 판을 주로 한 염증성 피부질환으로 크기가 다양하며 경계가 뚜렷하다.
- **화상**
  열의 의한 피부손상으로 화상을 입은 온도는 보통 44℃부터 시작하며 피부의 성질, 노출시간 및 열의 종류에 따라 다르게 나타난다.
- **피부색을 결정짓는 요인**
  – 멜라닌 색소
- **비타민 A**
  모발영양, 피부윤기 눈의 작용 개선

Answer

25 (다) 26 (라) 27 (가) 28 (다) 29 (가) 30 (가)

31 다음 중 피부에 주름이 생기는 주요 원인은?

(가) 표피가 위축되어 얇게 되므로 탄성 섬유가 변화되기 때문이다.
(나) 표피가 얇게 되어 케라틴의 생산이 증가되며 피부의 부드러움과 탄력성이 소실된 까닭이다.
(다) 진피의 교원탄성섬유 기질이 변화되어 그 작용이 활발해지기 때문이다.
(라) 수분의 함류량이 증가하기 때문이며 피부색은 황색으로 변한다.

32 피부노화의 내적 원인이 아닌 것은?

(가) 유전　(나) 호르몬
(다) 내장기능의 이상과 장애　(라) 공해

33 보건행정기획 방법 중 피피비에스(PPBS)를 맞게 설명한 것은?

(가) 기획개발과 소요자원에 대한 예산을 하나로 통합하여 동시에 고려하는 방법
(나) 해당 환경 아래에서 살아있는 생물체와 같이 체계·사업·봉사·집행·운영 등의 전부 또는 일부를 조사·연구하는 방법
(다) 활동들을 순차적으로 배열하고 그 활동에 접근하는 방법
(라) 정책결정권자에게 이용 가능한 대책을 알려주고 평가할 수 있도록 하는 것

34 위생해충의 구제방법으로 가장 효과적이고 근본적인 방법은?

(가) 성충 구제　(나) 살충제 사용
(다) 유충 구제　(라) 발생원 제거

35 다음 중 독소형 식중독은?

(가) 살모넬라 식중독　(나) 비브리오 식중독
(다) 병원성대장균 식중독　(라) 포도상구균 식중독

CLICK HINT

▶ 공해는 피부노화의 내적 원인이 아니다.

▶ 위생해충의 근본적인 방법은 발생원을 제거하는 것이다.

▶ 독소형 식중독
- 포도상구균
- 보툴리누스균

Answer

31 (가) 32 (라) 33 (나) 34 (라) 35 (라)

36 다음 중 수인성 감염병에 속하지 않는 것은?

㈎ 발진티푸스 ㈏ 장티푸스
㈐ 콜레라 ㈑ 세균성 이질

37 공중보건학의 범위 중에서 질병관리 분야로 가장 적합한 것은?

㈎ 역학 ㈏ 환경위생
㈐ 보건행정 ㈑ 산업보건

38 화상의 응급처치에 대한 설명으로 가장 적합한 것은?

㈎ 옷 속에 화상을 입은 경우에는 옷을 벗겨 낸다.
㈏ 화상을 입은 사람이 의식이 있고 토하지 않으면 화상 부위에 냉각한 생리식염수를 공급하는 것이 좋다.
㈐ 화상으로 생긴 물집은 터트려서 화상 부위를 깨끗하게 해준다.
㈑ 화상의 정도가 심하면 기름이나 바세린 등을 바른 후에 이송한다.

39 먹는 물의 수질기준에서 위생조건으로 가장 거리가 먼 것은?

㈎ 무색 투명할 것 ㈏ 이취, 이미가 없을 것
㈐ 유해 물질이 없을 것 ㈑ 물맛이 좋을 것

40 내열성이 강해서 자비소독으로 멸균이 되지 않는 것은?

㈎ 장티푸스균 ㈏ 결핵균
㈐ 아포형성균 ㈑ 이질 아메바

41 소독제의 구비조건이라고 할 수 없는 것은?

㈎ 살균력이 강할 것 ㈏ 부식성이 없을 것
㈐ 표백성이 있을 것 ㈑ 용해성이 높을 것

CLICK HINT

- **수인성 감염병**
  장티푸스, 파라티푸스, 콜레라, 유행성 간염, 세균성 이질 등
- **역학**
  인간집단현상에서 일어나는 질병, 불구, 사망 등의 발생과 분포에 영향을 주는 여러 가지 원인을 규명하고 그에 대한 관리와 예방대책을 연구하는 학문이다.
- 수질 위생조건과 맛과는 거리가 멀다.
- **아포**(포자)**형성균**은 내열성이 강해서 고압증기멸균법으로 강력하게 소독해야 한다.
- **소독제의 조건**은 살균력이 강하고 부식성과 표백성이 없으며 용해성이 높아야 한다. 또한 침투력이 강하고 안정성이 있어야 한다.

Answer

36 ㈎ 37 ㈎ 38 ㈏ 39 ㈑ 40 ㈐ 41 ㈐

42 햇볕을 이용한 자연소독에서 주된 살균작용을 하는 것은?

(가) 열선　　(나) 적외선
(다) 가시광선　　(라) 자외선

43 다음 중 화학적 소독법에 해당하는 것은?

(가) 자외선 소독법　　(나) 크레졸 소독법
(다) 고압증기 멸균법　　(라) 건열 멸균법

44 다음 중 피부소독에 가장 적합한 소독제는?

(가) 승홍수　　(나) 석탄산(6%)
(다) 에탄올　　(라) 포름알데히드

45 금속제품을 자비 소독을 할 경우 언제 물에 넣는 것이 가장 좋은가?

(가) 가열 시작 전　　(나) 가열 시작 직후
(다) 끓기 시작한 후　　(라) 수온이 미지근할 때

46 용액 600mL에 용질 3g이 녹아 있을 때 이 용액은 몇 배수로 희석된 용액인가?

(가) 100배 용액　　(나) 200배 용액
(다) 300배 용액　　(라) 600배 용액

47 공중위생영업을 하고자 하는 자가 영업 신고를 하지 아니하고 영업을 한 경우 받게 되는 벌칙기준은?

(가) 3년 이하의 징역 또는 500만 원 이하의 벌금
(나) 1년 이하의 징역 또는 1천만 원 이하의 벌금
(다) 3년 이하의 징역 또는 1천만 원 이하의 벌금
(라) 1년 이하의 징역 또는 500만 원 이하의 벌금

CLICK HINT

▶ 자외선 소독법, 고압증기 멸균법, 건열 멸균법은 **물리적 소독법**이다.

▶ **에탄올**
70~75% 농도로 피부, 가위, 칼, 솥 등에 사용한다.

▶ **자비소독법**
10~20분간 100℃ 끓는물에서 처리하는 방법

▶ 600/3 = 200
200mL에 1g 놓아있는 것이다.

▶ **1년 이하의 징역 또는 1천만 원 이하의 벌금**
- 일부시설 사용중지명령을 받고도 그 시설을 사용한자 또는 폐쇄 명령을 받고도 계속 영업을 한자
- 이 · 미용 영업의 신고 및 폐업신고 규정에 의한 신고를 아니한 자

Answer

42 (라) 43 (나) 44 (다) 45 (다) 46 (나) 47 (나)

48 이 · 미용업 영업자가 영업소 폐쇄명령을 받고도 계속하여 영업을 하는 때에는 당해 영업소에 대하여 어떤 조치를 할 수 있는가?

㈎ 폐쇄 행정처분 내용을 재통보한다.
㈏ 언제든지 폐쇄여부를 확인만 한다.
㈐ 당해 영업소 출입문을 폐쇄하고 벌금을 부과한다.
㈑ 당해 영업소가 위법한 영업소임을 알리는 게시물 등을 부착한다.

49 이 · 미용사가 금치산자가 된 때에 해당하는 행정처분은 무엇인가?

㈎ 이환기간 동안 휴식하도록 한다.
㈏ 3개월 이내의 기간을 정하여 면허의 정지를 명한다.
㈐ 6개월 이내의 기간을 정하여 면허의 정지를 명한다.
㈑ 면허를 취소한다.

50 다음 (　　) 안에 알맞은 것은?

> 공중위생영업을 하고자 하는 자는 공중위생영업의 종류별로 보건복지부령이 정하는 시설 및 설비를 갖추고 (　　)에게 신고하여야 한다.

㈎ 세무서장　　㈏ 시장 · 군수 · 구청장
㈐ 보건복지부 장관　　㈑ 고용노동부 장관

51 공중위생관리법상 명시된 청문을 실시하여야 할 행정처분 내용은?

㈎ 시설개수　　㈏ 경고
㈐ 시정명령　　㈑ 영업정지

CLICK HINT

▶ 영업소 폐쇄명령 받은 이 · 미용업소가 계속 영업을 하는 때의 조치
- 영업소의 간판 기타 영업 표지물 제거
- 영업소가 위법한 영업소임을 알리는 게시물 등의 부착
- 영업을 위하여 필수불가결한 기구 또는 시설물을 사용할 수 없게 봉인

▶ 금치산자(피성년후견인)에 해당하면 면허를 취소하여야 한다.

▶ 공중위생영업을 하고자 하는 자는 공중위생영업의 종류별로 보건복지부령이 정하는 시설 및 설비를 갖추고 시장 · 군수 · 구청장에게 신고하여야 한다.

▶ 청문
- 신고 및 폐업신고사항의 직권 말소
- 이 · 미용사의 면허취소 또는 면허정지
- 위생사의 면허취소
- 영업정지명령, 일부시설 사용중지명령, 영업소 폐쇄명령

Answer

48 ㈑ 49 ㈑ 50 ㈏ 51 ㈑

52 이 · 미용업소의 시설 및 설비기준에 대한 사항 중 틀린 것은?

(가) 자외선 살균기 등 소독장비를 갖추어야 한다.
(나) 소독을 한 기구와 소독을 안 한 기구를 따로 보관하는 용기를 비치하여야 한다.
(다) 이·미용업소 모두 영업소 내의 장소 간의 구분을 위해서 칸막이를 설치할 수 있다.
(라) 영업장 안의 조명도는 75룩스 이상이 되도록 유지하여야 한다.

▶ **칸막이 설치**는 이 · 미용업의 시설 및 설비 기준이 아니다.

53 영업정지 처분에 갈음하여 부과할 수 있는 과징금의 최대 한도는 얼마인가?

(가) 1천만 원 이하
(나) 2천만 원 이하
(다) 3천만 원 이하
(라) 1억원 이하

▶ 시장 · 군수 · 구청장은 영업정지 처분에 갈음하여 1억 원 이하의 과징금을 부과할 수 있다.

54 계면활성제에 대한 설명 중 옳지 않은 것은?

(가) 계면을 활성화하는 물질이다.
(나) 친수성기와 친유성기를 모두 소유하고 있다.
(다) 표면장력을 높이고 기름을 유화시키는 등의 특성을 지니고 있다.
(라) 표면활성제라고도 한다.

▶ **계면활성제**는 표면장력을 떨어뜨리는 특성을 지니고 있다.

55 비누에 대한 일반적인 설명으로 틀린 것은?

(가) 알칼리성으로 피부의 pH를 높인다.
(나) 사용 후 피부가 당기는 느낌을 주는 경우가 있다.
(다) 경수(Hard Water)에서 거품 생성이 잘되지 않는다.
(라) 경수에서 물 때(Scum)를 만들지 않는다.

▶ **연수**(단물)은 수돗물을 말하며 세발, 세안, 세탁 음료수 등으로 쓰인다.
경수(센물)은 물에 칼슘, 마그네슘, 철분 등이 금속 성분이 많이 함유되어 있고 우물물, 빗물, 샘물 등을 말한다.

Answer

52 (다) 53 (라) 54 (다) 55 (라)

56 화장수의 원료로 사용되는 글리세린의 주작용은?

㈎ 소독 작용　　㈏ 방부 작용
㈐ 보습 작용　　㈑ 탈수 작용

57 다음 중 기능성 화장품이 아닌 것은?

㈎ 여드름 개선 화장품　　㈏ 셀프 태닝 화장품
㈐ 미백 화장품　　㈑ 주름 개선 화장품

58 화장품에서 요구되는 4대 품질 특성에 대한 내용으로 옳은 것은?

㈎ 안전성 : 미생물이 오염이 없을 것
㈏ 안정성 : 독성이 없을 것
㈐ 보습성 : 피부표면의 건조함을 막아줄 것
㈑ 사용성 : 사용이 편리해야 할 것

59 다음 중 티로시나아제(Tyrosinase)의 작용을 억제하여 피부의 미백 효과를 나타내는 것은?

㈎ 알부틴(Arbutin)　　㈏ 판테놀(Panthenol)
㈐ 비오틴(Biotin)　　㈑ 멘톨(Menthol)

60 시트러스 계열 정유가 아닌 것은?

㈎ 레몬　　㈏ 그레이프 프루트
㈐ 라벤더　　㈑ 오렌지

CLICK HINT

▶ 글리세린
글리세린은 보습제로 수분을 공급하여 촉촉하게 하는 작용을 한다.

▶ 화장품 4대 조건
- 안전성
- 안정성
- 사용성
- 유용성

▶ 알부틴
미백개선 화장품으로 배나무와 월귤나무 잎에서 추출하며, 의약품 성분 중 하나인 하이드로퀴논 배당체라고도 하며 티로시나아제 활성을 저해한다.

▶ 시트러스 계열
- 레몬
- 오렌지
- 라임
- 그레이프 프루트

Answer

56 ㈐ 57 ㈎ 58 ㈑ 59 ㈎ 60 ㈐

[기출문제 및 해설] (이용사 2016년 제2회 출제문제)

CLICK HINT

01 비듬 질환이 있는 두피에 가장 적합한 스캘프 트리트먼트는?

(가) 플레인 스캘프 트리트먼트
(나) 드라이 스캘프 트리트먼트
(다) 댄드러프 스캘프 트리트먼트
(라) 오일리 스캘프 트리트먼트

▶ 댄드러프 스캘프 트리트먼트는 비듬을 없애는 목적으로 주로 활용한다.

02 스퀘어 스포츠형의 조발술 설명으로 틀린 내용은?

(가) 천정부 커트 시에는 샴푸 후 젖은 상태에서 머리카락을 일으켜서 자른다.
(나) 먼저 거칠게 깎기를 한 후 모델의 좌측 전방에서 45도로 서서 자른다.
(다) 스퀘어 스포츠는 천정부의 평평한 커트 면이 약간 넓은 듯한 느낌이 들도록 자른다.
(라) 천정부 커트 시 가능하면 머리카락 끝에 약간의 포마드를 묻히면 운행이 매끄럽게 된다.

▶ 스퀘어 스포츠형
두발 전체 길이가 비슷한 형태이다.

03 틴닝 가위(Thinning Scissors)를 사용하여 커트할 경우 모발 겉모습이 주는 가장 두드러지는 미적 표현은?

(가) 고전미 (나) 자연미
(다) 고정미 (라) 조각미

▶ 틴닝 가위(집게 가위)는 두발의 길이는 건드리지 않고 모량을 제거할 때 사용하는 가위로 자연미를 표현한다.

04 이용 기술 용어 중에서 라디안(Radian) 알(R)의 두발상태를 가장 잘 설명한 것은?

(가) 두발이 웨이브 모양으로 된 상태
(나) 두발이 원형으로 구부러진 상태
(다) 두발이 반달 모양으로 구부러진 상태
(라) 두발이 직선으로 펴진 상태

▶ 라디안
수학의 호도법에서 쓰이는 용어로 이용에서는 두발이 반달모양으로 구부러진 상태를 말한다.

Answer

01 (다) 02 (가) 03 (나) 04 (다)

05 에그(흰자) 팩의 효과에 대한 설명으로 가장 적합한 것은?

(가) 수렴 및 표백작용
(나) 영양 공급 작용
(다) 지방 공급 및 보습작용
(라) 세정 작용 및 잔주름 예방

06 이용의 역사에서 이용업은 누가 겸하였나?

(가) 치과의사　(나) 외과의사
(다) 내과의사　(라) 피부과의사

07 이용사가 지켜야 할 사항이 아닌 것은?

(가) 항상 친절하고, 구강 위생 등에 철저해야 한다.
(나) 손님의 의견과 심리를 존중한다.
(다) 이용사 본인의 건강에 유의하면서 감염병 등에 주의한다.
(라) 이용 도구는 특별한 경우에만 소독을 한다.

08 조발용 가위에 대한 설명 중 틀린 것은?

(가) 날의 견고함이 양쪽 골고루 같아야 한다.
(나) 시술 시 떨어지지 않도록 손가락을 넣는 구멍이 작아야 한다.
(다) 날의 두께가 얇고 허리 부분이 강한 것이 좋다.
(라) 잠금 나사가 느슨하지 않아야 한다.

09 영구적인 염모제(Permanent Color)의 설명으로 틀린 것은?

(가) 염모 제1제와 산화 제2제를 혼합하여 사용한다.
(나) 지속력은 다른 종류의 염모제보다 영구적이다.
(다) 백모 커버율은 100% 된다.
(라) 로우 라이트(Low Light)만 가능하다.

CLICK HINT

- 05: • **달걀 흰자**
  : 세정작용, 잔주름 예방
  • **달걀 노른자**
  : 영양공급
- 06: 1804년 나폴레옹 시대에 프랑스 외과병원에서 전문적인 이용업으로 분리, 독립되었다.
- 07: **이용 도구**는 사용 후 바로 청결하게 소독해야 한다.
- 08: 엄지환, 약지환의 구멍이 손가락에 적합한 것이 좋다.
- 09: **영구적인 염모제**는 로우라이트, 하이 라이트 둘다 가능하다.

Answer

05 (라) 06 (나) 07 (라) 08 (나) 09 (라)

10 알칼리제로 봉사와 열을 이용하여 열 펌 시술을 개발한 사람은?

(가) 마샬 그라또 (나) 찰스 네슬러
(다) 아스트 버리 (라) 스키프 만

11 각진(사각형) 얼굴형의 고객에게 가장 알맞은 가르마 비율은?

(가) 8 : 2 (나) 7 : 3
(다) 6 : 4 (라) 5 : 5

12 고객의 구레나룻, 콧수염, 턱수염을 정리 정돈하는 과정은?

(가) 정발술 (나) 매뉴얼 테크닉
(다) 면체술 (라) 조발술

13 가모의 조건으로 틀린 것은?

(가) 통풍이 잘되어 땀 등에서 자유로워야 한다.
(나) 착용감이 가벼워 산뜻해야 한다.
(다) 장기간 착용에도 두피에 피부염 등의 이상이 없어야 한다.
(라) 색상이 잘 퇴색이 되어야 한다.

14 탈모증세 중 지루성 탈모증에 관한 설명으로 가장 적합한 것은?

(가) 동전처럼 무더기로 머리카락이 빠지는 증세
(나) 상처 또는 자극으로 머리카락이 빠지는 증세
(다) 나이가 들어 이마 부분의 머리카락이 빠지는 증세
(라) 두피 피지선의 분비물이 병적으로 많아 머리카락이 빠지는 증세

15 우리나라 이용의 역사에 대한 설명 중 옳은 것은?

(가) 우리나라 이용의 발달은 대원군이 섭정할 때 이루어졌다.
(나) 우리나라에 이용이 시작된 것은 1895년 김홍집 내각 때이다.
(다) 우리나라에 이용이 시작된 것은 해방 이후이다.
(라) 우리나라에 이용이 시작된 것은 한일 합방 이후이다.

CLICK HINT

▶ **찰스 네슬러**
영국에서 열 기계를 이용 시술을 처음으로 창안하였다.

▶ **얼굴형에 따른 가르마**
5 : 5 – 역삼각 얼굴형
6 : 4 – 각진 얼굴형
7 : 3 – 둥근 얼굴형
8 : 2 – 긴 얼굴형

▶ **면체(면도)술**
구레나룻, 콧수염, 턱 수염을 정리 정돈한다.

▶ **좋은 가모**는 색상이 잘 퇴색되지 않는다.

▶ **지루성 탈모증**
피지선 분비물이 병적으로 많아 머리카락이 빠지는 증세이다.

▶ 1895년 고종황제 때 단발령이 효시되었다.
임금과 세자의 두발을 잘랐던 윤길중, 정병하, 안종호 등이 김홍집 내각의 내무대신이었다.

Answer

10 (나) 11 (다) 12 (다) 13 (라)
14 (라) 15 (나)

16 다음 중 두피 및 두발의 생리 기능을 높여주는 데 가장 적합한 샴푸는?

(가) 드라이 샴푸 (나) 토닉 샴푸
(다) 리퀴드 샴푸 (라) 오일 샴푸

17 면체 시술 시 마스크를 사용하는 주목적은?

(가) 불필요한 대화의 방지를 위하여 사용한다.
(나) 호흡기 질병 및 감염병 예방을 위하여 사용한다.
(다) 손님의 입김을 방지하기 위하여 사용한다.
(라) 상대방의 악취를 예방하기 위하여 사용한다.

18 바리캉의 밑 날판을 1분기로 사용한 후 두발의 길이는?

(가) 1mm 정도 남는다. (나) 2mm 정도 남는다.
(다) 3mm 정도 남는다. (라) 5mm 정도 남는다.

19 웨이브 아이론술의 사용 목적에 대한 설명으로 틀린 것은?

(가) 웨이브를 형성시키므로 자연스러운 머리 모양을 오래 지속시키기 위해 사용한다.
(나) 머리 모양을 쉽게 변형시키기 위하여 사용한다.
(다) 머리숱이 많아 보이고 손질하기가 간편하여 사용한다.
(라) 머리숱이 적은 특수 정발형에만 사용한다.

20 헤어 아이론에 대한 일반적인 설명으로 틀린 것은?

(가) 일시적으로 두발에 열과 물리적인 힘을 가하여 웨이브를 형성한다.
(나) 모발이 가늘고 부드러운 경우나 백발인 경우에 평균 시술 온도보다 낮게 시술해야 두발의 항변을 막을 수 있다.
(다) 그루브가 위로, 프롱이 밑으로 가도록 잡는다.
(라) 아이론 선택 시 프롱과 핸들의 길이가 균등한 것을 선택한다.

CLICK HINT

- **토닉 샴푸** 생리 기능을 높일 때
- **면체 시술 시** 손님과 안면을 가까이 하기 때문에 호흡기 질병 및 감염병 예방을 위하여 마스크를 사용한다.
- 바리캉 밑 날판을 1분기로 사용하면 두발의 길이는 2mm 정도 남는다.
- **아이론 시술**은 머리숱과 상관없이 다 사용한다.
- **· 프롱** 원형 쇠 막대기 부분으로 위에서 눌러 주는 작용을 한다. 모발이 감기거나 컬을 만드는 부분이다.
  · 그루브 두발을 고정해 주는 작용 U자 모형으로 생긴 부분

Answer

16 (나) 17 (나) 18 (나) 19 (라) 20 (다)

21 드라이어를 사용한 정발에서 올백 스타일을 하고자 할 때 시술 체계상 가장 먼저 시술할 곳은?

(가) 전두부에서 후두부 상단
(나) 우측두부에서 후두부 상단
(다) 후두부에서 후두부 하단
(라) 좌측두부에서 후두부 상단

22 탈색제의 종류가 아닌 것은?

(가) 액체 탈색제(Liquid Lighteners)
(나) 크림 탈색제(Cream Lighteners)
(다) 분말 탈색제(Powder Lighteners)
(라) 금속성 탈색제(Metal Lighteners)

23 직사각형 얼굴에 가장 조화를 잘 이룰 수 있는 조발 시술은?

(가) 좌우측 부위의 두발 양을 많은 듯하게 양감(量感)을 준다.
(나) 좌우측 부위의 두발 양을 적게 한다.
(다) 두정부 부위의 두발 양을 많은 듯하게 양감을 준다.
(라) 후두부 부위의 두발 양을 많은 듯하게 양감을 준다.

24 두피 관리의 근원적 목적으로 가장 적합한 것은?

(가) 두피의 세균 감염을 예방하기 위하여
(나) 두피의 생리 기능을 정상적으로 유지하기 위하여
(다) 아름다워 보이기 위하여
(라) 먼지와 때를 완전히 제거하기 위하여

25 두부(頭部) 부위 중 천정부의 가장 높은 곳은?

(가) 골든 포인트 (G.P)　(나) 백 포인트 (B.P)
(다) 사이드 포인트 (S.P)　(라) 톱 포인트 (T.P)

CLICK HINT

▶ 탈색제의 종류
- 액체 탈색제
- 분말 탈색제
- 크림 탈색제

▶ 두피 마사지
두피의 혈액순환을 활발하게하고 생리기능을 원활하게 하여 두발이 건강하게 자라나도록 도와 주고 근육을 자극하여 단단한 두피를 부드럽게 한다.

▶ 톱 포인트(Top Point) : 가장 높은 부분

Answer

21 (가) 22 (라) 23 (가) 24 (나) 25 (라)

26 다음 중 오존층에 전혀 흡수되지 않는 광선은?

(가) X선 (나) 자외선 B
(다) 자외선 C (라) 자외선 A

27 갑상선의 기능과 관계 있으며 모세혈관 기능을 정상화하게 하는 것은?

(가) 칼슘 (나) 인
(다) 철분 (라) 요오드

28 피부발진 중 일시적인 증상으로 가려움증을 동반하며 불규칙적인 모양을 한 피부현상은?

(가) 농포 (나) 팽진
(다) 구진 (라) 결절

29 비듬이나 때처럼 박리현상을 일으키는 피부층은?

(가) 표피의 기저층 (나) 표피의 과립층
(다) 표피의 각질층 (라) 진피의 유두층

30 단순 지성 피부에 관한 설명으로 틀린 것은?

(가) 일반적으로 외부의 자극에 영향을 많이 받아 관리가 어려운 편이다.
(나) 다른 지방 성분에는 영향을 주지 않으면서 과도한 피지를 제거하는 것이 원칙이다.
(다) 지성 피부에서는 여드름이 쉽게 발생 할 수 있다.
(라) 세안 후에는 충분히 헹구어 주는 것이 좋다

31 모발의 생장주기에서 모발이 제거되는 휴지기의 기간은?

(가) 3주 (나) 3개월
(다) 3년 (라) 6년

CLICK HINT

▶ 자외선 A, B는 오존층에 통과되고 자외선 C는 오존층에서 차단된다.

▶ **요오드**는 갑상선 호르몬 구성 요소 중 하나로 체내에서 합성이 불가능하기 때문에 섭취해야 하는 미량원소이다.

▶ **팽진**
가려움 증세로 부풀어 오르는 원발진이다.
불규칙한 크기 · 모양을 가진 일시적 질환으로 소양증과 타진통을 동반한다.

▶ **각질층**
각질형성세포 중 가장 바깥쪽에 위치한 편평한 세포로 각화 작용을 한다.

▶ 상대적으로 지성 피부는 외부의 자극을 덜 받는 편이다.

▶ 모발 휴지기
3~4개월

Answer

26 (다) 27 (라) 28 (나) 29 (다)
30 (가) 31 (나)

32 표피에만 화상을 입은 것으로 홍반 및 통증을 수반하고 부기가 생기는 경우가 있으나 흉터 없이 치유되는 것은?

(가) 1도 화상　　(나) 2도 화상
(다) 3도 화상　　(라) 4도 화상

33 다음 감염병 중 환경위생의 개선과 관계가 가장 적은 것은?

(가) 콜레라　　(나) 장티푸스
(다) 유행성 이하선염　　(라) 세균성 이질

34 음용수로 사용할 상수의 수질오염지표 미생물로 주로 사용되는 것은?

(가) 일반세균　　(나) 중금속
(다) 대장균　　(라) COD

35 시, 군, 구에 두는 보건행정의 최일선 조직으로 국민건강 증진 및 예방 등에 관한 사항을 실시하는 기관은?

(가) 복지관　　(나) 보건소
(다) 병·의원　　(라) 시·군·구청

36 인공능동면역의 특성에 대한 설명으로 옳은 것은?

(가) 각종 감염병 감염 후 형성되는 면역
(나) 생균백신, 사균백신 및 순화독소(Toxoid)의 접종으로 형성되는 면역
(다) 모체로부터의 태반이나 수유를 통해 형성되는 면역
(라) 항독소(Antitoxin) 등 인공제제를 접종하여 형성되는 면역

CLICK HINT

- **1도 화상**
  표피에만 화상을 입은 것
- **2도 화상**
  진피의 손상 및 모세혈관 파손, 심부성 화상
- **3도 화상**
  표피 및 진피 파괴, 무감각증, 세균의 감염에 노출되는 화상

대장균은 수질 오염의 지표로서 식품의 위생과 분변오염의 지표로도 사용이 된다.

보건소는 국민건강 증진 및 예방을 위해 설치된 기관이다.

- **자연능동면역**
  질병에 감염된 후 성립되는 면역이다.
- **인공능동면역**
  예방 접종 후 성생된다.
- **자연수동면역**
  태반이나 수유를 통해 받은 면역이다.
- **인공수동면역**
  면역혈청 접종 후 생성된다.

Answer

32 (가) 33 (다) 34 (다) 35 (나) 36 (나)

37 단체활동을 통한 보건교육 방법 중 브레인스토밍(Brainstorming)을 바르게 설명한 것은?

㈎ 여러 사람의 전문가가 자기입장에서 어떤 일정 주제에 관하여 발표하는 방법
㈏ 제한된 연사가 제한된 시간에 발표를 하게 하여 짧은 시간과 적은 인원으로 진행하는 방법
㈐ 몇 명의 전문가가 청중 앞에서 자기들끼리 대화를 진행하는 형식으로 사회자가 이야기를 진행·정리해 감으로써 내용을 파악하고 이해할 수 있게 하는 방법
㈑ 특별한 문제를 해결하기 위한 단체의 협동적 토의 방법으로, 문제점을 중심으로 폭넓게 검토하여 구성원 스스로 해결해 감으로써 최선책을 강구해 가는 방법

38 생활 주변에 있는 위생 해충 또는 동물과 그로 인해 유발되는 질병과의 연결이 틀린 것은?

㈎ 쥐 – 페스트, 쯔쯔가무시병
㈏ 벼룩 – 발진열, 재귀열
㈐ 모기 – 황열, 렙토스피라증
㈑ 파리 – 콜레라, 장티푸스

39 혈액의 구성 성분으로 적혈구 속의 헤모글로빈에 많이 들어 있으며, 체내 저장이 되지 않아 식품을 통해서 공급해야 하는 무기질은?

㈎ 식염 ㈏ 인
㈐ 칼슘 ㈑ 철분

40 에탄올로 소독을 하려고 할 때 일반적으로 가장 많이 사용되는 적정 농도는?

㈎ 30~40% ㈏ 50~60%
㈐ 70~80% ㈑ 100%

CLICK HINT

▶ 모기 – 말라리아, 지카 바이러스 등

▶ • 식염
근육 및 신경의 자극, 전도, 삼투압 조절기능
• 인
뇌신경의 주성분
• 칼슘
뼈, 치아의 주성분
• 철분
혈액의 구성 성분

▶ • 에탄올
70~75% 농도로 피부, 가위, 칼, 솥 등에 사용한다.

Answer

37 ㈑ 38 ㈐ 39 ㈑ 40 ㈐

41 자비 소독 시 살균력을 강하게 하고 금속기자재가 녹스는 것을 방지하기 위해 첨가하는 물질이 아닌 것은?

㈎ 2% 중조	㈏ 2% 크레졸
㈐ 5% 승홍수	㈑ 5% 석탄산

42 다음 중 물리적인 살균 방법은?

㈎ 건열 멸균	㈏ 알코올 소독
㈐ E.O 가스 멸균	㈑ 무기염소화합물 소독

43 우유나 포도주 등에 활용하는 저온살균법을 고안한 사람은?

㈎ 코흐	㈏ 리스터
㈐ 파스퇴르	㈑ 뢴트겐

44 다음 중 세제를 푼 미온수로 세척한 후 자외선 소독기를 이용하여 소독하는 방법이 가장 적절한 것은?

㈎ 족집게, 핀셋	㈏ 커트 보, 샴푸 보
㈐ 헤어 클리퍼	㈑ 팩 붓(Pack Brush)

45 바이러스에 의해 발병되는 질병은?

㈎ 장티푸스	㈏ 인플루엔자
㈐ 결핵	㈑ 콜레라

46 석탄산의 소독작용과 관계가 가장 먼 것은?

㈎ 균체 단백질 응고 작용
㈏ 균체 효소의 불활성화 작용
㈐ 균체의 삼투압 변화 작용
㈑ 균체의 가수분해 작용

CLICK HINT

▶ • 자비소독법
금속제품 부식 방지
– 탄산나트륨(중조) 2%
– 크레졸 2%
– 석탄산 5%
• 승홍수
– 수은 화합물
– 피부 소독 시 0.1%
– 금속을 부식시키며 피부점막에 자극적이다.
• 건열 멸균법
건열멸균기에 오염된 물건을 넣어 1~2시간 160~170℃에서 처리하는 방법이다.

▶ 저온살균법
프랑스 파스퇴르에 의해 발명되었으며 영양성분 파괴를 방지한다.

▶ 자외선 소독기
260~280nm의 전자파를 발사하여 소독한다.

▶ 인플루엔자(독감)
바이러스이며 유행성 감기이다.

▶ 석탄산
균체 단백질 응고작용 금속을 부식시키며 피부점막에 자극을 준다.

Answer

41 ㈐ 42 ㈎ 43 ㈐ 44 ㈑
45 ㈏ 46 ㈑

47 이 · 미용 업무의 보조를 할 수 있는 자는?

㈎ 이·미용사의 감독을 받는 자
㈏ 이·미용사 국가기술자격 응시자
㈐ 이·미용학원 수강자
㈑ 시·도지사가 인정한 자

48 영업소 폐쇄명령을 받고도 계속하여 영업을 하는 경우에 관계공무원으로 하여금 당해 영업소를 폐쇄하기 위하여 할 수 있는 조치가 아닌 것은?

㈎ 당해 영업소의 간판 기타 영업표지물을 제거한다.
㈏ 당해 영업소가 위법한 것임을 알리는 게시물 등을 부착한다.
㈐ 영업을 위하여 필수불가결한 기구 또는 시설물을 사용할 수 없게 봉인한다.
㈑ 영업시설물을 철거한다.

49 위생 서비스 평가의 결과에 따른 조치에 해당되지 않는 것은?

㈎ 이·미용업자는 통보받은 위생관리등급 표지를 영업소의 출입구에 부착할 수 있다.
㈏ 시·도지사는 위생 서비스의 수준이 우수하다고 인정되는 영업소에 대하여 포상을 실시할 수 있다.
㈐ 시·도지사는 위생관리등급별로 영업소에 대한 위생감시를 실시하여야 한다.
㈑ 구청장은 위생관리등급의 결과를 세무서장에게 통보할 수 있다.

50 오염 허용 기준을 지키지 아니한 이 · 미용업 영업자가 개선명령을 따르지 않았을 때에 대한 벌칙은?

㈎ 300만 원 이하의 벌금
㈏ 500만 원 이하의 과태료
㈐ 6월 이하의 징역 또는 500만 원 이하의 벌금
㈑ 1년 이하의 징역 또는 1천만 원 이하의 벌금

CLICK HINT

▶ 이·미용사의 면허를 받은 자가 아니면 이·미용업을 개설하거나 그 업무에 종사할 수 없다. 다만, 이·미용사의 감독을 받아 이·미용 업무의 보조를 행하는 경우에는 그러하지 아니하다.

▶ **영업소 폐쇄명령 받은 이 · 미용업소가 계속 영업을 하는 때 관계 공무원의 조치**
- 영업소의 간판 기타 영업 표지물 제거
- 영업소가 위법한 영업소임을 알리는 게시물 등의 부착
- 영업을 위하여 필수불가결한 기구 또는 시설물을 사용할 수 없게 봉인

▶ 시 · 도지사는 공중위생영업소의 위생관리수준을 향상시키기 위하여 위생 서비스평가계획을 수립하여 시장 · 군수 · 구청장에게 통보하여야 한다.

▶ 300만 원 이하의 과태료 : 위생지도 및 개선명령 규정에 의한 개선명령에 위반한 자

Answer

47 ㈎ 48 ㈑ 49 ㈑ 50 ㈎

51 미용업 신고증 및 면허증 원본을 게시하지 아니하거나 업소 내 조명도를 준수하지 아니한 때 1차 위반에 대한 행정처분 기준은?

(가) 경고 (나) 영업정지 5일
(다) 영업정지 10일 (라) 영업장 폐쇄명령

52 이용업자 혹은 미용업자가 준수하여야 하는 위생관리 기준에 해당하지 않는 것은?

(가) 발한실 안에는 온도계를 비치하고 주의사항을 게시하여야 한다.
(나) 영업소 내부에 개설자의 면허증 원본을 게시하여야 한다.
(다) 피부미용을 위하여 약사법에 따른 의약품을 사용해서는 아니 된다.
(라) 영업장 안의 조명도는 75 룩스 이상이 되도록 유지하여야 한다.

53 이 · 미용업의 영업장소를 이전하고자 하는 경우에 관한 사항으로 옳은 것은?

(가) 교육 필증과 영업시설 및 설비 개요서를 첨부하여 신고한다.
(나) 관할 시장, 군수, 구청장에게 구두로 보고한다.
(다) 영업소의 소재지 변경 허가를 받는다.
(라) 영업소의 소재지 변경 신고를 한다.

54 염료에 대한 설명으로 옳지 않은 것은?

(가) 광물에서 얻게 되는 것으로 커버력이 우수한 색소이다.
(나) 물 또는 오일에 녹는 색소로 화장품 자체에 색을 부여하기 위해 사용한다.
(다) 유용성 염료는 헤어오일 등의 색 착색에 사용한다.
(라) 저렴하고 안전성 있는 합성색소인 타르를 주로 사용한다.

CLICK HINT

▶ 미용업 신고증 및 면허증 원본을 게시하지 않거나 업소 내 조명도를 준수하지 않은 경우
- 1차 위반 : 경고 또는 개선명령
- 2차 위반 : 영업정지 5일
- 3차 위반 : 영업정지 10일
- 4차 위반 : 영업장 폐쇄명령

▶ 이·미용 영업장소를 이전하고자 하는 경우에는 영업소의 소재지 변경 신고를 해야 한다.

Answer

51 (가) 52 (가) 53 (라) 54 (가)

55 화장품의 품질 특성의 4대 조건은?

(가) 안전성, 안정성, 사용성, 유용성
(나) 안전성, 방부성, 방향성, 유용성
(다) 발림성, 안전성, 방부성, 사용성
(라) 방향성, 안전성, 발림성, 사용성

56 다음 중 여드름을 유발하지 않는(Non-comedogenic) 화장품 성분은?

(가) 소르비톨 (나) 올레인산
(다) 라우린산 (라) 올리브 오일

57 다음의 설명에 해당되는 캐리어 오일은?

> 액상 왁스에 속하며, 인체피지와 지방산의 조성이 유사하므로 피부 친화력이 좋다. 다른 식물성 오일에 비해 쉽게 산화되지 않으므로 보존성과 안전성이 높으며 독소 배출, 노폐물 배출, 림프 배출 등의 효과가 있다.

(가) 아몬드 오일 (나) 맥아 오일
(다) 호호바 오일 (라) 아보카도 오일

58 화장품법 상 기능성 화장품에 대한 설명으로 옳은 것은?

(가) 자외선에 의해 피부가 심하게 그을리거나 일광화상이 생기는 것을 지연해 준다.
(나) 피부 표면의 더러움이나 노폐물을 제거하여 피부를 청결하게 해 준다.
(다) 피부 표면의 건조를 방지해 주고 피부를 매끄럽게 한다.
(라) 비누 세안에 의해 손상된 피부의 pH를 정상적인 상태로 빨리 돌아오게 한다.

CLICK HINT

▶ 화장품 4대 조건
- 안전성
- 안정성
- 사용성
- 유용성

▶ 호호바 오일
액상 왁스에 속하며, 모든 피부 타입의 피부 유연효과가 있다. 독소 배출, 림프 배출 등의 효과가 있다.

▶ 기능성 화장품
미백, 주름 개선, 자외선으로 피부를 보호하는 등의 화장품을 말한다.

Answer

55 (가) 56 (가) 57 (다) 58 (가)

59 헤어 린스제의 기능이 아닌 것은?

(가) 대전 방지 효과와 빗질이 잘되게 한다.
(나) 오염된 두피 및 모발을 세정한다.
(다) 모발의 표면을 보호한다.
(라) 샴푸 후 양이온성 계면활성제를 공급함으로써 모발 손상을 억제한다.

60 유연 화장수의 작용이 아닌 것은?

(가) 피부에 유연작용을 한다.
(나) 피부에 수축작용을 한다.
(다) 약산성이다.
(라) 피부 거침을 방지하고 부드럽게 한다.

CLICK HINT

헤어린스
린스는 물리 · 화학적 자극으로 손상된 모발을 보호하고 손상 부위의 결절 현상 등을 방지하는 제품이다. 오염된 두피 및 모발을 세정하는 것은 샴푸이다.

유연 화장수
- 피부 유연효과
- pH를 조절
- 세균 번식 방지

※ **피부의 수축작용**을 하는 것은 수렴 화장수이다.

Answer

59 (나) 60 (나)

[기출문제 및 해설] (이용사 2016년 제4회 출제문제)

01 '목덜미'와 가장 관련이 있는 두상 포인트는?

(가) Cape Point　　(나) Gate Point
(다) Nape Point　　(라) Safe Point

> Nape Point는 후두부 하단에 있는 목덜미를 뜻한다.

02 두꺼운 비듬이 1mm 두께로 두피에 누적되어 있다면 어떤 방법으로 세발하는 것이 가장 적합한가?

(가) 샴푸 후 올리브유를 발라 준다.
(나) 섭씨 45도의 물로 20분 동안 불려서 샴푸한다.
(다) 두피에 상처가 나지 않도록 빗으로 비듬을 제거한 다음에 샴푸한다.
(라) 두피에 올리브유를 발라 매뉴얼 테크닉을 행하고 스팀타월로 찜질을 한 다음에 샴푸한다.

> 스팀 타월
> 모공을 열어주고 피지, 노폐물을 닦아 주고 각질제거를 한다.

03 일반적인 좌식 세발 시 문지르기의 순서로 가장 적합한 것은?

(가) 두정부 → 전두부 → 측두부 → 후두부
(나) 전두부 → 두정부 → 측두부 → 후두부
(다) 후두부 → 전두부 → 두정부 → 측두부
(라) 두정부 → 측두부 → 후두부 → 전두부

> 좌식 세발 순서
> 두정부 → 전두부 → 측두부 → 후두부

04 면도기의 종류와 특징 중 칼 몸체의 핸들이 일자형으로 생긴 것은?

(가) 일도　(나) 양도　(다) 스틱핸드　(라) 펜슬

> 면도기의 종류
> 양도 : 일자 형태
> 일도 : 접이식

05 이용이 의료업에서 분리 독립된 때는?

(가) 미합중국 독립 시기　　(나) 나폴레옹 시대
(다) 로마 시대　　(라) 르네상스 시대

> 1804년 나폴레옹 시대에 프랑스 외과병원에서 전문적인 이용업으로 분리, 독립되었다.

CLICK HINT

Answer

01 (다) 02 (라) 03 (가) 04 (가) 05 (나)

06 전기 바리캉(Clipper) 선택 시 고려해야 할 사항에 대한 설명으로 틀린 것은?

㈎ 작동 시 소음이 적은 것
㈏ 전기에 감전이 안 되고 열이 없는 것
㈐ 평면으로 보았을 때 윗날의 동요가 없는 것
㈑ 위에서 보았을 때 아랫날, 윗날이 똑바로 겹치는 것

07 염모시술 후 피부에 이상 현상이 발생했을 경우에 조치해야 할 사항은?

㈎ 백반을 용해한 물로 씻는다.
㈏ 계란으로 이상이 발생한 부위에 마사지한다.
㈐ 피부과 의사에게 진찰을 받는다.
㈑ 2~3일 기다려 본다.

08 장발형 고객이 각진 스포츠 머리 형태를 원할 때 조발 시 가이드 설정지점으로 가장 적합한 곳은?

㈎ 센터 포인트　㈏ 톱 포인트
㈐ 골든 포인트　㈑ 백 포인트

09 이발기인 바리캉의 어원은 어느 나라에서 유래되었는가?

㈎ 독일　㈏ 미국
㈐ 일본　㈑ 프랑스

10 두부의 명칭 중 크라운(Crown)은 어느 부위를 말하는가?

㈎ 전두부　㈏ 후두하부
㈐ 측두부　㈑ 두정부

CLICK HINT

▶ **바리캉 윗날**
좌우로 움직이며 밑날과 함께 모발을 절단한다.

▶ 염모시술 후 피부에 이상 현상이 발생했을 경우는 피부과 의사에게 전문적인 진찰을 받아야 한다.

▶ 톱 포인트를 기준으로 설정해야 한다.

▶ 프랑스 기계 제작 회사 바리캉마르라의 이름을 붙여서 바리캉이 되었다.

▶
- 크라운 : 두정부
- 톱 : 전두부
- 네이프 : 후두부 하단
- 사이드 : 측두부

Answer

06 ㈐ 07 ㈐ 08 ㈏ 09 ㈑ 10 ㈑

11 모량을 감소시키는 도구는?

㈎ 세팅기 ㈏ 컬링 아이론
㈐ 틴닝 가위 ㈑ 와인더

12 2 : 8 가르마가 어울리는 얼굴형은?

㈎ 각진 얼굴형 ㈏ 긴 얼굴형
㈐ 둥근 얼굴형 ㈑ 삼각형 얼굴형

13 스캘프 트리트먼트의 목적이 아닌 것은?

㈎ 먼지나 비듬을 제거한다.
㈏ 두피나 두발에 영양을 공급하고 염증을 치료한다.
㈐ 두발에 지방을 공급하고 윤택함을 준다.
㈑ 혈액순환과 두피 생리기능을 원활하게 한다.

14 일반적인 매뉴얼 테크닉 방법이 아닌 것은?

㈎ 경찰법 ㈏ 유연법 ㈐ 진동법 ㈑ 구강법

15 뒷머리 부분이 도면과 같이 제비초리이다. 장교 조발로 자르려고 할 경우에 어떻게 작업하는 것이 좋은가?

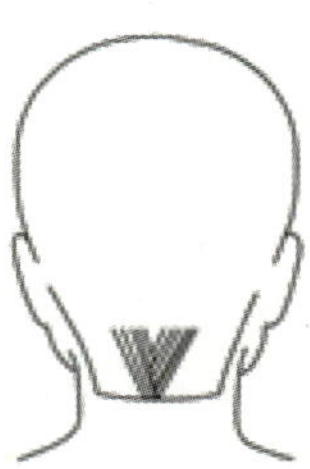

㈎ 고객의 머리를 숙이게 하고 뒷부분을 짧게 조발한다.
㈏ 고객의 머리를 좌측 어깨 쪽으로만 돌려놓고 조발한다.
㈐ 고객의 머리를 우측 어깨 쪽으로만 돌려놓고 조발한다.
㈑ 고객의 머리를 좌측 어깨 쪽과 우측 어깨 쪽으로 돌려 조발한다.

CLICK HINT

- **틴닝 가위**(집게 가위)
두발의 길이는 건드리지 않고 모량을 제거할 때 사용하는 가위로 자연미를 표현한다.

- **얼굴형에 따른 가르마**
5 : 5 – 역삼각 얼굴형
6 : 4 – 각진 얼굴형
7 : 3 – 둥근 얼굴형
8 : 2 – 긴 얼굴형

- • 스캘프(Scalp)
두피
• 트리트먼트(Treatment)
처리, 치유, 손질

- • 경찰법 : 쓰다듬기
• 유연법 : 주무르기
• 진동법 : 떨기
• 고타법 : 두드리기
• 압박법 : 누르기
• 강찰법 : 강하게 문지르기

- 고객의 머리를 좌측 어깨 쪽과 우측 어깨 쪽으로 돌려 조발해야 뾰족한 제비초리를 조발할 수 있다.

Answer

11 ㈐ 12 ㈏ 13 ㈏ 14 ㈑
15 ㈑

16 조발 시술 전 두발에 물을 충분히 뿌리는 근본적인 이유는?

(가) 조발을 편하게 하기 위해서
(나) 두발 손상을 방지하기 위해서
(다) 두발을 부드럽게 하기 위해서
(라) 기구의 손상을 방지하기 위해서

17 블로우 드라이 스타일링으로 정발시술을 할 때 도구의 사용에 대한 설명으로 적합하지 않은 것은?

(가) 블로우 드라이어와 빗이 항상 같이 움직여야 한다.
(나) 블로우 드라이어는 열이 필요한 곳에 댄다.
(다) 블로우 드라이어는 빗으로 세울 만큼 세워서 그 부위에 드라이어를 댄다.
(라) 블로우 드라이어는 작품을 만든 다음 보정작업으로도 널리 사용된다.

18 면도 작업 후 스킨(토너)을 사용하는 주 목적은?

(가) 안면부를 부드럽게 하기 위하여
(나) 안면부의 소독과 피부 수렴을 위하여
(다) 안면부를 건강하게 하기 위하여
(라) 안면부의 화장을 하기 위하여

19 두발 염색 시 주의사항에 대한 설명으로 틀린 것은?

(가) 두피에 상처나 질환이 있을 때는 염색을 해서는 안 된다.
(나) 퍼머넌트 웨이브와 두발 염색을 하여야 할 경우 두발 염색부터 반드시 먼저 해야 한다.
(다) 유기합성 염모제를 사용할 때에는 패치 테스트를 해야 한다.
(라) 시술 시 이용사는 반드시 보호 장갑을 착용해야 한다.

CLICK HINT

▶ **조발 시술 전에 물을 충분히 뿌리는 이유**는 코팅 효과를 주어 두발 손상을 방지하기 위해서이다.

▶ 퍼머넌트 웨이브와 두발 염색을 하여야 할 경우, 퍼머넌트 웨이브부터 먼저 해야 한다.

Answer

16 (나) 17 (가) 18 (나) 19 (나)

20 이용기구의 부분명칭 중 모지공, 소지걸이, 다리 등의 명칭이 쓰이는 기구는?

㈎ 가위 ㈏ 빗
㈐ 면도 ㈑ 아이론

21 가모 패턴 제작에서 '고객에게 적합하도록 고객 모발과의 매치, 인모 색상, 재질, 컬 등을 고려'하는 과정은?

㈎ 가모 피팅 ㈏ 가모 린싱
㈐ 테이핑 ㈑ 가모 커트

22 블로우 드라이 스타일링 후 스프레이를 도포하는 주된 이유는?

㈎ 모발의 질을 강화시키기 위하여
㈏ 모발의 향기를 오래 지속시키기 위하여
㈐ 두발의 질을 부드럽게 하기 위하여
㈑ 스타일을 고정시키고 유지시간을 연장시키기 위하여

23 가발 사용 시 주의사항으로 틀린 것은?

㈎ 샴푸 시 강하게 빗질하거나 거칠게 비비지 않는다.
㈏ 정전기를 발생시키거나 손으로 자주 만지지 않는다.
㈐ 가발 빗질 시 자연스럽게 힘을 적게 주고 빗질한다.
㈑ 가발 보관 시에는 습기와 온도에 상관없이 보관한다.

24 일반적으로 건강한 사람의 1일 평균 탈모의 개수는?

㈎ 약 50~60개 ㈏ 약 70~80개
㈐ 약 80~90개 ㈑ 약 90~100개

25 둥근 얼굴에 가장 알맞은 두발 가르마의 기준선은?

㈎ 5 : 5 ㈏ 6 : 4
㈐ 7 : 3 ㈑ 8 : 2

CLICK HINT

▶ 가위의 구조
고정날, 유동날, 조임쇠 소지걸이, 약지환, 엄지환이 있다.

▶ 가모 피팅(fitting)을 통해서 고객에게 적합하도록 제작할 수 있다.
린싱(rising) → 헹구기

▶ 스프레이는 두발을 고정, 세팅, 유지하는 것이 목적이다.

▶ 가발 보관 시에는 습기가 없고 온도가 높지 않으며 통풍이 잘 되는 곳에 보관하는 것이 좋다.

▶ 건강한 사람은 1일 평균 50~60개가 자연탈모된다.

▶ 얼굴형에 따른 가르마
5 : 5 – 역삼각 얼굴형
6 : 4 – 각진 얼굴형
7 : 3 – 둥근 얼굴형
8 : 2 – 긴 얼굴형

Answer

20 ㈎ 21 ㈎ 22 ㈑ 23 ㈑
24 ㈎ 25 ㈐

26 다음 중 표피의 노화현상을 초래하는 외적인 요인은?

(가) 자외선 조사 (나) 교원섬유 퇴행
(다) 탄력섬유 퇴행 (라) 광물질 침착

27 바이러스 감염에 의한 피부병변이 아닌 것은?

(가) 단순포진 (나) 사마귀
(다) 홍반 (라) 대상포진

28 다음 중 표피층에서 핵을 포함하고 있는 층은?

(가) 유극층 (나) 과립층
(다) 각질층 (라) 투명층

29 민감성 피부에 대한 설명으로 가장 적합한 것은?

(가) 피지의 분비가 적어서 거친 피부
(나) 어떤 물질이나 반응에 즉시 반응을 일으키는 피부
(다) 땀이 많이 나는 피부
(라) 멜라닌 색소가 많은 피부

30 항산화 비타민으로 아스코르브산(Ascorbic Acid)으로 불리는 것은?

(가) 비타민A (나) 비타민B
(다) 비타민C (라) 비타민D

31 원발진에 속하지 않는 것은?

(가) 구진 (나) 농포
(다) 반흔 (라) 종양

CLICK HINT

▶ 자외선을 피부에 조사하게 되면 표피에 노화현상을 초래하게 된다.

▶ **홍반**은 원발진으로써 정상 피부에 처음으로 나타나는 피부질환이다.

▶ **유극층**
세포분열을 하는 유핵세포로 표피의 영양을 관장한다.

▶ **민감성 피부**
어떤 물질이나 반응에 즉시 반응을 일으키는 피부를 말한다.

▶ 비타민 E
항산화 작용

▶ **원발진**
정상피부에 처음으로 나타나는 피부질환이다. 홍반, 팽진, 구진, 결절 농포, 수포, 낭종, 종양 등 피부가 변화한다.

Answer

26 (가) 27 (다) 28 (가) 29 (나)
30 (다) 31 (다)

32 경피 흡수의 경로가 아닌 것은?

㈎ 각질층을 통과하는 경로
㈏ 세포와 세포 사이를 통과하는 경로
㈐ 모공이나 환공을 통과하는 경로
㈑ 모세혈관을 통과하는 경로

33 모유수유에 대한 설명으로 옳지 않은 것은?

㈎ 미숙아로 빠는 힘이 약할 경우에는 모유수유가 좋다.
㈏ 급성 감염증이 있을 경우에는 모유수유를 피해야 한다.
㈐ 모유수유를 하면 배란을 억제하여 임신을 예방하는 효과가 있다.
㈑ 모유수유를 하면 자궁수축이 잘 되어서 산욕기가 단축된다.

34 공중보건학에서 가장 널리 통용되고 있는 Winslow의 공중보건 정의에 해당하지 않은 것은?

㈎ 감염성 질병 예방　㈏ 개인위생에 대한 보건 교육
㈐ 환경위생 관리　㈑ 유전자 치료 연구

35 하수의 오염지표로 주로 이용하는 것은?

㈎ dB　㈏ BOD
㈐ 이산화탄소　㈑ 염소

36 통조림이나 밀봉식품이 주로 원인이 되는 식중독은?

㈎ 포도상구균 식중독　㈏ 무스카린 식중독
㈐ 비브리오 식중독　㈑ 보툴리누스 식중독

37 간헐적으로 유행할 가능성이 있어 지속적으로 그 발생을 감시하고 방역대책의 수립이 필요한 감염병은?

㈎ 말라리아　㈏ 콜레라
㈐ 디프테리아　㈑ 유행성 이하선염

CLICK HINT

- **경피 흡수**는 피부를 통해 흡수가 되는 것으로 혈관을 통하는 것은 아니다.
- 미숙아가 빠는 힘이 약할 경우, 모유수유 섭취를 못할 수 있다.
- **윈슬로**는 공중보건학을 지역사회의 조직적인 노력을 통하여 환경위생관리, 감염병 관리, 개인위생에 관한 보건교육, 질병의 예방적 치료와 조기발견을 할 수 있는 간호서비스와 의료의 조직화, 모든 사람이 본인의 건강을 유지하는데 적합한 생활수준을 보장받도록 사회제도를 발전시키는 것이라고 정의 하였다.
- BOD
  - 생물학적 산소요구량
  - 하수의 오염지표
- **보툴리누스균**
  - 독소형 식중독
  - 통조림, 밀봉식품, 햄소시지, 육류 등
- **말라리아**는 원충류로써 급성 열성 전염병이다.

Answer

32 ㈑ 33 ㈎ 34 ㈑ 35 ㈏ 36 ㈑ 37 ㈎

38 다음 중 일본뇌염의 중간숙주가 되는 것은?

(가) 돼지 (나) 쥐
(다) 소 (라) 벼룩

39 다음 중 겨울철에 가장 적당한 감각 온도는?

(가) 5~8℃ (나) 9~12℃
(다) 13~16℃ (라) 18~20℃

40 열을 가하지 않는 살균방법은?

(가) 고압증기멸균법 (나) 유통증기멸균법
(다) 건열멸균법 (라) 초음파멸균법

41 석탄산, 알코올, 포르말린 등의 소독제가 가지는 소독의 주된 원리는?

(가) 균체 원형질 중의 탄수화물 변성
(나) 균체 원형질 중의 지방질 변성
(다) 균체 원형질 중의 단백질 변성
(라) 균체 원형질 중의 수분 변성

42 소독약품 사용 시 주의사항이 아닌 것은?

(가) 소독약품의 사용 허용 농도를 정확히 확인한다.
(나) 소독약품의 유효기간을 확인한다.
(다) 소독력을 상승시키기 위해 농도를 기준 이상으로 올린다.
(라) 소독약품의 환경오염 문제를 확인한다.

43 이 · 미용 도구의 올바른 소독 방법이 아닌 것은?

(가) 가위 : 70% 에탄올에 적신 솜으로 닦는다.
(나) 면도날 : 염소계 소독제는 부식시킬 수 있으므로 주의한다.
(다) 빗 : 미온수에 0.5% 역성비누액 또는 EH 세제액에 담근 후 세척한다.
(라) 에머리 보드 : 차아염소산 나트륨으로 닦는다.

CLICK HINT

▶ 실내 적정온도 18~20도

▶ **초음파멸균법**
매초 8,800사이클 음파로 파장을 이용해 균을 멸균한다.

▶ 소독약품은 적정 농도를 사용하는 것이 가장 좋다.

▶ **에머리 보드**(Emery Board)를 바닥에 떨어뜨렸을 경우에는 반드시 폐기

Answer

38 (가) 39 (라) 40 (라) 41 (다) 42 (다) 43 (라)

44 음식물을 냉장하는 이유로 거리가 가장 먼 것은?

(가) 미생물의 증식 억제　(나) 자기소화의 억제
(다) 신선도 유지　(라) 멸균

45 에탄올 소독에 가장 적합하지 않은 대상은?

(가) 빗(Comb)　(나) 가위
(다) 레이저(Razor)　(라) 핀, 클립

46 소독액의 농도 표시법에 있어서 소독액 1,000mL 중에 포함되어 있는 소독약의 양(g)을 나타낸 단위는?

(가) 퍼센트(%)　(나) 퍼밀리(‰)
(다) 피피엠(ppm)　(라) 푼

47 다음 중 가장 무거운 벌칙기준에 해당하는 경우는?

(가) 신고를 하지 아니하고 영업한 자
(나) 변경신고를 하지 아니하고 영업한 자
(다) 면허의 정지 중에 이·미용업을 한자
(라) 면허를 받지 아니하고 이·미용업을 개설한 자

48 청문을 실시하여야 하는 사항과 거리가 먼 것은?

(가) 이·미용사 면허취소 또는 면허정지
(나) 영업정지명령
(다) 영업소 폐쇄명령
(라) 과태료 징수

CLICK HINT

- 음식물을 냉장하는 이유는 멸균하는 것은 아니다.
- 빗은 에탄올에 부식될 수 있다.
- • 퍼센트(%) 용액 100mL 중에 포함되어 있는 용질의 양
  • 퍼밀리(‰) 용액 1,000mL중에 포함되어 있는 용질의 양
  • 피피엠(ppm) 욕액 100만mL중에 포함되어 있는 용질의 양
- 1년 이하의 징역 또는 1천만 원 이하의 벌금
  • 일부시설 사용중지명령을 받고도 그 시설을 사용한자 또는 폐쇄 명령을 받고도 계속 영업을 한자
  • 이·미용 영업의 신고 및 폐업신고 규정에 의한 신고를 아니한 자
- 청문
  ① 신고 및 폐업신고사항의 직권 말소
  ② 이·미용사의 면허취소 또는 면허정지
  ③ 위생사의 면허취소
  ④ 영업정지명령, 일부시설 사용중지명령, 영업소 폐쇄명령

Answer

44 (라) 45 (가) 46 (나) 47 (가) 48 (라)

49 이 · 미용업의 시설 및 설비기준 중 틀린 것은?

(가) 이용업의 경우, 응접장소와 작업장소를 구획하는 커튼, 칸막이를 설치할 수 있다.
(나) 소독기, 자외선 살균기 등 기구를 소독하는 장비를 갖추어야 한다.
(다) 소독을 한 기구와 소독을 하지 아니한 기구를 구분하여 보관할 수 있는 용기를 비치하여야 한다.
(라) 미용업(종합)의 경우, 피부미용업무에 필요한 베드(온열장치 포함), 미용기구, 화장품, 수건, 온장고, 사물함 등을 갖추어야 한다.

50 이 · 미용사 면허정지에 해당하는 사유가 아닌 것은?

(가) 공중위생관리법에 의한 명령에 위반한 때
(나) 공중위생관리법의 규정에 의한 명령에 위반한 때
(다) 금치산자(피성년후견인)에 해당한 때
(라) 면허증을 다른 사람에게 대여한 때

51 영업신고 전에 위생교육을 받아야 하는 자 중에서 영업신고 후에 위생교육을 받을 수 있는 경우에 해당하지 않는 것은?

(가) 천재지변으로 위생교육을 받을 수 없는 경우
(나) 본인의 질병, 사고로 위생교육을 받을 수 없는 경우
(다) 업무상 국외출장으로 위생교육을 받을 수 없는 경우
(라) 교육장소와의 거리가 멀어서 위생교육을 받을 수 없는 경우

52 공중이용시설의 소유자가 지켜야 하는 위생관리 의무에 해당하는 것은?

(가) 시설이용자의 건강을 해할 우려가 있는 오염물질이 발생되지 않도록 한다.
(나) 실내공기는 환경부령이 정하는 위생관리 기준에 적합하도록 유지한다.
(다) 공중이용 시설에 대하여 위생관리를 하여야 하지만 화장실은 대상에서 제외한다.
(라) 오염물질의 종류와 오염허용 기준은 대통령령으로 정한다.

CLICK HINT

▶ 응접장소와 작업장소를 구획하는 커튼, 칸막이 설치는 이용업의 시설 및 설비 기준이 아니다.

▶ 피성년후견인은 면허를 받을 수 없다.

▶ 보건복지부령으로 정하는 부득이한 사유로 미리 교육을 받을 수 없는 경우 6개월 이내에 위생교육을 받을 수 있다.

▶ **공중이용시설**은 항상 청결이 최우선이 되어야 한다.

Answer

49 (가) 50 (다) 51 (라) 52 (가)

53 면허증을 다른 사람에게 대여한 때의 2차 위반 행정처분 기준은?

㈎ 면허정지 6월　　㈏ 면허정지 3월
㈐ 영업정지 3월　　㈑ 영업정지 6월

54 기능성 화장품의 종류와 그 범위에 대한 설명으로 틀린 것은?

㈎ 주름 개선 제품 : 피부탄력 강화와 표피의 신진대사를 촉진한다.
㈏ 미백 제품 : 피부 색소 침착을 방지하고 멜라닌 생성 및 산화를 방지한다.
㈐ 자외선 차단 제품 : 자외선을 차단 및 산란시켜 피부를 보호한다.
㈑ 보습 제품 : 피부에 유·수분을 공급하여 피부의 탄력을 강화한다.

55 팩의 주요 기능이 아닌 것은?

㈎ 보습 작용　　㈏ 청정 작용
㈐ 혈행 촉진 작용　　㈑ 얼굴 축소 작용

56 기능성 화장품에 대한 설명 중 틀린 것은?

㈎ 기능성 주성분을 표시할 의무가 있다.
㈏ 식품의약품안전처의 허가가 필요하다.
㈐ 기능성 효능을 광고할 수 있다.
㈑ 항목 중 표시 및 기재사항에 기능성 화장품이란 표기가 가능하다.

57 아로마 오일을 피부에 효과적으로 침투시키기 위해 사용하는 식물성 오일은?

㈎ 에센셜 오일　　㈏ 캐리어 오일
㈐ 트랜스 오일　　㈑ 미네랄 오일

CLICK HINT

▶ **이·미용사 면허증을 다른 사람에게 대여**
1차 위반 : 면허정지 3월
2차 위반 : 면허정지 6월
3차 위반 : 면허취소

▶ **기능성 화장품**
미백, 주름개선, 자외선으로 피부를 보호하는 등의 화장품을 말한다. 보습 제품은 탄력을 강화하지는 않는다.

▶ **팩의 주요기능**에 얼굴 축소 작용은 없다.

▶ 식품의약품안전처의 허가는 음식 등에 해당 된다.

▶ **캐리어 오일**
에센셜 오일의 자극을 낮추고 피부 흡수를 높인다. 식물의 씨를 압착하여 추출한 오일로 휘발성이 없는 식물성 오일이다.

Answer

53 ㈎ 54 ㈑ 55 ㈑ 56 ㈏ 57 ㈏

58 다음에서 설명하는 화장품의 성분은?

> 오일, 지방, 당의 분해에 의해 생성되는 단맛, 무색, 무향의 시럽상 피부 유연제이며, 큐티클 오일, 크림, 로션의 주요 성분이다.

(가) 에센셜 오일(Essential Oil)
(나) 콜라겐(Collagen)
(다) 글리세린(Glycerin)
(라) 윤활제(Lubricants)

59 기초화장품의 사용 목적이 아닌 것은?

(가) 세안 (나) 색상 표현
(다) 피부 보호 (라) 피부 정돈

60 다음 중 모발 디자인용 화장품이 아닌 것은?

(가) 세트로션 (나) 포마드
(다) 헤어 린스 (라) 헤어 스프레이

CLICK HINT

▶ 기초 화장품 사용 목적
- 피부 청결의 세안
- 피부정돈
- 피부의 영양공급
- 피부보호

▶ 헤어 린스
린스는 물리·화학적 자극으로 손상된 모발을 보호하고 손상 부위의 결절 현상 등을 방지하는 제품이다.

Answer
58 (다) 59 (나) 60 (다)

[기출문제 및 해설] (이용사 2017년 기출 복원문제 1)

01 머리에 비듬이 많은 것은 주로 어느 비타민의 부족에 기인하는가?

(가) 비타민 A (나) 비타민 B
(다) 비타민 D (라) 비타민 E

02 아이론으로 만든 웨이브는 다음 중 어느 것인가?

(가) 퍼머넌트 웨이브 (나) 마셀 웨이브
(다) 콜드 웨이브 (라) 핑거 웨이브

03 두발을 삭발하는 행위는 B.C 1984년에 헤브라이족 추장이 최초로 시작하였다. 그 이유는?

(가) 위생적인 이유로
(나) 보기 좋게 하기 위해서
(다) 봉건사상을 철폐하기 위한 수단으로
(라) 죄를 지은 사람의 두발을 깎아 그 두발이 자랄 때까지 죄를 반성하도록 하기 위해서

04 프랑스 나폴레옹 제정 당시 장 바버가 병원과 이용원을 분리시킨 연도는?

(가) 1814년 (나) 1804년
(다) 1894년 (라) 1946년

05 세계 이 · 미용연맹(CIC)의 본부는 다음 중 어디에 있는가?

(가) 영국 런던 (나) 프랑스 파리
(다) 미국 뉴욕 (라) 독일 뮌헨

CLICK HINT

- 비타민 B가 부족하면 비듬이 많이 발생한다.
- 1875년 마셀 그라또가 아이론을 이용한 마셀 웨이브를 창안하였다.
- 헤브라이족 추장이 죄를 지은 사람의 두발을 깎아 그 두발이 자랄 때까지 죄를 반성하도록 하였다.
- 1804년 나폴레옹 시대에 프랑스 외과병원에서 전문적인 이용업으로 분리·독립되었다.
- 세계 이·미용연맹의 본부는 프랑스 파리에 있다.

Answer

01 (나) 02 (나) 03 (라) 04 (나) 05 (나)

06 우리나라 최초의 이용사는?

(가) 김옥균 (나) 서재필
(다) 박영효 (라) 안종호

07 다음 중 가장 먼저 이용을 시작한 나라는?

(가) 일본 (나) 한국
(다) 중국 (라) 대만

08 우리나라에서 이용이 가장 먼저 시작된 시기는?

(가) 세종대왕 때 (나) 고종황제 때
(다) 해방 후 (라) 일본 통치 때

09 사인볼은 다음 색 중 어느 것을 사용하는가?

(가) 청, 홍, 백 (나) 청, 황, 백
(다) 녹, 홍, 백 (라) 청, 홍, 황

10 세계 및 한국 이용업의 발달사를 보면 이용은 다음 중 어느 계층에서 시작되었는가?

(가) 고관대작 (나) 평민
(다) 상민 (라) 죄수

11 사인보드(사인볼)는 나폴레옹 제정 이전에 이용과 병원을 겸하여 사용하던 표시등이다. 사인볼의 3가지 색의 의미는?

(가) 정맥, 동맥, 위생복 (나) 정맥, 동맥, 흰 종이
(다) 정맥, 동맥, 붕대 (라) 바리캉, 면도, 가위

CLICK HINT

- 우리나라의 최초의 이용사는 안종호이다.
- 일본이 가장 먼저 이용을 시작하였다.
- 1895년 11월 고종황제 때 단발령으로 이발이 처음으로 시작하게 되었다.
- 이용원의 사인볼 색
  - 청색
  - 홍색
  - 백색
- 이용의 역사와 발달사를 보면 서양, 동양 모두 고관대작을 시작으로 이발하였다.
- 이용원의 사인볼 색
  청색 : 정맥
  홍색 : 동맥
  백색 : 붕대

Answer

06 (라) 07 (가) 08 (나) 09 (가)
10 (가) 11 (다)

12 현대 이용의 기술론에는 다음 중 어느 항목이 가장 적당한가?

(가) 두발을 잘 깎으면 된다.
(나) 면도를 잘하면 된다.
(다) 건전한 풍속도와 남자의 품위 표현을 모색한다.
(라) 안마를 잘하면 된다.

13 다음 중 이용 기능공의 사명감이 아닌 것은?

(가) 직업의식에 대한 사명감
(나) 항상 겸손하며 언어와 행동 조심
(다) 새로운 두발형의 창조
(라) 안마나 귀 후비기 등의 고객 서비스

14 다음 중 바리캉의 밑 날판이 위 날판보다 2개 많은 것은?

(가) 5리기 (나) 1분기
(다) 2분기 (라) 5분기

15 염색 시술 시 색을 엷게 하는 방법은?

(가) 염모제를 감량한다.
(나) 시간을 연장한다.
(다) 한 번 더 바른다.
(라) 산화제를 추가로 넣어서 바른다.

16 긴 얼굴의 가르마는 다음 중 어느 형이 적당한가?

(가) 5 : 5 가르마 (나) 2 : 8 가르마
(다) 3 : 7 가르마 (라) 4 : 6 가르마

17 다음 중 가르마의 종류가 아닌 것은?

(가) 5 : 5 가르마 (나) 3 : 8 가르마
(다) 3 : 7 가르마 (라) 4 : 6 가르마

CLICK HINT

▶ 이용 기능공의 사명감
- 직업의식에 대한 사명감
- 겸손한 언어와 행동
- 새로운 두발형의 창조

▶ 염색 시술 시 색을 엷게하는 방법은 염모제를 감량하여 사용한다.

▶ 얼굴형에 따른 가르마
5 : 5 – 역삼각 얼굴형
6 : 4 – 각진 얼굴형
7 : 3 – 둥근 얼굴형
8 : 2 – 긴 얼굴형

▶ 가르마의 종류
5 : 5
6 : 4
7 : 3
8 : 2

Answer

12 (다) 13 (라) 14 (가) 15 (가) 16 (나) 17 (나)

18 다음 중 특수 조발이 아닌 것은?

(가) 가위(형발) 머리 (나) 상고 머리
(다) 스포츠 머리 (라) 2분 머리

19 다음 중 중 · 고등학생에게 주로 사용하는 이발기는?

(가) 5리기 (나) 1분기 (다) 2～3분기 (라) 5분기

20 1분기 바리캉으로 삭발한 두발의 길이는?

(가) 2mm (나) 3mm (다) 5mm (라) 7mm

21 조발의 순서로 올바른 것은?

(가) 뒷면에서 우측 (나) 뒷면에서 좌측
(다) 뒷면에서 중간 (라) 순서 없음

22 면도 시 가장 적합한 칼날의 각도는?

(가) 30도 (나) 40도
(다) 45도 (라) 50도

23 다음 중 이발을 거부할 수 있는 질병은?

(가) 치질환자 (나) 무좀환자
(다) 결핵환자 (라) 성병환자

24 안면체는 다음 중 어느 순서의 방식을 택하는가?

(가) 가운데에서부터 (나) 우측에서부터
(다) 좌측에서부터 (라) 순서 없음

CLICK HINT

▶ **특수 조발**
- 가위 머리
- 상고 머리
- 스포츠 머리

▶ 면도 시 칼날의 각도는 45도 이하가 적합하다.

▶ 결핵 환자는 포말감염으로 전염되기 때문에 이용소 출입을 거부할 수 있다.

▶ **안면체 순서**
이마 → 우측 빰 → 좌측 빰 → 턱 → 코밑

Answer

18 (라) 19 (다) 20 (가) 21 (나)
22 (다) 23 (다) 24 (나)

25 이용술의 종류를 크게 나누면 몇 가지가 있는가?

㈎ 5가지 ㈏ 3가지
㈐ 6가지 ㈑ 4가지

26 머리에 아이론을 사용하는 목적은?

㈎ 모발의 흐름과 균형을 바로 잡기 위해
㈏ 손님의 기분을 좋게 하기 위해
㈐ 머릿결을 좋게 하기 위해
㈑ 다른 이용소에서도 하기 때문에

27 숫돌에 덧돌을 사용하는 목적이 아닌 것은?

㈎ 숫돌의 평면 유지
㈏ 기구 정비의 신속
㈐ 숫돌이 불순물을 제거
㈑ 숫돌을 보호

28 다음 중 세발에 가장 적당한 물은?

㈎ 온천물 ㈏ 빗물
㈐ 우물물 ㈑ 37℃ 내외의 수돗물

29 모발을 효과적으로 건조시키는 기구는?

㈎ 레이저 ㈏ 스팀
㈐ 선풍기 ㈑ 헤어드라이어

30 다음 중 머리 만지기의 목적은?

㈎ 두피 기능을 바르게 유지하기 위해
㈏ 탈모를 촉진하기 위해
㈐ 아름답게 보이기 위해
㈑ 먼지와 때를 없애기 위해

CLICK HINT

- 이용술 종류
  - 이발
  - 면체술
  - 정발술
  - 염발술
  - 두피처리술
- 아이론은 모발의 흐름과 균형, 형태를 바로 잡기 위해서 이다.
- 연수(단물)은 수돗물을 말하며 세발, 세안, 세탁 등으로 쓰인다.
- 헤어드라이어
  바람과 열을 이용해 젖은 모발을 건조시키는 이용기기이다.
- 두피 마사지
  두피의 혈액순환을 활발하게하고 생리기능을 원활하게 하여 두발이 건강하게 자라나도록 도와주고 근육을 자극하여 단단한 두피를 부드럽게 한다.

Answer

25 ㈎ 26 ㈎ 27 ㈑ 28 ㈑
29 ㈑ 30 ㈎

31 모발 위생의 목적과 효과에 해당하지 않는 것은?

(가) 정발 및 세발　　(나) 두피의 생리기능 유지
(다) 모발에 영양 공급　　(라) 탈모 방지

32 샴푸 시 적합한 물의 온도는?

(가) 30℃ 전후　　(나) 37℃ 전후
(다) 40℃ 전후　　(라) 45℃ 전후

33 다음 중 마셀(Marcel Gurateau)의 직업은?

(가) 이용사　　(나) 미용사
(다) 양재사　　(라) 약제사

34 다음 중 이용 업무의 목적으로 가장 적합한 것은?

(가) 기계적 행위　　(나) 수익적 행위
(다) 사회봉사적 행위　　(라) 예술적 행위

35 다음 중 단발머리의 뜻은?

(가) 남자 두발의 일종
(나) 여자 두발의 일종
(다) 여학생 두발형의 일종
(라) 남학생 두발형의 일종

36 이용소에서 많이 사용하지 않는 면도기로 가장 적합한 것은?

(가) 일도　　(나) 양도
(다) 자루면도　　(라) 안전면도

37 다음 이용기기 중 바이브레이터(Vibrator)란?

(가) 전기진동기　　(나) 미안기
(다) 스팀 타월　　(라) 전기외선

CLICK HINT

▶ 샴푸 시 적합한 물의 온도는 35~38℃이다.

▶ 마셀은 본래 이용사였다.

▶ 이용 업무의 목적은 수익적 행위이다.

▶ 단발머리는 여학생 두발형의 일종이다.

▶ 안전면도기는 주로 가정에서 많이 사용한다.

▶ 바이브레이터
전기 진동기로 마사지 안마기이다.

Answer

31 (가) 32 (나) 33 (가) 34 (나) 35 (다) 36 (라) 37 (가)

38 다음 중 모발의 길이가 세로로 갈라지는 증세는 어떤 현상인가?

(가) 사모 (나) 탈모균
(다) 결절열모증 (라) 원형 탈모증

39 머리 질을 좋게 하기 위해 세발할 때 첨가하는 물질은?

(가) 붕산 (나) 유황
(다) 소금 (라) 식초와 레몬즙

40 염색약의 주성분은?

(가) 헤나 (나) 산성 린스
(다) 나뭇가지 (라) 식품이 변한 것

41 다음 중 염색 시술 시 무엇을 먼저 하는 것이 좋은가?

(가) 머리카락의 경모, 연모를 확인 후 시술한다.
(나) 첨포 시험(Patch test) 후 염색한다.
(다) 알레르기성 피부는 시험할 필요가 없다.
(라) 콜드나 기름을 두부 전체에 바른 후 하는 것이 세발하기에 좋다.

42 가위를 사용한 후의 기구 처리법으로 가장 적합한 것은?

(가) 정돈만 하면 된다.
(나) 깨끗이 닦고 소독한다.
(다) 닦기만 하면 된다.
(라) 사용한 후는 소독할 필요가 없다.

43 면도기를 정비한 후 피대를 사용하는 이유가 아닌 것은?

(가) 무딘 칼날을 세우기 위해
(나) 칼날의 세균을 제거하기 위해
(다) 예전부터 해왔기 때문에
(라) 일종의 소독방법이기 때문에

CLICK HINT

- **결절열모증**
모발의 영양이 부족하여 세로로 갈라지는 증상
- •붕산 : 소독
•유황 : 비듬
•소금 : 피부병
•식초, 레몬즙 : 모발영양
- **헤나**는 식물성 염모제이다.
- **패치 테스트**는 염색 시술 전에 알레르기 반응을 알아보기 위한 것으로 귀 뒤쪽이나 팔꿈치 안쪽에 동전 크기만큼의 염모제를 바른 후 24~48시간 정도 후에 확인한다.
- **가위**는 사용 후 바로 깨끗이 닦고 소독한다.

Answer

38 (다) 39 (라) 40 (가) 41 (나) 42 (나) 43 (다)

44 다음 중 이용 시 사용하는 조발 가위가 아닌 것은?

(가) 보통 가위 (나) 조발 가위
(다) 단발 가위 (라) 집게 가위

45 과산화수소는 두발의 탈색에 사용한다. 다음 중 일반적인 농도는?

(가) 2~3% 용액 (나) 6% 용액
(다) 10% 용액 (라) 20% 용액

46 염모제의 종류가 아닌 것은?

(가) 금속성 (나) 유기성 (다) 동물성 (라) 식물성

47 다음 중 금강사는 어디에 속하는가?

(가) 인조 숫돌 (나) 자연 숫돌
(다) 천연 숫돌 (라) 돌로 된 숫돌

48 가위 숫돌은 어떠한 편인가?

(가) 무른 편 (나) 편편한 편
(다) 단단하고 오목한 편 (라) 볼록한 편

49 다음 중 물을 사용해서 머리를 감는 세발법은?

(가) 유성 세발법 (나) 드라이 샴푸법
(다) 플레인 샴푸법 (라) 에그 샴푸법

50 다음 중 세안이나 샴푸 시에 가장 적합한 물은?

(가) 연수 (나) 경수 (다) 천수 (라) 소독수

51 아이론 사용 시 가장 적당한 온도는?

(가) 100℃ (나) 110℃
(다) 130℃ (라) 150℃

CLICK HINT

▶ 보통 가위는 가정에서 사용한다.

▶ **과산화수소**는 주로 6% 용액을 사용한다.

▶ 동물성 염모제는 얻을 수 없으므로 염모제의 종류가 아니다.

▶ • 가위 숫돌 : 무른 편
• 면도 숫돌 : 단단한 편

▶ **플레인 샴푸**는 일반적인 샴푸를 말한다.

▶ **연수**(단물)은 수돗물을 말하며 세발, 세안, 세탁 등으로 쓰인다.

▶ **아이론 시술 시 적정 온도**는 120~140℃이다.

Answer

44 (가) 45 (나) 46 (다) 47 (가)
48 (가) 49 (다) 50 (가) 51 (다)

52 다음 중 브러시의 작용과 관계가 없는 것은?

㈎ 모발을 부드럽게 한다.
㈏ 비듬을 없앤다.
㈐ 모발 끝이 갈라지게 한다.
㈑ 모질을 바르게 잡아준다.

53 면도로 조발하는 것을 무엇이라고 하는가?

㈎ 레이저 커트 ㈏ 핸드 커트
㈐ 드라이 커트 ㈑ 가위 커트

54 면도 후 올바른 화장 순서는?

㈎ 콜드크림 – 스킨로션 – 밀크로션
㈏ 헤어크림 – 스킨로션 – 콜드크림
㈐ 밀크로션 – 스킨로션 – 콜드크림
㈑ 스킨로션 – 콜드크림 – 밀크로션

55 다음 중 신고 된 영업소 이외의 장소에서 이·미용 영업을 할 수 있는 곳은?

㈎ 생산 공장
㈏ 일반 가정
㈐ 일반 사무실
㈑ 거동이 불가능한 환자의 처소

56 이·미용영업소가 영업정지 명령을 받고도 계속하여 영업을 한 때의 벌칙사항은?

㈎ 1년 이하의 징역 또는 1천만 원 이하의 벌금
㈏ 3년 이하의 징역 또는 1천만 원 이하의 벌금
㈐ 2년 이하의 징역 또는 5백만 원 이하의 벌금
㈑ 1년 이하의 징역 또는 3백만 원 이하의 벌금

CLICK HINT

▶ 모발 끝이 갈라지는 것은 지방질의 부족, 영양의 부족과 관계가 있다.

▶ 면도로 조발하는 것은 레이저(Razor) 커트이다.

▶ 화장술 순서
콜드크림 → 스킨로션 → 밀크로션

▶ 영업소 외에서 이·미용 가능한 경우
① 질병 그 밖의 사유로 영업소에 나올 수 없는 자
② 혼례나 그 밖의 의식에 참여하는 자에 대하여 그 의식 전에는 가능
③ 사회복지시설에서 봉사
④ 방송 등의 촬영
⑤ 시장·군수·구청장이 특별한 사정이 있다고 인정하는 경우

▶ 1년 이하의 징역 또는 1천만 원 이하의 벌금
- 일부시설 사용중지명령을 받고도 그 시설을 사용한자 또는 폐쇄 명령을 받고도 계속 영업을 한자
- 이·미용 영업의 신고 및 폐업신고 규정에 의한 신고를 아니한 자

Answer

52 ㈐ 53 ㈎ 54 ㈎ 55 ㈑ 56 ㈎

57 영업소 폐쇄명령을 받고도 계속 이 · 미용의 영업을 한 자에 대하여 법적 조치를 행할 수 없는 것은?

(가) 위법행위를 한 업소임을 알리는 게시물 부착
(나) 영업소 내 기구 또는 시설물 봉인
(다) 영업소 간판 제거
(라) 영업소 출입문 봉쇄

58 다음 법률상에서 정의되는 용어 중 바르게 서술된 것은?

(가) 건물위생관리업이란 공중이 이용하는 건축물·시설물의 청결유지와 실내 공기정화를 위한 청소 등을 대행하는 영업을 말한다.
(나) 미용업이란 손님의 얼굴과 피부를 손질하여 모양을 단정하게 꾸미는 영업을 말한다.
(다) 이용업이란 손님의 머리, 수염, 피부를 손질하여 외모를 꾸미는 영업을 말한다.
(라) 공중위생영업이란 미용업, 숙박업, 목욕장업, 수영장업, 유기영업 등을 말한다.

59 공중위생영업자가 정지 또는 일부 시설의 사용중지 등의 처분을 하고자 하는 때에는 (　　)을(를) 실시하여야 한다. 괄호 속에 들어갈 내용으로 알맞은 것은?

(가) 열량　　(나) 공중위생감사
(다) 청문　　(라) 위생 서비스 수준의 평가

60 이 · 미용업소에 반드시 게시하여야 할 것은?

(가) 이·미용 요금표
(나) 미용업소 종사자 인적 사항표
(다) 면허증 사본
(라) 준수사항 및 주의사항

CLICK HINT

▶ **영업소 폐쇄명령을 받은 이 · 미용업소가 계속 영업을 하는 때의 조치**
- 영업소의 간판 기타 영업 표지물 제거
- 영업소가 위법한 영업소임을 알리는 게시물 등의 부착
- 영업을 위하여 필수불가결한 기구 또는 시설물을 사용할 수 없게 봉인

▶ **• 미용업**
손님의 얼굴, 머리, 피부 및 손톱 · 발톱 등을 손질하여 손님의 외모를 아름답게 꾸미는 다음 각 목의 영업을 말한다.

• 이용업
손님의 머리카락 또는 수염을 깎거나 다듬는 등의 방법으로 손님의 용모를 단정하게 하는 영업을 말한다.

• 공중위생영업
숙박업 · 목욕장업 · 이용업 · 미용업 · 세탁업 · 건물위생관리업을 말한다.

▶ 시장 · 군수 · 구청장은 공중위생영업의 정지 또는 일부 시설의 사용 중지 등의 처분을 하고자 하는 때에는 청문을 실시하여야 한다.

Answer

57 (라) 58 (가) 59 (다) 60 (가)

[기출문제 및 해설] (이용사 2017년 기출 복원문제 2)

CLICK HINT

01 다음 중 공중위생감시원의 직무에 해당되지 않는 것은?

(가) 시설 및 설비의 확인
(나) 위생교육 이행여부의 확인
(다) 위생지도 및 개선명령 이행여부의 확인
(라) 시설 및 종업원에 대한 위생관리 이행여부의 확인

▶ 공중위생감시원 업무범위
① 시설 및 설비의 확인
② 공중위생영업 시설, 설비 위생상태 확인, 공중위생영업자의 위생관리 의무 이행여부 확인
③ 위생지도 및 개선명령 이행여부 확인
④ 공중위생영업소의 정지, 일부 시설의 사용중지, 폐쇄명령 이행여부 확인
⑤ 위생교육 이행여부 확인

02 다음 중 소독에 필요한 인자와 가장 거리가 먼 것은?

(가) 물 (나) 온도
(다) 산소 (라) 자외선

03 염모제의 보관 장소로 가장 적합한 곳은?

(가) 습기가 높고 어두운 곳
(나) 온도가 높고 어두운 곳
(다) 온도가 낮고 어두운 곳
(라) 건조하고 햇볕이 잘 들어오는 곳

▶ **염모제**는 온도가 낮고 어두운 곳에 보관해야 변질되지 않는다.

04 다음 중 공중위생영업자가 변경신고를 해야 하는 경우를 모두 고른 것은?

ㄱ. 영업소의 소재지
ㄴ. 신고한 영업장 면적의 1/3 이상의 증감
ㄷ. 재산변동사항
ㄹ. 영업소의 명칭 또는 상호

(가) ㄱ, ㄴ (나) ㄱ, ㄴ, ㄷ
(다) ㄱ, ㄴ, ㄷ, ㄹ (라) ㄱ, ㄷ

Answer
01 (라) 02 (다) 03 (다) 04 (나)

05 표피에서 촉감을 감지하는 세포는?

(가) 멜라닌 세포 (나) 메르켈 세포
(다) 각질형성 세포 (라) 랑게르한스 세포

06 두발 1/2 길이 선에 노멀 테이퍼링(Normal Tapering) 질감처리를 하려고 할 때 남성 조발 시 틴닝 가위(숱가위)의 발 수는?

(가) 10~11발 (나) 20~25발
(다) 50~70발 (라) 40~45발

07 기초 화장품의 사용 목적이 아닌 것은?

(가) 잡티 제거 (나) 세안
(다) 피부정돈 (라) 피부 보호

08 가발 샴푸에 관한 설명으로 가장 적합한 것은?

(가) 가발은 리퀴드 드라이 샴푸를 한다.
(나) 가발을 매일 샴푸하는 것이 가발 수명에 좋다
(다) 가발은 물로 샴푸해서는 안 된다.
(라) 가발은 락스로 샴푸하는 것이 좋다.

09 다음 감염병 중 병원체가 기생충인 것은?

(가) 결핵 (나) 백일해
(다) 말라리아 (라) 일본뇌염

10 대기오염으로 인한 건강장애 중 대표적인 것은?

(가) 위장질환 (나) 신경질환
(다) 호흡기질환 (라) 발육저하

CLICK HINT

▶ 테이퍼링
엔드 : 스트랜드 3/1지점
노멀 : 스트랜드 1/2지점
딥 : 스트랜드 2/3지점

▶ 기초 화장품 사용 목적
① 피부 청결의 세안
② 피부 정돈
③ 피부의 영양공급
④ 피부 보호

▶ 드라이 샴푸
환자나 가발에 사용

▶ 말라리아는 원충류로써 급성 열성 전염병이다.
결핵, 백일해 : 세균성
일본뇌염 : 바이러스성

▶ 대기오염이 되면 호흡 곤란을 일으킬 수 있다.

Answer

05 (나) 06 (나) 07 (가) 08 (가) 09 (다) 10 (다)

11 제3급 감염병에 속하지 않는 것은?

㈎ 말라리아 ㈏ 결핵
㈐ 일본뇌염 ㈑ 파상풍

12 보건행정에 대한 설명으로 가장 올바른 것은?

㈎ 공중보건의 목적 달성을 위해 공공의 책임하에 수행하는 행정활동
㈏ 개인보건의 목적을 달성하기 위해 공공의 책임감에 수행하는 행정활동
㈐ 국가 간의 질병 교류를 막기 위해 책임감을 가지고 수행하는 행정활동
㈑ 공중보건의 목적 달성을 위해 개인의 책임감을 가지고 수행하는 행정활동

13 이 · 미용사 면허가 취소된 후 계속하여 업무를 행한 자에 대한 벌칙은?

㈎ 100만 원 이하의 벌금
㈏ 200만 원 이하의 벌금
㈐ 300만 원 이하의 벌금
㈑ 500만 원 이하의 벌금

14 에그(흰자) 팩의 효과에 대한 설명으로 가장 적합한 것은?

㈎ 수렴 및 표백작용 ㈏ 미백 및 보습작용
㈐ 영양 공급작용 ㈑ 세정작용 및 잔주름 예방

15 자외선 차단제에 대한 설명으로 옳은 것은?

㈎ 일광의 노출 전에 바르는 것이 효과적이다.
㈏ 피부 병변이 있는 부위에 사용하여도 무관하다.
㈐ 사용 후 시간이 경과하여도 다시 덧바르지 않는다.
㈑ SPF 지수가 높을수록 민감한 피부에 적합하다.

CLICK HINT

▶ <법정 감염병의 분류>
2020. 3. 4. 개정
결핵은 제2급 감염병에 속한다.

▶ **보건행정**
지역사회의 전체 주민을 대상으로 하는 국민보건에 관한 공적인 행정활동이다.

▶ **300만 원 이하의 벌금**
- 면허취소, 정지 중에 이 · 미용업을 한 사람
- 면허를 받지 않고 이 · 미용업을 개설하거나 그 업무에 종사한 사람

▶ **에그 흰자**
: 세정작용, 잔주름 예방

에그 노른자
: 영양공급

▶ **자외선 차단제**는 일광의 노출 전에 바르는 것이 효과적이다.

Answer

11 ㈏ 12 ㈎ 13 ㈐ 14 ㈑
15 ㈎

16 이용사가 지켜야 할 주의사항으로 가장 거리가 먼 것은?

(가) 항상 깨끗한 복장을 착용한다.
(나) 항상 손톱을 짧게 깎고 부드럽게 한다.
(다) 이용사의 두발이나 용모를 화려하게 치장한다.
(라) 고객의 의견이나 심리 등을 잘 파악해야 한다.

17 다음 중 O/W형 (수중유형) 제품으로 맞는 것은?

(가) 헤어 크림
(나) 클렌징 크림
(다) 모이스처 라이징 로션
(라) 나이트 크림

18 아로마 오일을 피부에 효과적으로 침투시키기 위해 사용하는 식물성 오일은?

(가) 에센셜 오일
(나) 트랜스 오일
(다) 캐리어 오일
(라) 미네랄 오일

19 지체 없이 시장 · 군수 · 구청장에게 면허증을 반납해야 하는 경우가 아닌 것은?

(가) 잃어버린 면허증을 찾은 때
(나) 면허가 취소된 때
(다) 이·미용 면허의 정지명령을 받은 때
(라) 기재사항에 변경이 있는 때

20 이용사가 지켜야 할 위생관리 항목이 아닌 것은?

(가) 소독한 기구와 소독하지 않은 기구는 각각 다른 용기에 보관할 것
(나) 조명은 75 룩스 이상 유지되도록 할 것
(다) 신고증과 함께 면허증 사본을 게시할 것
(라) 1회용 면도날은 손님 1인에 한하여 사용할 것

CLICK HINT

- **이용사**는 용모가 항상 청결해야 한다.
- **캐리어 오일**
  에센셜 오일의 자극을 낮추고 피부 흡수를 높인다. 식물의 씨를 압착하여 추출한 오일로 휘발성이 없는 식물성 오일이다.
- **잃어버린 면허증을 찾았을 때**, 면허가 취소되거나 면허의 정지명령을 받은 자는 지체 없이 관할 시장 · 군수 · 구청장에게 면허증을 반납하여야 한다.
- 면허증 원본을 게시하여야 한다.

Answer

16 (다) 17 (다) 18 (다) 19 (라) 20 (다)

21 가모의 조건으로 틀린 것은?

㈎ 통풍이 잘되어 땀 등에서 자유로워야 한다.
㈏ 착용감이 가벼워 산뜻해야 한다.
㈐ 색상이 잘 퇴색되어야 한다.
㈑ 장시간 착용에도 두피에 피부염 등의 이상이 없어야 한다.

22 다음 과거에의 현성 또는 불현성 감염에 의하여 획득한 면역은?

㈎ 자연능동면역　　㈏ 자연수동면역
㈐ 인공능동면역　　㈑ 인공수동면역

23 바이러스에 의해 발병되는 질병은?

㈎ 장티푸스　　㈏ 인플루엔자
㈐ 결핵　　㈑ 콜레라

24 다음 중 두피 및 두발의 생리기능을 높여주는 데 가장 적합한 샴푸는?

㈎ 드라이 샴푸　　㈏ 토닉 샴푸
㈐ 리퀴드 샴푸　　㈑ 오일 샴푸

25 향수의 기본조건으로 틀린 것은?

㈎ 확산성이 좋아야 한다.
㈏ 향은 강하고 지속성이 짧아야 한다.
㈐ 향에 특징이 있어야 한다.
㈑ 시대성에 부합되어야 한다.

26 우리나라에 단발령이 내려진 시기는?

㈎ 조선 중엽부터　　㈏ 해방 후부터
㈐ 1895년　　㈑ 1990년

CLICK HINT

▶ **좋은 가모**는 색상이 잘 퇴색되지 않는다.

▶ • **자연능동면역**
질병에 감염 된 후 성립되는 면역이다.
• **인공능동면역**
예방 접종 후 생성된다.
• **자연수동면역**
태반이나 수유를 통해 받은 면역이다.
• **인공수동면역**
면역혈청 접종 후 생성된다.

▶ **토닉 샴푸**
생리 기능을 높일 때

▶ 1895년 11월 고종황제 때 단발령으로 이발을 처음으로 시작하게 되었다.

Answer

21 ㈐ 22 ㈎ 23 ㈏ 24 ㈏
25 ㈏ 26 ㈐

27 인체에 발생하는 사마귀의 원인은?

(가) 박테리아　　(나) 곰팡이
(다) 악성 증식　　(라) 바이러스

28 헤어컬러링 중 헤어 매니큐어(Hair Manicure)에 대한 설명으로 옳은 것은?

(가) 모발의 멜라닌 색소를 표백해서 모발을 밝게 하는 효과가 있다.
(나) 모발의 멜라닌 색소를 탈색시키고 원하는 색상을 표면에 착색시킨다.
(다) 모발의 멜라닌 색소를 탈색시키고 원하는 색상을 침투시켜 착색시킨다.
(라) 블리치 작용이 없는 검은 모발에는 확실한 효과가 없으나 백모나 블리치(탈색)된 모발에는 효과가 뛰어나다.

29 인체에서 칼슘(Ca)대사와 가장 밀접한 관계를 가지고 있는 비타민은?

(가) 비타민 A　　(나) 비타민 C
(다) 비타민 D　　(라) 비타민 E

30 관계 공무원의 출입, 검사 또는 공중위생영업 장부 또는 서류의 열람을 거부 · 방해하거나 기피한 경우 1차 위반 시 행정처분 기준은?

(가) 영업정지 10일　　(나) 영업정지 20일
(다) 경고 또는 개선명령　　(라) 영업장 폐쇄명령

31 고종 황제의 어명으로 우리나라 최초로 이용시술을 한 이용사는?

(가) 안종호　　(나) 서재필
(다) 김홍집　　(라) 김옥균

CLICK HINT

▶ 사마귀의 원인은 바이러스이다.

▶ 헤어 매니큐어
모발의 명도에 변화를 주지 않고 착색만 가능하며 모발에 윤기를 부여한다. 백모나 블리치된 모발에 효과가 뛰어나다.

▶ 비타민 D
- 칼슘, 인 흡수
- 자외선 인체 내 합성
- 노화 방지
- 결핍 시 구루병

▶ 관계 공무원의 출입, 검사 또는 공중위생업 장부 또는 서류의 열람을 거부 · 방해하거나 기피한 경우
- 1차 위반 : 영업정지 10일
- 2차 위반 : 영업정지 20일
- 3차 위반 : 영업정지 1월
- 4차 위반 : 영업장 폐쇄명령

▶ 우리나라의 최초의 이용사는 안종호이다.

Answer

27 (라) 28 (라) 29 (다) 30 (가) 31 (가)

CLICK HINT

32 스컬프처 커트 스타일(Sculpture Cut Style)에 대한 설명으로 틀린 것은?

(가) 스컬프처 전용 레이저(Razor) 커트를 한다.
(나) 두발을 각각 세분하여 커트한다.
(다) 두발을 각각 조각하듯 커트한다.
(라) 두발 전체를 굴곡 있게 커트한다.

33 다음 기생충 중 산란과 동시에 감염능력이 있으며 저항성이 커서 집단감염이 가장 잘되는 기생충은?

(가) 회충 (나) 십이지장충
(다) 광절열두조충 (라) 요충

▶ 요충은 1~10세 어린이에게 집단감염이 잘되므로 주의하여야 한다.

34 클리퍼(바리캉)를 사용하는 조발 시 일반적으로 클리퍼를 가장 먼저 사용하는 부위는?

(가) 전두부 (나) 후두부
(다) 좌·우측 두부 (라) 두정부

▶ 클리퍼는 후두부를 가장 먼저 사용한다.

35 지성 피부의 특징에 대한 설명 중 틀린 것은?

(가) 과다한 피지분비로 문제성 피부가 되기 쉽다.
(나) 여성보다 남성 피부에 많다.
(다) 모공이 매우 크며, 유분이 겉돌아 번들거린다.
(라) 피부 결이 섬세하고 곱다.

36 화장품의 4대 요건으로 적합하지 않은 것은??

(가) 안전성 (나) 유용성
(다) 사용성 (라) 치유성

▶ 화장품 4대 조건
- 안전성
- 안정성
- 사용성
- 유용성

Answer

32 (라) 33 (라) 34 (나) 35 (라) 36 (라)

37 미생물의 발육을 정지시켜 음식물이 부패되거나 발효되는 것을 방지하는 작용은?

(가) 멸균　　(나) 소독
(다) 방부　　(라) 세척

38 아이론 시술 시 톱이나 크라운 부분에 가상 볼륨을 만들 때 모발의 각도는?

(가) 45°　　(나) 90°
(다) 100°　　(라) 120°

39 노화피부의 특징이 아닌 것은?

(가) 노화피부는 탄력이 없고 수분이 많다.
(나) 피지분비가 원활하지 못하다.
(다) 색소침착 불균형이 나타난다.
(라) 주름이 형성되어 있다.

40 다음 중 중온성 균의 최적 증식온도로 가장 적당한 것은?

(가) 10～15℃　　(나) 15～25℃
(다) 25～37℃　　(라) 40～60℃

41 매뉴얼 테크닉 기법 중 피부를 강하게 문지르면서 가볍게 원운동을 하는 동작은?

(가) 에플라지　　(나) 프릭션
(다) 페트리사지　　(라) 타포트먼트

42 음용수로 사용할 상수의 수질오염 지표 미생물로 주로 사용되는 것은?

(가) 중금속　　(나) 일반세균
(다) 대장균　　(라) COD

CLICK HINT

▶ **방부**
병원성 미생물의 발육을 제거시켜 음식물의 부패나 발효를 방지하는 것

▶ 볼륨웨이브 : 120°

▶ **노화피부**
① 탄력이 없다.
② 건조하다.
③ 주름이 형성되어 있다.
④ 피지분비가 원활하지 못하다.
⑤ 색소침착 불균형이 나타난다.

▶
- **경찰법(에플라지)** : 쓰다듬기
- **강찰법(프릭션)** : 강하게 문지르기
- **유연법(페트리사지)** : 주무르기
- **고타법(타포트먼트)** : 두드리기

▶ **대장균**은 수질 오염의 지표로서 식품의 위생과 분변오염의 지표로도 사용이 된다.

Answer

37 (다) 38 (라) 39 (가) 40 (다)
41 (나) 42 (다)

43 이용기술의 기본이 되는 두부를 구분한 명칭 중 옳은 것은?

㈎ 크라운 : 측두부 ㈏ 톱 : 전두부
㈐ 네이프 : 두정부 ㈑ 사이드 : 후두부

44 위생교육을 받아야 하는 대상자가 아닌 것은?

㈎ 공중위생영업의 승계를 받은 자
㈏ 공중위생영업자
㈐ 면허증 취득 예정자
㈑ 공중위생영업 신고를 하고자 하는 자

45 다음 중 갑상선의 기능 장애와 가장 관계가 있는 것은?

㈎ 칼슘 ㈏ 철분
㈐ 아이오딘 ㈑ 나트륨

46 면체 시 면도날을 잡는 기본적인 방법이 아닌 것은?

㈎ 프리 핸드 ㈏ 백 핸드
㈐ 포 핸드 ㈑ 펜슬 핸드

47 자비 소독의 방법으로 옳은 것은?

㈎ 20분 이상 100℃의 끓는 물속에 직접 담그는 방법
㈏ 100℃의 끓는 물에 승홍수(3%)를 첨가하여 소독하는 방법
㈐ 끓는 물에 10분 이상 담그는 방법
㈑ 10분 이하 120℃의 건조한 열에 접촉하는 방법

48 둥근 얼굴형에 가장 어울리는 가르마는?

㈎ 5 : 5 가르마 ㈏ 7 : 3 가르마
㈐ 8 : 2 가르마 ㈑ 9 : 1 가르마

CLICK HINT

- 43:
  - 크라운 : 두정부
  - 톱 : 전두부
  - 네이프 : 후두부 하단
  - 사이드 : 측두부
- 44: 면허증을 취득 한 공중위생 영업자가 위생교육을 받을 수 있다.
- 45: 아이오딘 결핍으로 갑상선 기능이 마비된다.
- 46: 면도칼 잡는 방법
  - 프리 핸드(기본 잡기)
  - 푸시 핸드(손목 이용)
  - 백 핸드(뒤로 잡기)
  - 스틱 핸드(막대기 잡기)
  - 펜슬 핸드(연필잡기)
- 47: 열탕소독(자비소독) 10~20분간 100℃ 끓는 물에서 처리하는 방법이다.
- 48: 얼굴형에 따른 가르마
  5 : 5 – 역삼각 얼굴형
  6 : 4 – 각진 얼굴형
  7 : 3 – 둥근 얼굴형
  8 : 2 – 긴 얼굴형

Answer

43 ㈏ 44 ㈐ 45 ㈐ 46 ㈐ 47 ㈎ 48 ㈏

49 진달래과의 월귤나뭇잎에서 추출한 하이드로퀴논 배당체로 멜라닌 활성을 도와주는 티로시나아제 효소의 작용을 억제하는 미백 화장품의 성분은?

㈎ 감마 - 오리자놀 ㈏ 알부틴
㈐ AHA ㈑ 비타민 C

50 머리숱이 많은 고객의 두발을 커트할 때 가장 적합하지 않은 방법은?

㈎ 딥 테이퍼 ㈏ 스컬프처 커트
㈐ 레이저 커트 ㈑ 블런트 커트

51 피부의 신진대사를 활발하게 함으로써 세포의 재생을 돕고 머리 비듬과 입술 및 구강의 질병치료에도 좋으며 지루 및 민감한 염증성 피부에 관여하는 비타민은?

㈎ 비타민 C ㈏ 비타민 B_2
㈐ 비타민 P ㈑ 비타민 D

52 이 · 미용업 영업신고를 하지 않고 영업을 한 자에 해당하는 벌칙 기준은?

㈎ 6월 이하의 징역 또는 100만 원 이하의 벌금
㈏ 6월 이하의 징역 또는 300만 원 이하의 벌금
㈐ 1년 이하의 징역 또는 500만 원 이하의 벌금
㈑ 1년 이하의 징역 또는 1000만 원 이하의 벌금

53 두피관리 중 헤어토닉을 두피에 바르면 시원함을 느끼는데 이것은 주로 어느 성분 때문인가?

㈎ 붕산 ㈏ 알코올
㈐ 글리세린 ㈑ 수산화칼륨

CLICK HINT

▶ 비타민 B_2
- 피부점막 보호
- 성장 촉진
- 결핍시 구순염, 설염

▶ 1년 이하의 징역 또는 1천만 원 이하의 벌금
- 일부시설 사용중지명령을 받고도 그 시설을 사용한자 또는 폐쇄 명령을 받고도 계속 영업을 한자
- 이 · 미용 영업의 신고 및 폐업신고 규정에 의한 신고를 아니한 자

▶ 헤어토닉은 알코올 성분이 있어 두피에 바르면 시원한 느낌을 준다.

Answer

49 ㈏ 50 ㈑ 51 ㈏ 52 ㈑ 53 ㈏

54 체내에 부족하면 괴혈병이 유발되며, 피부와 잇몸에서 피가 나고 빈혈이 생겨 피부가 창백해지는 비타민은?

(가) 비타민 A (나) 비타민 D
(다) 비타민 C (라) 비타민 K

55 탈모를 방지하기 위한 올바른 샴푸 방법은?

(가) 손톱 끝을 이용하여 두피에 자극을 주며 샴푸를 헹군다.
(나) 먼지 제거 정도로만 머리를 헹군다.
(다) 손끝을 사용하여 두피를 부드럽게 문지르며 헹군다.
(라) 샴푸를 할 때 브러시로 빗질을 하며 헹군다.

56 피지선에 대한 내용으로 옳지 않은 것은?

(가) 진피층에 놓여 있다.
(나) 손바닥과 발바닥, 얼굴, 이마 등에 많다.
(다) 사춘기 남성에게 집중적으로 분비된다.
(라) 입술, 성기, 유두, 귀두 등에 독립피선이 있다.

57 정발술에서 드라이어보다 아이론을 사용하는 것이 가장 적당한 두발은?

(가) 흰 머리카락 (나) 곱슬 머리카락
(다) 부드러운 머리카락 (라) 짧고 뻣뻣한 머리카락

58 블로우 드라이 스타일링으로 정발 시술을 할 때 도구의 사용에 대한 설명 중 적합하지 않은 것은?

(가) 블로우 드라이어와 빗이 항상 같이 움직여야 한다.
(나) 열이 필요한 곳에 블로우 드라이어를 댄다.
(다) 블로우 드라이어는 작품을 만든 다음 보정작업으로도 널리 사용된다.
(라) 머리카락을 빗으로 세울 만큼 세운 후 그 부위에 블로우 드라이어를 댄다.

CLICK HINT

- • 비타민 A 결핍 시 야맹증, 피부건조
  • 비타민 D 결핍 시 구루병, 골연화증
  • 비타민 C 결핍 시 괴혈병
  • 비타민 K 결핍 시 혈액응고 지연
- 손바닥을 이용하여 먼지와 지방을 제거할 정도로 가볍게 세발하여야 한다.
- 손바닥, 발바닥 같은 각질층이 두꺼운 피부에 가장 많이 존재하는 곳은 투명층이다.
- Blow Dryer → 블로우 드라이어

Answer

54 (다) 55 (다) 56 (나) 57 (라) 58 (가)

59 다음 중 영구적 염모제에 속하는 것은?

(가) 합성 염모제　　(나) 컬러 린스
(다) 컬러 파우더　　(라) 컬러 스프레이

60 아이론 퍼머넌트 웨이브와 관련한 내용으로 가장 거리가 먼 것은?

(가) 콜드 퍼머넌트와 동일한 방법을 사용한다.
(나) 열을 가하여 고온으로 사용한다.
(다) 아이론 퍼머넌트제는 1제와 2제로 구분된다.
(라) 아이론의 직경에 따라 다양한 크기의 컬을 만들 수 있다

CLICK HINT

- **영구적 염모제**
  1제와 2제의 혼합형태로 이루어진 합성 염모제이다.
- **아이론 퍼머넌트 웨이브**는 콜드 퍼머넌트와 다른 방법을 사용한다.

Answer

59 (가) 60 (가)

[기출문제 및 해설] (이용사 2018년 기출 복원문제 1)

CLICK HINT

01 노화현상을 방지하기 위한 대책으로 틀린 것은?

(가) 계절 변화에 적응한다.
(나) 피로와 자극을 받아도 괜찮다.
(다) 건강 유지에 힘써야 한다.
(라) 적당한 영양을 공급한다.

▶ 노인들은 적당한 운동과 영양섭취, 계절에 따른 체온조절과 항상 건강에 유의하여야 한다.

02 다음 중 가장 적합한 목욕물의 온도는?

(가) 45℃　　(나) 40℃
(다) 50℃　　(라) 35℃

▶ 가장 적합한 목욕물의 온도는 40℃이다.

03 다음 중 어느 가위가 사용하기 가장 좋은가?

(가) 날의 중간 부분이 약간 올라온 것
(나) 날이 오목하게 된 것
(다) 수평으로 3~5mm인 것
(라) 날 부분의 넓이가 5~8mm인 것

04 이 · 미용사가 감염병 환자일 때 올바른 대처법은?

(가) 치료를 하면서 업무에 종사하면 된다.
(나) 업주나 협회장에게 승낙을 받은 후 종사한다.
(다) 업무에 종사할 수 없다.
(라) 이·미용사의 판단에 따라서 종사할 수 있다.

▶ **이 · 미용사가 감염병 환자일 경우**에는 업무에 종사할 수 없다. 완전히 치유된 이후에 업무에 종사할 수 있다.

05 머리카락이 불결하면 기생충병이나 피부병의 원인이 되기 쉽다. 이에 따른 증세로 가장 적합한 것은?

(가) 탈모　　(나) 착모
(다) 부스럼　　(라) 여드름

Answer

01 (나) 02 (나) 03 (다) 04 (다) 05 (가)

06 두피 및 두발에 좋은 영향을 주는 것은?

(가) 알코올 (나) 바세린
(다) 반도린 (라) 올리브 유

07 원형 독두(禿頭)란 무엇을 뜻하는가?

(가) 습진 심상선백반 (나) 머리의 모양
(다) 피부질환 (라) 원형 탈모증

08 다음 중 모발에 사용하는 화장품이 아닌 것은?

(가) 헤어토닉 (나) 염모제
(다) 탈모제 (라) 콜드크림

09 머리의 명칭 중 톱(Top)은 어느 부위를 말하는가?

(가) 두정부(정수리 부분) (나) 전두부(앞머리 부분)
(다) 측두부(머리 양쪽 옆부분) (라) 후두부(뒤통수 부분)

10 팩을 얼굴에 도포하였을 때의 효과에 대한 설명 중 틀린 것은?

(가) 피부의 혈액과 림프선의 순환이 왕성해진다.
(나) 피부를 휴식시키는 효과를 준다.
(다) 피부 표면의 때와 불순물을 제거한다.
(라) 털구멍의 틈새에 끼여 있는 노폐물을 밖으로 배출시킨다.

11 염모제 사용으로 생기는 피부병으로 올바른 것은?

(가) 알레르기성 피부병 (나) 백선
(다) 습진 (라) 개선(옴)

CLICK HINT

▶ **올리브 유**
식물성 오일로 두피 및 모발과 건성피부에 좋은 영향을 준다.

▶ **콜드크림**은 얼굴 마사지 크림이다.
▶ **헤어토닉**은 양모제이다.

▶ • **크라운** : 두정부
• **톱** : 전두부
• **네이프** : 후두부 하단
• **사이드** : 측두부

▶ **알레르기성 피부병이 생기지 않게 하려면** 염모제 시술 전에 패치 테스트를 하여 피부를 확인한 후에 진행해야한다.

Answer

06 (라) 07 (라) 08 (라) 09 (나)
10 (나) 11 (가)

12 팩(Pack)을 안면에 바른 후 몇 분 후에 닦아내는 것이 좋은가?

(가) 10분　　(나) 20분
(다) 30분　　(라) 40분

13 다음 중 비듬약의 주성분으로 올바른 것은?

(가) 알코올　　(나) 글리세린
(다) 유황　　(라) 유지

14 매뉴얼 테크닉에서 두피 전체를 부드럽게 주무르는 기법은?

(가) 경찰법　　(나) 강찰법
(다) 유연법　　(라) 진동법

15 모발이 세로로 갈라지는 주된 이유는?

(가) 운동 부족　　(나) 칼슘 부족
(다) 함유탄소 부족　　(라) 지방질 부족

16 가위는 어떻게 정비하는 것이 효과적인 방법인가?

(가) 날이 설 때까지 갈면 된다.
(나) 가로 각도만 맞으면 된다.
(다) 세로 각도만 맞으면 된다.
(라) 가위 강도에 따라 가로와 세로의 적당한 각도를 유지해야 한다.

17 미끄러운 가위를 정비할 때 숫돌과 가위의 위치로 가장 효과적인 각도는?

(가) 30도　　(나) 35도
(다) 40도　　(라) 45도

CLICK HINT

▶ **팩**은 안면에 바른 후 20분 뒤에 닦아내는 것이 가장 좋다.

▶ 비듬약의 60%가 유황으로 이루어져 있다.

▶ • 경찰법 : 쓰다듬기
• 유연법 : 주무르기
• 진동법 : 떨기
• 고타법 : 두드리기
• 압박법 : 누르기
• 강찰법 : 강하게 문지르기

▶ **모발에 지방질이 부족하면** 모발이 세로로 갈라지고 거칠어진다.

Answer

12 (나) 13 (다) 14 (다) 15 (라) 16 (라) 17 (가)

18 가위의 쇠가 강하지 못한 것을 정비할 때 가장 효과적인 가위의 각도는?

(가) 30도 (나) 35도
(다) 40도 (라) 45도

19 염색 직후 변색을 방지하기 위한 조치로 적합하지 않은 것은?

(가) 샴푸 후 린스를 사용한다.
(나) 염색 후 바로 퍼머넌트를 한다.
(다) 24시간 동안 헤어드라이어를 사용하지 않는다.
(라) 올리브 마사지를 한다.

20 마사지의 효능을 가장 잘 설명한 것은?

(가) 혈액순환을 증진시키며 피부에 영양을 공급한다.
(나) 피부를 희게 하고 주름을 없앤다.
(다) 조혈작용을 증진시킨다.
(라) 모세혈관을 수축시키고 근육을 강화한다.

21 다음 중 바리캉의 어원으로 올바른 것은?

(가) 기계를 만든 사람 이름
(나) 프랑스의 최초 이영업소 이름
(다) 프랑스의 기계 제작 회사명
(라) 프랑스의 외과의사 이름

22 우리나라에서 최초로 현대적 의미의 이용이 보급된 시기는?

(가) 조선시대 중엽 (나) 조선시대 말엽
(다) 일본 강점기 초기 (라) 일본 강점기 말기

CLICK HINT

▶ 염색 후 바로 퍼머넌트 시술을 하면 변색, 탈색이 진행될 수 있다.

▶ **모발에 지방질이 부족하면** 모발이 세로로 갈라지고 거칠어진다.

마사지는 혈액순환을 활발하게 하고 생리기능을 원활하게 한다.

▶ 프랑스 기계 제작 회사 바리캉 마르라의 이름을 붙여서 바리캉이 되었다.

▶ 1895년 11월 15일 조선시대 말엽 고종 황제 때 단발령의 실시로 이용이 보급되기 시작하였다.

Answer

18 (라) 19 (나) 20 (가) 21 (다) 22 (나)

23 롱 커트(Long cut) 시술 시 전혀 필요하지 않은 기구는?

㈎ 집게 가위 ㈏ 미니 가위
㈐ 바리캉 ㈑ 빗

24 다음 중 포마드의 작용에 해당하지 않는 것은?

㈎ 모발에 지방을 공급한다.
㈏ 머리칼을 다듬고 광택을 낸다.
㈐ 모발의 영양을 보충하여 아름답게 한다.
㈑ 가려움증을 방지한다.

25 두발 후두부 하단에 바리캉을 사용한 조발을 할 때 빗은 다음 중 어떻게 잡는 것이 가장 적당한가?

㈎ 왼손 전체로 잡는다.
㈏ 왼손 모지와 중지로 잡는다.
㈐ 왼손 모지와 인지로 잡는다.
㈑ 왼손 모지와 인지, 중지로 잡는다.

26 조발 가위를 계속하여 정비 및 사용 시 가윗날이 오목하게 되는 원인으로 가장 큰 것은?

㈎ 가위의 수명이 다 되었다.
㈏ 가위의 안쪽으로만 사용하였다.
㈐ 가위의 끝부부만 사용하였다.
㈑ 정비를 잘못한 것이 축적되었다.

27 정사각형의 얼굴형에 가장 알맞은 조발 및 정발형은?

㈎ 양 측두부 모발의 양감을 줄이고 정수리 부분의 모발에 양감을 더하여 준다.
㈏ 정사각형 얼굴 조발은 아무렇게나 해도 어울린다.
㈐ 양 측두부 및 후두부만 양감을 하여 조발한다.
㈑ 양 측두부의 모발을 살리고 윗부분만 줄이면 이상적이다.

CLICK HINT

▶ 바리캉은 숏 커트 시술 시 필요한 기구이다.

▶ 바리캉은 왼손 모지와 인지로 잡아야 한다.

Answer

23 ㈐ 24 ㈑ 25 ㈐ 26 ㈎ 27 ㈎

28 조발용 가위 정비술에 있어 가장 적당한 정비 확인 방법은?

(가) 모발 하나를 커트(Cut)해 보았다.
(나) 물에 젖은 화장지를 커트(Cut)해 보았다.
(다) 신문 용지를 커트(Cut)해 보았다.
(라) 스펀지를 커트(Cut)해 보았다.

29 건조성 두피의 세발에 적당한 방법은?

(가) 건성 두피에는 더운물을 사용해서는 안 된다.
(나) 건성 두피에는 세면용 고급 비누를 사용하여야 한다.
(다) 건성 두피에는 샴푸를 사용해서는 안 된다.
(라) 헤어 오일이나 식물성 기름을 발라 두었다가 세발하면 이상적이다.

30 드라이 샴푸(Dry shampoo)는 어떤 사람에게 주로 사용되는가?

(가) 두피가 지루성인 사람
(나) 세발이 불편한 환자
(다) 비듬이 많은 사람
(라) 탈모가 심한 사람

31 다음 탈모 증세 중 지루성 탈모증은 무엇을 뜻하는가?

(가) 상처 또는 자극으로 머리카락이 빠지는 증세
(나) 나이가 들어 이마 부분의 머리카락이 빠지는 증세
(다) 동전처럼 무더기로 머리카락이 빠지는 증세
(라) 피부 피지선의 분비물이 병적으로 많아 머리카락이 빠지는 증세

32 다음 중 염발이 가장 불가능할 경우는?

(가) 헤어토닉을 사용하였을 때
(나) 모발에 노폐물이 많을 때
(다) 모발에 습기가 있을 때
(라) 헤어 스프레이를 사용하였을 때

CLICK HINT

▶ **조발용 가위**는 물에 젖은 화장지를 커트해 보는 것이 가장 적당한 정비 확인 방법이다.

▶ **드라이 샴푸**
환자나 가발에 사용

▶ **지루성 탈모증**
피지선 분비물이 병적으로 많아 머리카락이 빠지는 증세이다.

▶ 헤어 스프레이와 기름이 많을 경우 염발이 가장 불가능하다.

Answer

28 (나) 29 (라) 30 (나) 31 (라) 32 (라)

33 염발 시 염발제를 나누어 사용하기 위해 병마개를 막아야 하는 시간으로 가장 올바른 것은?

(가) 3초 이내에 막아야 한다.
(나) 10초 이내에 막으면 사용 가능하다.
(다) 30초 이내에 막으면 사용에 무관하다.
(라) 1분 이내에 막으면 사용할 수 있다.

34 면체술 시 브러시로 라사링을 하는 방법으로 올바른 것은?

(가) 고객의 오른쪽으로부터 시계 방향으로 한다.
(나) 아무 곳에서나 좌우로 한다.
(다) 두정골 부위부터 상하로 한다.
(라) 순서에 관계없이 편리한 대로 한다.

35 커트 시술 중 집게 가위가 잘 정비되지 않고 커트 중간에 멈추는 횟수가 많아지면 모발에 다음 중 어떤 현상이 생기는가?

(가) 탈모 (나) 절모
(다) 탈색모 (라) 곱슬모

36 염발 시 실내온도가 적정할 때 염모제 도포 후 건발 방법은?

(가) 선풍기를 이용한다.
(나) 자연스럽게 소요 시간을 기다린다.
(다) 드라이 온풍을 사용한다.
(라) 적외선 염모실에서 건발한다.

37 염색 시술 시 염색약을 다룰 때 가장 주의하여야 하는 점은?

(가) 염색약이 옷에 묻지 않게 한다.
(나) 염색약이 눈에 들어가지 않게 한다.
(다) 염색약이 흐르지 않게 한다.
(라) 염색약이 퍼지지 않게 한다.

CLICK HINT

▶ **염발제**는 공기에 의해 산화되기 때문에 사용 후에 짧은 시간 내에 막아야 한다.

▶ 우측 볼 → 턱 → 좌측볼 → 이마

▶ 집게 가위가 잘 정비되지 않고 커트 중간에 멈추는 횟수가 많아지면 모발이 반 정도 잘리는 **절모 현상**이 생긴다.

▶ 염발 시 실내온도가 적정하면 자연스럽게 적정 시간이 지나도록 기다린다.

▶ **염색약**이 눈에 절대로 들어가서는 안 된다.

Answer

33 (가) 34 (가) 35 (나) 36 (나) 37 (나)

38 아이론을 올바르게 쥔 상태로 웨이브를 낼 때 회전 각도는 몇 도로 하는 것이 가장 적당한가?

(가) 45도 (나) 90도
(다) 120도 (라) 180도

39 조발 시 집게 가위를 사용하여 윗머리의 커트 시술 시, 3mm 넓이의 빗으로 빗질 할 때 다음 중 가장 좋은 방법은?

(가) 모발 위로만 빗질 (나) 필요량만큼만 빗질
(다) 빗기 쉬운 곳으로 빗질 (라) 모근까지 빗날이 닿게 빗질

40 탈모를 방지하기 위하여 다음 중 가장 적당한 세발 방법은?

(가) 모근에 자극을 주어 혈액순환에 도움이 되도록 브러시로 샴푸한다.
(나) 두피와 모근을 마사지하듯 손끝으로 강하게 샴푸한다.
(다) 모근을 튼튼하게 해주기 위해 손톱으로 적당히 자극을 주면서 샴푸한다.
(라) 모발의 먼지와 지방을 제거할 정도로 손바닥으로 마사지하여 샴푸한다.

41 두발이 있는 후두 하단부 중앙에 직경 1cm의 둥근 흉터가 있으면 어떻게 조발을 하여야 하는가?

(가) 흉터가 있는 곳까지 바리캉으로 조발하고 흉터 하단은 면도로 처리한다.
(나) 흉터가 보이지 않도록 길게 조발하여 흉부를 가려 준다.
(다) 흉부 양옆의 머리를 3mm로 조발하여 흉터는 염색약으로 처리한다.
(라) 흉터의 유무에 상관하지 않는다.

42 가위나 면도를 갈 때 숫돌의 적당한 높이는?

(가) 어깨 높이 (나) 가슴 높이
(다) 배 높이 (라) 무릎 높이

CLICK HINT

▶ 아이론으로 웨이브를 낼 때 90도가 가장 적당하다.

▶ 손바닥을 이용하여 먼지와 지방을 제거할 정도로 가볍게 세발하여야 한다.

▶ 고객의 흉터, 혹, 원형 탈모 등의 단점을 보이지 않게 보완하면서 조발해야 한다.

Answer

38 (나) 39 (나) 40 (라) 41 (나) 42 (다)

43 면도 시술 시 입마개(마스크)를 착용하는 주 목적은?

(가) 고객만을 위하여
(나) 시술자 본인만을 위하여
(다) 본인과 고객의 호흡기질환 전염을 방지하기 위하여
(라) 고객과의 잡담을 방지하기 위하여

44 보통 조발(Long cut)의 순서는 어느 것이 적당한가?

(가) 고객의 좌측 뒤부터 시작하여 좌우로 조발하는 순서로 마무리한다.
(나) 고객의 우측으로부터 윗머리까지 처리하여 좌측에서 마무리한다.
(다) 고객의 우측부터 윗머리 치기와 좌측으로 돌며 조발하여 우측으로 회전하여 마무리한다.
(라) 고객의 좌측부터 뒷부분 윗머리 치기를 하고 우측으로 회전하여 마무리한다.

45 집게 가위 사용법 중 한 번씩 집어 사용하지 않고 여러 번 가위를 작동하면 모발에 나타나는 결과는?

(가) 필요량 이상 커트된다.
(나) 필요량만 커트된다.
(다) 필요량 상단 끝만 커트된다.
(라) 필요량 하단 뿌리만 커트된다.

46 조발 시 시술자와 의자의 적당한 거리는?

(가) 일정한 거리는 필요하지 않다.
(나) 주먹 한 개의 거리가 기준이다.
(다) 의자에서 50cm 정도 거리를 유지한다.
(라) 의자에 밀착시킨다.

CLICK HINT

▶ **마스크**는 호흡기 질환 전염을 방지하기 위하여 착용한다.

▶ **조발 시 시술자와 의자의 거리**는 주먹 한 개의 거리를 유지해야 한다.

Answer

43 (다) 44 (가) 45 (가) 46 (나)

47 이용이 의료업에서 분리 및 독립된 시기는?

(가) 로마 시대 (나) 르네상스 시대
(다) 나폴레옹 1세 시대 (라) 미합중국 독립 시대

48 염발 제품의 보관 장소로 가장 적합한 곳은?

(가) 습도가 많은 곳 (나) 일광을 받는 밝은 곳
(다) 보온 시설이 잘 되고 밝은 곳 (라) 차고 어두운 곳

49 조발 시 가위를 잡을 때 가장 안전하고 능률을 높이려면 어느 손가락으로 잡는 것이 좋은가?

(가) 모지와 인지 (나) 모지와 중지
(다) 모지와 소지 (라) 모지와 약지

50 염색 기구 중 금속을 사용해도 되는 염발제는 다음 중 어느 것인가?

(가) 염모제와 발색제를 혼합 사용하는 제품
(나) 염모제와 물을 혼합 사용하는 제품
(다) 염모제와 옥시풀을 혼합 사용하는 제품
(라) 염모제와 양에 비하여 발색제를 2배 이상 혼합하여 사용하는 경우

51 염발 후 세발은 다음 중 어느 방법이 가장 이상적인가?

(가) 차가운 물로만 먼저 한다.
(나) 물과 비누를 동시에 사용한다.
(다) 샴푸 제품을 먼저 사용한다.
(라) 미지근한 물로만 먼저 사용한다.

52 염발 제품의 제1액과 제2액을 혼합한 후 약의 효과를 보존하려면 최장 몇 분 이내에 사용하여야 염발이 되는가?

(가) 5분 (나) 10분
(다) 30분 (라) 1시간

CLICK HINT

- 1804년 나폴레옹 시대에 프랑스 외과병원에서 전문적인 이용업으로 분리, 독립되었다.
- **염모제**는 차고 어두운 곳에 보관해야 변질되지 않는다.
- **가위를 잡을 때**
  약지환 – 약지 – 안전성
  엄지환 – 모지 – 능률성
- 염모제 제1액과 제2액을 혼합하여 30분후에 사용하게 되면 두발이 얼룩진다.

Answer

47 (다) 48 (라) 49 (라) 50 (다)
51 (나) 52 (다)

53 최초 염발자는 반드시 피부에 약의 부작용 여부를 시험하여야 한다. 가장 적당한 부위는?

㈎ 귀 뒤나 팔 안쪽 부분　㈏ 손등이나 손바닥
㈐ 얼굴이나 두피　㈑ 목이나 다리

54 두부 처리 기술에 사용되는 정발료가 아닌 것은?

㈎ 헤어 다이(Hair dye)　㈏ 헤어 토닉(Hair tonic)
㈐ 헤어 크림(Hair cream)　㈑ 헤어 오일(Hair oil)

55 이 · 미용사의 면허증을 다른 사람에게 대여한 경우 1차 위반 시의 행정처분 기준은?

㈎ 영업정지 3월　㈏ 영업정지 2월
㈐ 면허정지 3월　㈑ 면허정지 2월

56 다음 중 이용사 또는 미용사 면허를 받을 수 있는 자는?

㈎ 감염병 환자　㈏ 피성년후견인
㈐ 성인병 환자　㈑ 간질병 환자

57 다음 중 청문을 실시하는 사항이 아닌 것은?

㈎ 정신질환 환자 또는 간질병자에 해당되어 면허를 취소하고자 하는 경우
㈏ 공중위생영업의 정지 처분을 하고자 하는 경우
㈐ 공중위생업의 일부 시설의 사용 중지 및 영업소 폐쇄 처분을 하고자 하는 경우
㈑ 공중위생업의 폐쇄 처분 후 그 기간이 끝난 경우

58 이 · 미용 영업소에서 1회용 면도날을 손님 2인에게 사용한 때의 1차 위반 시 이 · 미용 영업소에 대한 행정처분 기준은?

㈎ 개선 명령　㈏ 영업정지 5일
㈐ 시정명령　㈑ 경고

CLICK HINT

- **패치테스트**는 염색 시술 전에 알레르기 반응을 알아보기 위한 것으로 귀 뒤쪽이나 팔꿈치 안쪽에 동전 크기만큼의 염모제를 바른 후 24~48시간 정도 후에 확인한다.
- **헤어 다이**는 염모제이다.
- **이 · 미용사 면허증을 다른 사람에게 대여**
  1차 위반 : 면허정지 3월
  2차 위반 : 면허정지 6월
  3차 위반 : 면허취소
- **이 · 미용사 면허를 받을 수 없는 자**
  ① 피성년후견인
  ② 정신질환자
  ③ 감염병환자
  ④ 약물중독자
  ⑤ 이중면허취득
  ⑥ 면허 취소 후 1년이 경과되지 아니한 자
- **청문**
  ① 신고 및 폐업신고사항의 직권 말소
  ② 이 · 미용사의 면허취소 또는 면허정지
  ③ 위생사의 면허취소
  ④ 영업정지명령, 일부시설 사용중지명령, 영업소 폐쇄명령
- **1회용 면도날을 2인에게 사용한 때**
  1차 위반 : 경고
  2차 위반 : 영업정지 5일
  3차 위반 : 영업정지 10일
  4차 위반 : 영업장 폐쇄명령

Answer

53 ㈎ 54 ㈎ 55 ㈐ 56 ㈐ 57 ㈑ 58 ㈑

59 이 · 미용의 영업소 폐쇄명령을 받고도 계속 영업을 할 때 관계 공무원으로 하여금 조치하는 사항이 아닌 것은?

(가) 당해 영업소의 간판 기타 영업표지물의 제거
(나) 당해 영업소가 위법한 영업소임을 알리는 게시물 등의 부착
(다) 이·미용사 면허증을 부착할 수 없게 하는 봉인
(라) 영업을 위하여 필수불가결한 기구 또는 시설물을 사용할 수 없게 하는 봉인

60 이 · 미용 영업자가 오염 허용기준을 지키지 아니하여 당국의 개선명령에 따르지 않았을 때의 벌칙사항은?

(가) 6월 이하의 징역 또는 300만 원 이하의 벌금
(나) 300만 원 이하의 벌금
(다) 500만 원 이하의 벌금
(라) 6월 이하의 징역 또는 500만 원 이하의 벌금

CLICK HINT

▶ **영업소 폐쇄명령 받은 이 · 미용업소가 계속 영업을 하는 때의 조치**
① 영업소의 간판 기타 영업 표지물 제거
② 영업소가 위법한 영업소임을 알리는 게시물 등의 부착
③ 영업을 위하여 필수불가결한 기구 또는 시설물을 사용할 수 없게 봉인

Answer

59 (다) 60 (나)

[기출문제 및 해설] (이용사 2018년 기출 복원문제 2)

CLICK HINT

01 블로우 드라이 스타일링 후 스프레이를 도포하는 주된 이유는?

(가) 모발의 질을 강화시키기 위하여
(나) 모발의 향기를 오래 지속시키기 위하여
(다) 두발의 질을 부드럽게 하기 위하여
(라) 스타일을 고정시키고 유지 시간을 연장시키기 위하여

▶ 스프레이는 두발을 고정, 세팅, 유지하는 것이 목적이다.

02 피부의 pH에 관한 설명 중 가장 옳은 것은?

(가) 피부의 pH의 상피 자체만의 pH를 말한다.
(나) 피부의 pH는 피부 온도와 가장 밀접한 관계가 있다.
(다) 피부의 pH는 대개 약알칼리성이다.
(라) 피부의 pH는 인종, 성별, 연령, 인체 부위 등에 따라서 각기 다르다.

03 탄수화물이 풍부한 쌀, 보리, 옥수수에서 잘 발생하며, 동물실험 결과 발암성 물질로 알려져 있는 식중독의 원인 물질은?

(가) 삭시톡신 (나) 아플라톡신
(다) 라이신 (라) 베네루핀

▶ 아플라톡신
쌀, 보리, 옥수수 등 탄수화물이 풍부한 농산물이나 곡류에서 번식한다.

04 pH에 관한 설명 중 틀린 것은?

(가) 제공된 화학성분이나 화장품의 산성 또는 알칼리성의 정도를 말한다.
(나) pH가 3이면 산성이다.
(다) 혈액의 pH는 5.5이다.
(라) 피부의 pH는 약산성을 나타낸다.

▶ 혈액의 pH는 7.35~7.45이다.

Answer
01 (라) 02 (라) 03 (나) 04 (다)

05 염색이나 블리치를 한 후 손상된 모발을 보호하기 위한 가장 올바른 방법은?

(가) 드라이 후 스프레이를 뿌려 손상된 모발을 고정시킨다.
(나) 샴푸 후 수분을 약 50%만 제거한 후 자연 건조시킨다.
(다) 모발을 적당히 건조한 후 헤어로션을 두피에 묻지 않도록 주의하여 모발에 도포한다.
(라) 모발을 적당히 건조한 후 헤어젤을 두피에 묻지 않도록 주의하여 모발에 도포한다.

06 원발진에 의하여 생기는 피부 변화에 해당되는 것은?

(가) 비듬 (나) 가피
(다) 이란 (라) 팽진

07 두발이 건조해지고 부스러지는 것을 방지하는 효과가 가장 큰 비타민은?

(가) 비타민 A (나) 비타민 C
(다) 비타민 B (라) 비타민 B_1

08 대기 환경오염에 대한 설명으로 옳은 것은?

(가) 광화학 스모그의 생성은 황산화물의 결합과 관련된다.
(나) 자외선은 황산화물을 1단계 광화학 반응으로 유도한다.
(다) 광화학 스모그는 아황산가스가 원인이다.
(라) 광화학 스모그 발생기전은 저농도의 환원형 스모그에 기인한다.

09 공중보건학의 범위 중에서 질병관리 분야로 가장 적합한 것은?

(가) 역학 (나) 환경위생
(다) 보건행정 (라) 산업보건

CLICK HINT

▶ **원발진**
정상피부에 처음으로 나타나는 피부질환이다. 홍반, 팽진, 구진, 결절 농포, 수포, 낭종, 종양 등 피부가 변화한다.

▶ **비타민 A**
모발영양, 피부윤기 눈의 작용 개선

▶ **아황산가스**는 대기오염의 지표이다.

▶ **역학**
인간집단현상에서 일어나는 질병, 불구, 사망 등의 발생과 분포에 영향을 주는 여러 가지 원인을 규명하고 그에 대한 관리와 예방대책을 연구하는 학문이다.

Answer

05 (다) 06 (라) 07 (가) 08 (다) 09 (가)

10 이용기술의 기본이 되는 두부를 구분한 명칭 중 옳은 것은?

㈎ 크라운 – 측두부
㈏ 톱 – 전두부
㈐ 네이프 – 두정부
㈑ 사이드 – 후두부

11 가발의 샴푸에 관한 설명으로 가장 적합한 것은?

㈎ 가발은 매일 샴푸하는 것이 가발 수명에 좋다.
㈏ 가발은 미지근한 물로 샴푸해야 한다.
㈐ 가발은 물로 샴푸해서는 안 된다.
㈑ 가발은 락스로 샴푸하는 것이 좋다.

12 다음 중 피부색을 결정짓는 요인으로 가장 적합한 것은?

㈎ 멜라닌의 분포
㈏ 카로틴의 분포
㈐ 털의 분포
㈑ 케라토히알린의 분포

13 자외선 B는 자외선 A보다 홍반 발생능력이 몇 배 정도로 많은가?

㈎ 10배 ㈏ 100배
㈐ 1,000배 ㈑ 10,000배

14 덧돌에 대한 설명 중 가장 적합한 것은?

㈎ 덧돌에는 천연석과 인조석이 있다.
㈏ 덧돌은 숫돌보다 약 2배 정도 크다.
㈐ 덧돌은 주로 가위를 연마할 때 사용한다.
㈑ 덧돌은 숫돌이 깨졌을 때 쓰는 비상용이다.

CLICK HINT

- 크라운 : 두정부
- 톱 : 전두부
- 네이프 : 후두부 하단
- 사이드 : 측두부

피부색을 결정짓는 요인 – 멜라닌 색소

자외선 B는 A보다 홍반 발생능력이 1,000배 정도이다.

Answer

10 ㈏ 11 ㈏ 12 ㈎ 13 ㈐ 14 ㈎

15 이용업소에서의 면도날 사용에 대한 다음 설명 중 가장 적합한 것은?

(가) 면도날은 면체술 외에는 일체 사용할 수 없다.
(나) 반드시 1회용 면도기를 1인에게 1회만 사용하고 사용 직후 폐기 처리한다.
(다) 면도기는 한 번 사용한 후 깨끗이 소독하여 손님에게 계속 사용해도 무방하다.
(라) 일자 면도날(일도)는 계속해서 매번 재사용하고, 1회용 면도기날은 1회에 한해서 사용한다.

16 다음 중 공중위생영업에 속하지 않는 것은?

(가) 식당조리업 (나) 숙박업
(다) 이·미용업 (라) 세탁업

17 제3급 감영병에 속하지 않는 것은?

(가) 말라리아 (나) 파상풍
(다) 뎅기열 (라) 풍진

18 다음 중 염모제의 보관 장소로 가장 적합한 곳은?

(가) 습기가 높고 어두운 곳
(나) 온도가 낮고 어두운 곳
(다) 온도가 높고 어두운 곳
(라) 건조하고 일광이 잘 드는 밝은 곳

19 우리나라에 단발령이 내려진 시기는?

(가) 1895년 (나) 1990년
(다) 1892년 (라) 1893년

CLICK HINT

▶ **면도기**는 1회용 면도날만을 손님 1인에 한하여 사용해야 한다.

▶ **공중위생영업**
- 숙박업
- 목욕장업
- 이·미용업
- 세탁업
- 건물위생관리업

▶ **〈법정 감염병의 분류〉**
2020. 3. 4. 개정
풍진은 제2급감염병이다.

▶ **염모제**는 온도가 낮고 어두운 곳에 보관해야 변질되지 않는다.

▶ 1895년 11월 고종황제 때 단발령으로 이발이 처음으로 시작하게 되었다.

Answer

15 (나) 16 (가) 17 (라) 18 (나)
19 (가)

20 다음 중 두피 및 두발의 생리기능을 높여주는 데 가장 적합한 샴푸는?

(가) 드라이 샴푸 (나) 토닉 샴푸
(다) 리퀴드 샴푸 (라) 오일 샴푸

21 기초 화장품의 사용 목적이 아닌 것은?

(가) 세안 (나) 잡티 제거
(다) 피부 정돈 (라) 피부 보호

22 음용수로 사용할 상수의 수질오염지표 미생물로 주로 사용되는 것은?

(가) 중금속 (나) 일반세균
(다) 대장균 (라) COD

23 1955년 프랑스 이용기술 고등연맹에서 발표한 장티욤 라인 작품에 대한 설명으로 가장 적합한 것은?

(가) 전체 스타일을 스퀘어로 각을 강조하였다.
(나) 귀족을 의미하는 뜻으로 작품명을 정하였다.
(다) 가르마를 기준으로 각각 원형을 이루도록 하였다.
(라) 전체가 수평을 이루어 중년에 맞는 스타일이다.

24 한 국가나 지역사회 간의 보건수준을 비교하는 데 사용되는 대표적인 3대지표는?

(가) 영아사망률, 비례사망지수, 평균수명
(나) 영아사망률, 사인별 사망률, 평균수명
(다) 유아사망률, 모성사망률, 비례사망지수
(라) 유아사망률, 사인별 사망률, 영아사망률

CLICK HINT

▶ **토닉 샴푸**
생리 기능을 높일 때

▶ **기초 화장품 사용 목적**
- 피부 청결의 세안
- 피부정돈
- 피부의 영양공급
- 피부보호

▶ **대장균**은 수질 오염의 지표로서 식품의 위생과 분변오염의 지표로도 사용이 된다.

▶ **보건지표**
- 비례사망지수
- 평균수명
- 영아사망률

Answer

20 (나) 21 (나) 22 (다) 23 (가) 24 (가)

25 다음 ( ) 안에 알맞은 것은?

> 시장·군수·구청장은 공중위생영업의 정지 또는 일부 시설의 사용 중지 등의 처분을 하고자 하는 때에는 ( )을 실시하여야 한다.

(가) 위생서비스 수준의 평가 (나) 공중위생감시
(다) 청문 (라) 열람

26 다음 중 하체 비만의 증상이 아닌 것은?

(가) 손발이 저리고 몸이 붓는다.
(나) 하지정맥의 원인이 된다.
(다) 무릎 관절에 무리가 간다.
(라) 혈액순환에 문제가 발생한다.

27 비닐 모양의 죽은 피부세포가 엷은 회백색 조각이 되어 떨어져 나가는 피부층은?

(가) 투명층 (나) 유극층
(다) 기저층 (라) 각질층

28 뒷머리 부분이 도면과 같이 제비초리이다. 장교 조발로 자르려고 할 경우 어떻게 작업하는 것이 좋은가?

(가) 고객의 머리를 좌측 어깨 쪽과 우측 어깨 쪽으로 돌려 조발한다.
(나) 고객의 머리를 숙이게 하고 뒷부분을 짧게 조발한다.
(다) 고객의 머리를 좌측 어깨 쪽으로만 돌려놓고 조발한다.
(라) 고객의 머리를 우측 어깨 쪽으로만 돌려놓고 조발한다.

CLICK HINT

▶ 시장 · 군수 · 구청장은 공중위생영업의 정지 또는 일부 시설의 사용 중지 등의 처분을 하고자 하는 때에는 청문을 실시하여야 한다.

▶ 각질층
각질형성세포 중 가장 바깥쪽에 위치한 편평한 세포로 비늘모양을 하고 있다.

▶ 고객의 머리를 좌측 어깨 쪽과 우측 어깨 쪽으로 돌려 조발해야 뾰족한 제비초리를 조발 할 수 있다.

Answer

25 (다) 26 (가) 27 (라) 28 (가)

29 두피를 가볍게 문지르면서 왕복운동과 원운동을 하는 마사지 방법에 해당하는 것은?

(가) 경찰법 (나) 강찰법
(다) 유연법 (라) 고타법

30 세계적으로 통용되는 이용실의 사인볼은 어떤 색으로 되어 있는가?

(가) 청색, 황색, 백색 (나) 황색, 청색
(다) 청색, 홍색, 백색 (라) 홍색, 백색

31 염색 시 알레르기 반응을 알아보기 위해 패치 테스트를 할 경우에 시험할 부위는?

(가) 귀 뒤쪽 아래 목 부분이나 팔꿈치 안쪽 부분
(나) 손등이나 팔등 쪽 부분
(다) 얼굴이나 두피 쪽 부분
(라) 염발할 부위

32 조발용 가위 정비술에 있어 가장 좋은 정비 확인 방법은?

(가) 머리카락 하나를 커트하여 본다.
(나) 물에 젖은 화장지를 커트하여 본다.
(다) 신문용지를 커트하여 본다.
(라) 스펀지를 커트하여 본다.

33 다음 중 바이러스 감염에 의한 피부병변이 아닌 것은?

(가) 단순포진 (나) 사마귀
(다) 홍반 (라) 대상포진

CLICK HINT

- 29
  - 경찰법 : 문지르기
  - 유연법 : 주무르기
  - 진동법 : 떨기
  - 고타법 : 두드리기
  - 압박법 : 누르기
  - 강찰법 : 강하게 문지르기

- 30 **이용원의 사인볼 색**
  청색 : 정맥
  홍색 : 동맥
  백색 : 붕대

- 31 **패치테스트**는 염색 시술 전에 알레르기 반응을 알아보기 위한 것으로 귀 뒤쪽이나 팔꿈치 안쪽에 동전 크기만큼의 염모제를 바른 후 24~48시간 정도 후에 확인한다.

- 32 **조발용 가위**는 물에 젖은 화장지를 커트해 보는 것이 가장 적당한 정비 확인 방법이다.

- 33 **홍반**은 원발진으로써 정상 피부에 처음으로 나타나는 피부질환이다.

Answer

29 (가) 30 (다) 31 (가) 32 (나) 33 (다)

34 다음 ( ) 안에 알맞은 것은?

> 공중위생영업을 하고자 하는 자는 공중위생영업의 종류별로 보건복지부령이 정하는 시설 및 설비를 갖추고 ( )에게 신고하여야 한다.

(가) 세무서장　　(나) 시장·군수·구청장
(다) 보건복지부 장관　　(라) 고용노동부 장관

35 소독의 정의로서 옳은 것은?

(가) 모든 미생물 일체를 사멸하는 것
(나) 모든 미생물을 열과 약품으로 완전히 죽이거나 또는 제거하는 것
(다) 병원성 미생물의 생활력을 파괴하여 죽이거나 또는 제거하여 감염력을 없애는 것
(라) 균을 적극적으로 죽이지 못하더라도 발육을 저지하고, 목적하는 것을 변화시키지 않고 보존하는 것

36 기능성 화장품의 종류와 그 범위에 대한 설명으로 틀린 것은?

(가) 주름개선제품 : 피부탄력을 강화하고 표피의 신진대사를 촉진한다.
(나) 미백제품 : 피부의 색소 침착을 방지하고 멜라닌 생성 및 산화를 방지한다.
(다) 자외선차단제품 : 자외선을 차단 및 산란시켜 피부를 보호한다.
(라) 보습제품 : 피부에 유·수분을 공급하여 피부의 탄력을 강화한다.

37 용액 600mL에 용질 3g이 녹아 있을 때 이 용액은 몇 배수로 희석된 용액인가?

(가) 100배 용액　　(나) 200배 용액
(다) 300배 용액　　(라) 600배 용액

CLICK HINT

▶ 공중위생영업을 하고자 하는 자는 공중위생영업의 종류별로 보건복지부령이 정하는 시설 및 설비를 갖추고 시장·군수·구청장에게 신고하여야 한다.

▶ 소독
사람에게 유해한 병원성 미생물을 파괴하여 감염의 위험을 제거하는 비교적 약한 정도의 살균작용을 말한다.

▶ 기능성 화장품
미백, 주름개선, 자외선으로 피부를 보호하는 등의 화장품을 말한다.

▶ 600/3 = 200
200mL에 1g 녹아있는 것이다.

Answer

34 (나) 35 (다) 36 (라) 37 (나)

38 면도 작업 후 스킨(토너)을 사용하는 주 목적은?

(가) 안면부를 부드럽게 하기 위하여
(나) 안면부의 소독과 피부 수렴을 위하여
(다) 안면부를 건강하게 하기 위하여
(라) 안면부의 화장을 하기 위하여

39 다음 ( )안에 알맞은 것은?

> 자외선 차단지수(SPF)란 자외선 차단제품을 사용했을 때와 사용하지 않았을 때의 ( )비율을 말한다.

(가) 최대 홍반량 (나) 최소 홍반량
(다) 최대 흑화량 (라) 최소 흑화량

40 전기 아이론이 발명된 년도는?

(가) 1875년 (나) 1910년
(다) 1920년 (라) 1925년

41 질병 발생의 세 가지 요인으로 연결된 것은?

(가) 숙주, 병인, 환경 (나) 숙주, 병인, 유전
(다) 숙주, 병인, 병소 (라) 숙주, 병인, 저항력

42 정통 특수조발이란 어떤 기구를 사용한 조발인가?

(가) 클리퍼 (나) 레이저
(다) 일자가위 (라) 틴닝 가위

43 화장품 품질 특성의 4대 조건은?

(가) 안전성, 안정성, 사용성, 유용성
(나) 안전성, 방부성, 방향성, 유용성
(다) 발림성, 안정성, 방부성, 사용성
(라) 방향성, 안전성, 발림성, 사용성

CLICK HINT

▶ 면도 작업 후 안면부의 소독과 피부 수렴을 위해서 스킨(토너)를 사용한다.

▶ **자외선 차단지수**란 자외선 차단제품을 사용했을 때와 사용하지 않았을 때의 최소 홍반량 비율을 말한다.

▶ 1875년 마셀그라또가 전기 아이론을 창안하였다.

▶ **질병 발생의 3대 요인**
- 병인요인
- 숙주요인
- 환경요인

▶ **정통 특수조발**은 스포츠형으로 가위만으로 하는 조발을 뜻한다.

▶ **화장품 품질 4대 조건**
- 안전성
- 안정성
- 사용성
- 유용성

Answer

38 (나) 39 (나) 40 (가) 41 (가) 42 (다) 43 (가)

44 삼각형 얼굴에 가장 어울리는 두발형태가 갖는 조발 방법은?

(가) 양측두부 하부 두발의 양은 줄이고 상부 양측두부의 모량을 살린다.
(나) 삼각형 얼굴에서 모량은 크게 고려하지 않는다.
(다) 모량에 있어서는 하부는 그대로 두고 상부만 살린다.
(라) 상하 측두부에서의 모량은 살린다.

45 피부 본래의 표면에 알칼리성의 용액을 pH환원시키는 표피의 능력을 무엇이라고 하는가?

(가) 환원작용　　(나) 알칼리 중화능력
(다) 산화작용　　(라) 산성 중화능력

46 다음 중 아이론의 사용에 있어서 가장 적합한 온도는?

(가) 150~170℃　　(나) 110~130℃
(다) 80~100℃　　(라) 60~80℃

47 인구 구성 중 14세 이하가 65세 이상 인구의 2배 정도이며, 출생률과 사망률이 모두 낮은 형은?

(가) 피라미드형　　(나) 종형
(다) 항아리형　　(라) 별형

48 이 · 미용의 시설 및 설비의 개선명령에 위반한 자의 과태료 기준은?

(가) 500만 원 이하　　(나) 300만 원 이하
(다) 200만 원 이하　　(라) 100만 원 이하

49 아이론의 구조 중 모발이 감기거나 모발의 컬 형을 만드는 부분의 명칭은?

(가) 프롱　　(나) 그루브
(다) 핸들　　(라) 피봇 스크루

CLICK HINT

▶ 알칼리성 용액을 pH환원시키는 능력은 **알칼리 중화능력**이다.

▶ **아이론 적정온도**
120~140℃

▶ • **피라미드형** : 후진국형
• **항아리형** : 선진국형
• **별형** : 도시형
• **표주박형** : 농촌형
• **종형** : 가장 이상적인형으로 출생률과 사망률이 모두 낮은 형이다.

▶ **300만 원 이하의 과태료**
공중위생영업의 종류별 시설 및 설비의 개선 명령에 위반한 자
(위생지도 및 개선명령)

▶ **프롱**
원형 쇠 막대기 부분으로 위에서 눌러주는 작용을 한다. 모발이 감기거나 컬을 만드는 부분이다.

Answer

44 (가) 45 (나) 46 (나) 47 (나)
48 (나) 49 (가)

50 다음 중 셰이핑 레이저와 관계가 있는 것은?

(가) 사용자의 숙련도가 높아야 한다.
(나) 사용상 안전도는 있으나 시간적으로 효율성이 떨어진다.
(다) 세밀한 작업이 용이하다.
(라) 지나치게 자를 우려가 있다.

51 진피에 함유되어 있는 성분으로 우수한 보습능력을 지니어 피부관리 제품에도 많이 함유되어 있는 것은?

(가) 알코올　(나) 콜라겐
(다) 판테놀　(라) 글리세린

52 기초화장품에 대한 설명으로 가장 거리가 먼 것은?

(가) 피부를 청결히 한다.
(나) 피부의 모이스처 밸런스를 유지한다.
(다) 피부의 신진대사를 활발하게 한다.
(라) 피부의 결점을 보완하고 개성을 표현한다.

53 영업소에서 무자격 안마사로 하여금 손님에게 안마행위를 하였을 때 1차 위반 시 행정처분은?

(가) 경고　(나) 영업정지 15일
(다) 영업정지 1월　(라) 영업장 폐쇄

54 공중위생영업자의 지위를 계승한 자가 시장 · 군수 · 구청장에게 신고해야 하는 기간은?

(가) 15일 이내　(나) 1개월 이내
(다) 3개월 이내　(라) 6개월 이내

55 다음의 병원균 중 보통 자비소독으로 사멸되지 않는 것은?

(가) 아메바성 이질　(나) 살모넬라균
(다) 유행성 간염　(라) 결핵균

CLICK HINT

▶ **셰이핑 레이저**는 안전하지만, 잘려지는 부위가 좁아 작업 속도는 느리다.

▶ 기초 화장품 사용 목적
- 피부 청결의 세안
- 피부정돈
- 피부의 영양공급
- 피부보호

▶ 무자격 안마사로 하여금 안마사의 업무에 관한 행위를 하게 한 경우
1차 위반 : 영업정지 1월
2차 위반 : 영업정지 2월
3차 위반 : 영업장 폐쇄명령

▶ 공중위생영업자의 지위를 승계한 자는 1월 이내에 보건복지부령이 정하는 바에 따라 시장 · 군수 · 구청장에게 신고하여야 한다.

Answer

50 (나) 51 (나) 52 (라) 53 (다) 54 (나) 55 (다)

56 고압증기 멸균에 적절한 압력, 온도, 시간은?

(가) 5lbs, 100℃, 60분 (나) 10lbs, 100℃, 30분
(다) 15lbs, 121℃, 20분 (라) 20lbs, 121℃, 60분

57 이 · 미용사의 면허가 취소된 후 계속하여 업무를 행한 자에 대한 벌칙은?

(가) 1년 이하 징역 또는 1000만 원 이하 벌금
(나) 6월 이하 징역 또는 500만 원 이하 벌금
(다) 500만 원 이하 벌금
(라) 300만 원 이하 벌금

58 자외선 산란제로 가장 많이 쓰이는 것은?

(가) 산화철 (나) 이산화티탄
(다) 울트란 마린 (라) 산화알루미늄

59 유리 산소가 존재하면 유해작용을 받아 증식이 되지 않는 세균은?

(가) 미호기성 세균 (나) 편성호기성 세균
(다) 통성혐기성 세균 (라) 편성혐기성 세균

60 열탕소독(자비소독)에 관한 설명으로 틀린 것은?

(가) 세균포자, 간염바이러스 살균에 효과적이다.
(나) 금속성 기자재가 녹이 스는 것을 방지하기 위해 끓는 물에 탄산 나트륨을 1~2% 넣어준다.
(다) 면도날이나 가위 등은 거즈로 싸서 끓는 물에 소독한다.
(라) 100℃ 이상의 끓는 물속에 10분 이상 끓여 준다.

CLICK HINT

▶ 고압증기멸균법
10파운드 : 30분 동안
15파운드 : 20분 동안
20파운드 : 15분 동안

▶ 300만 원 이하의 벌금
- 면허취소, 정지 중에 이 · 미용업을 한 사람
- 면허를 받지 않고 이 · 미용업을 개설하거나 그 업무에 종사한 사람

▶ 자외선 산란제
- 이산화티탄
- 산화아연

▶ 열탕소독(자비소독)
10~20분간 100℃ 끓는 물에서 처리하는 방법이다.

Answer

56 (다) 57 (라) 58 (나) 59 (라) 60 (가)

[기출문제 및 해설] (이용사 2019년 기출 복원문제 1)

01 피부의 감각 중 가장 둔한 것은?

(가) 통각 (나) 온각
(다) 냉각 (라) 촉각

02 사람의 피부로 감염되는 기생충은?

(가) 요충 (나) 십이지장충(구충)
(다) 편충 (라) 회충

03 결핵환자가 사용한 침구류 및 의류에 대한 가장 간편한 소독방법은?

(가) 석탄산 소독 (나) 자비소득
(다) 일광 소독 (라) 크레졸 소독

04 에탄올 소독 대상물로서 적당한 것을 모두 고르시오.

㉠ 가위	㉡ 플라스틱 용품	㉢ 면도칼	㉣ 주삿바늘

(가) ㉠ (나) ㉠, ㉡
(다) ㉠, ㉡, ㉢ (라) ㉠, ㉡, ㉢, ㉣

05 알코올 소독 대상물로서 가장 부적당한 것은?

(가) 가위 (나) 플라스틱 용품
(다) 면도칼 (라) 주삿바늘

06 경구감염(經口感染)을 일으키지 않는 기생충으로만 묶인 것은?

(가) 폐흡충, 아메바성 이질 (나) 회충, 요충
(다) 사상충, 말라리아 (라) 유구조충, 편충

CLICK HINT

▶ 각각의 분포도
통각>촉각>냉각>온각

▶ 십이지장충(구충)은 경피감염과 경구감염이 전파경로이다.

▶ 알코올
• 70~75% 농도로 사용
• 가위, 칼, 바늘, 피부솔, 이·미용 도구 등에 사용

▶ 사상충과 말라리아는 경피감염이다.

Answer

01 (나) 02 (나) 03 (다) 04 (라)
05 (나) 06 (다)

07 건강의 정의를 가장 잘 설명한 것은?

(가) 신체적으로 안녕한 상태
(나) 육체적·정신적·사회적으로 안녕한 상태
(다) 질병이 없고, 허약하지 않은 상태
(라) 정신적으로 안녕한 상태

08 인공능동 면역에 의한 예방접종이 실시되고 있는 것은?

(가) AIDS (나) 파상풍
(다) 식중독 (라) 아메바성 이질

09 공중위생영업자의 지위를 승계한자는 몇 개월 이내에 누구에게 신고해야 하는가?

(가) 1개월 이내 – 시장·군수·구청장에게 신고
(나) 1개월 이내 – 시·도지사에게 신고
(다) 2개월 이내 – 시장·군수·구청장에게 신고
(라) 2개월 이내 – 시·도지사에게 신고

10 가청주파 영역을 넘는 주파수를 이용하여 미생물을 불활성화 시킬 수 있는 소독방법은?

(가) 전자파 멸균법
(나) 초음파 멸균법
(다) 방사선 멸균법
(라) 고압증기 멸균법

11 자외선에 과도하게 노출되거나 칼슘이 부족할 경우 뒤따를 수 있는 피부 유형은?

(가) 여드름성 피부 (나) 민감성 피부
(다) 복합성 피부 (라) 지성 피부

CLICK HINT

▶ 건강의 정의
단지 질병이 없거나 허약하지 않은 상태만 의미하는 것이 아니라 육체적 · 정신적 · 사회적으로 안녕이 완전한 상태를 말한다.

▶ DPT 접종
D : 디프테리아
P : 백일해
T : 파상풍

▶ 공중위생영업자의 지위를 승계한 자는 1월 이내에 보건복지부령이 정하는 바에 따라 시장 · 군수 · 구청장에게 신고하여야 한다.

▶ 자외선에 과도하게 노출되거나 칼슘이 부족하면 피부는 예민해진다.

Answer

07 (나) 08 (나) 09 (가) 10 (나) 11 (나)

12 비말감염(飛沫感染)이나 진애(먼지)감염이 되지 않는 것은?

㈎ 유행성 일본뇌염 ㈏ 디프테리아
㈐ 성홍열 ㈑ 백일해

13 두발 염색 시 주의사항에 대한 설명으로 틀린 것은?

㈎ 두피에 상처가 있을 때는 염색을 금한다
㈏ 염색제는 혼합 후 곧바로 사용한다
㈐ 두발이 젖은 상태에서 염색하여야 효과적이다
㈑ 금속성 용구나 빗의 사용을 금한다

14 혈청이나 당 등과 같이 열에 불안정한 액체의 멸균에 주로 이용되는 방식은?

㈎ 습열멸균법 ㈏ 간헐멸균법
㈐ 여과멸균법 ㈑ 초음파멸균법

15 마사지 시술 시 등, 어깨, 팔을 주물러서 푸는 마사지 방법에 해당되는 것은?

㈎ 경찰법 ㈏ 유연법
㈐ 진동법 ㈑ 압박법

16 조선시대 말 18세에 등과하여 정삼품의 벼슬로 강원에 봉직하다 고종황제의 어명으로 우리나라에서 최초로 이용시술을 한 사람은?

㈎ 안종호 ㈏ 김옥균
㈐ 서재필 ㈑ 박영효

17 수축력이 가장 강하고 잔주름을 없애는데 효과가 있는 팩은?

㈎ 오일 팩 ㈏ 우유 팩
㈐ 왁스 마스크 팩 ㈑ 에그 팩

CLICK HINT

▶ **유행성 일본뇌염**은 경피 감염이다.

▶ **여과멸균법**은 열을 가할 수 없는 액체 물질에 사용한다.

▶
- 경찰법 : 쓰다듬기
- 유연법 : 주무르기
- 진동법 : 떨기
- 고타법 : 두드리기
- 압박법 : 누르기
- 강찰법 : 강하게 문지르기

▶ 우리나라의 최초의 이용사는 안종호이다. 세종로 어귀에 최초로 이용원을 개설하였다.

▶
- 오일팩 : 건성피부
- 우유팩 : 미백, 보습
- 왁스팩 : 잔주름, 영양
- 에그팩 : 영양

Answer

12 ㈎ 13 ㈐ 14 ㈐ 15 ㈏
16 ㈎ 17 ㈐

18 염모제로 헤나를 진흙에 혼합하여 두발에 바르고 태양광선에 건조시켜 사용했던 최초의 고대국가는?

㈎ 에티오피아 ㈏ 로마
㈐ 그리스 ㈑ 이집트

19 장시간 동안의 여행이나 난로에 오래 앉아 있으면 세포 내 무엇이 감소하는가?

㈎ 피부의 혈액순환 ㈏ 피부의 각질화
㈐ 피부의 보습량 ㈑ 피부의 탄력감

20 갑상선과 부신의 기능을 활성화하여 피부를 건강하게 해주며 모세혈관의 기능을 정상화하게 하는 것은?

㈎ 나트륨 ㈏ 마그네슘
㈐ 철분 ㈑ 요오드

21 과산화수소(H_2O_2)의 특성이 아닌 것은?

㈎ 표백력이 없다.
㈏ 살균력이 있다.
㈐ 창상이나 피부소독에 쓰인다.
㈑ 무색 투명하다.

22 무균실에서 사용되는 기구에 대한 가장 적합한 소독법은?

㈎ 고압증기 멸균법 ㈏ 자외선 소독법
㈐ 자비소독법 ㈑ 소각 소독법

23 대기오염 방지와 연관성이 가장 적은 것은?

㈎ 생태계 파괴 방지 ㈏ 경제적 손실 방지
㈐ 자연환경의 악화 방지 ㈑ 직업병의 발생 방지

CLICK HINT

▶ 난로에 장시간 동안 노출되어 있으면 피부의 보습량이 감소한다.

▶ **요오드**는 갑상선 호르몬 구성요소 중 하나로 체내에서 합성이 불가능하기 때문에 섭취해야 하는 미량원소이다.

▶ **과산화수소**는 표백력이 있다.

Answer

18 ㈑ 19 ㈐ 20 ㈑ 21 ㈎
22 ㈎ 23 ㈑

24 소독에 관한 설명으로 가장 올바른 것은?

(가) 소독, 멸균, 방부는 같은 의미로 사용된다.
(나) 소독은 멸균된 상태를 뜻한다.
(다) 소독으로 방부가 가능하지만, 멸균을 의미하지 않는다.
(라) 소독과 방부는 같은 뜻으로 사용된다.

25 두피 마사지(Scalp Manipulation)의 효과에 해당되지 않는 것은?

(가) 신경을 자극하여 흥분케 한다.
(나) 두발이 건강하게 자라도록 도와준다.
(다) 근육을 자극하여 단단한 두피를 부드럽게 한다.
(라) 두피의 혈액순환을 촉진시킨다.

26 에틸렌 옥시드(Ethylene Oxide) 가스 멸균법과 관계가 있는 것은?

(가) 가열에 변질이 잘되는 재료 소독에 적합하다.
(나) 멸균시간이 짧다.
(다) 경제적이다.
(라) 단기간만 보존할 수 있다.

27 공중위생영업자가 당국으로부터 통보받은 위생관리 등급의 표지를 관리하는 내용으로 가장 옳은 것은?

(가) 영업소 내 다른 게시물과 같이 반드시 기재한다.
(나) 영업소 내 게시물과 분리하여 게시해야만 한다.
(다) 관계 공무원의 지도, 감독 시 게시만 하면 된다.
(라) 영업소 명칭과 함께 출입구에 부착할 수 있다.

28 이용원의 간판 사인볼 색으로 세계적으로 공통적인 것은?

(가) 홍색, 백색
(나) 황색, 청색
(다) 청색, 황색, 백색
(라) 청색, 적색, 백색

CLICK HINT

- 소독
  사람에게 유해한 미생물을 파괴하여 감염의 위험을 제거하는 비교적 약한 정도의 살균 작용이다.
- 소독의 세기
  멸균>살균>소독>방부

두피마사지
두피의 혈액순환을 활발하게 하고 생리기능을 원활하게 하여 두발이 건강하게 자라나도록 도와주고 근육을 자극하여 단단한 두피를 부드럽게 한다.

공중위생영업자는 시장 · 군수 · 구청장으로부터 통보받은 위생관리등급의 표지를 영업소의 명칭과 함께 출입구에 부착할 수 있다.

이용원의 사인볼 색
청색 : 정맥
적색 : 동맥
백색 : 붕대

Answer

24 (다) 25 (가) 26 (가) 27 (라) 28 (라)

29 얼굴 앞면을 차례대로 구획한 선은?

(가) SCP – FSP – TP – SP – SCP
(나) NSP – SCP – TP – SCP – NSP
(다) SCP – SP – CP – SP – SCP
(라) NSP – SCP – GP – SCP – NSP

30 두발을 틴닝 가위로 잘랐을 때 나타나는 현상은?

(가) 두발 끝의 단면이 뭉툭해진다.
(나) 두발 끝이 갖는 길이가 일정하다.
(다) 두발의 양이 많아 보인다.
(라) 두발 끝이 갖는 길이가 일정하지 않아 자연스럽다.

31 가위나 레이저로 두발을 자연스러운 장단을 만들어서 두발 끝부분에 갈수록 붓의 끝과 같이 되도록 커트하는 것은?

(가) 클리핑 (나) 틴닝
(다) 싱글링 (라) 테이퍼링

32 안면 면체 시 습포를 하는 주된 목적은?

(가) 수염과 피부가 유연해져 면도의 시술효과를 높이기 위하여
(나) 표피를 수축시켜 탄력성을 주기 위하여
(다) 차가운 면도기를 피부에 접촉하기 따뜻한 감을 주기 위하여
(라) 손님의 긴장감을 풀어 주기 위하여

33 일반적으로 블로우 드라이어를 이용한 정발순서로 가장 적합한 것은?

(가) 가르마 부분 → 측두부 → 후두부
(나) 측두부 → 가르마 부분 → 후두부
(다) 후두부 → 측두부 → 가르마 부분
(라) 측두부 → 후두부 → 가르마 부분

CLICK HINT

- • CP : 센타 포인트
  • TP : 탑 포인트
  • GP : 골덴 포인트
  • SP : 사이드 포인트
  • FSP : 프론트 사이드 포인트
  • NSP : 네이프 사이드 포인트
  • SCP : 사이드 코너 포인트
- 틴닝 가위(집게 가위)
  두발의 길이는 건드리지 않고 모량을 제거할 때 사용하는 가위로 자연미를 표현한다.
- 테이퍼링(Tapering)
  두발 끝부분을 가늘게 커팅하는 기법이다.
- 안면 면체 시 습포는 수염과 피부를 부드럽게 해준다.
- 블로우 드라이어 할 때 모근부터 열을 가하여 뿌리(모근) 볼륨을 살리는 것이 좋은 방법이다.
  가르마 → 측두부 → 후두부

Answer

29 (다) 30 (라) 31 (라) 32 (가) 33 (가)

34 면도 시 비누 거품을 칠하는 목적으로 맞지 않는 것은?

㈎ 깎인 털과 수염이 날리는 것을 예방한다.
㈏ 피부 및 털과 수염을 유연하게 하고 면도의 운행을 쉽게 한다.
㈐ 면도날의 움직임을 원활하게 하기 위해 사용한다.
㈑ 모공이 확장되게 하기 위해 사용한다.

35 염색시술 후 몇 시간이 지난 뒤에 헤어 퍼머넌트 웨이브를 하는 것이 적합한가?

㈎ 염색 후 바로가능　㈏ 염색 후 1시간
㈐ 염색 후 2시간　㈑ 염색 후 1주일

36 유연 화장수에 대한 설명으로 옳은 것은?

㈎ 알코올의 함량은 수렴 화장수에 비해서 많은 편이다.
㈏ 피지분비 및 수렴작용을 한다.
㈐ 지성이나 복합피부에 사용하면 효과적이다.
㈑ 피부 거칠음을 예방하고 피부 표면의 pH 조절의 역할을 한다.

37 모발이 건조해지고 부스러지는 것은 어떤 비타민의 부족 때문인가?

㈎ 비타민 A　㈏ 비타민 B_2
㈐ 비타민 C　㈑ 비타민 E

38 모발의 케라틴 단백질은 pH에 따라 물에 대한 팽윤성이 변한다. 다음 중 가장 낮은 팽윤성을 나타내는 pH는?

㈎ 1~2　㈏ 4~5
㈐ 7~9　㈑ 10~12

39 유리 산소가 존재하면 유해 작용을 받아 증식이 되지 않는 세균은?

㈎ 미호기성 세균　㈏ 편성호기성 세균
㈐ 통성혐기성 세균　㈑ 편성혐기성 세균

CLICK HINT

▶ 비누 거품의 목적
수월한 면도를 위하여 털과 수염 및 피부를 유연하게 하고 면도날의 움직임을 원활하게 해준다. 면도된 털과 수염이 날리는 것을 예방한다.

▶ 유연 화장수
피부 유연효과가 있고, pH를 조절하며 세균 번식을 방지한다.

▶
- 비타민 A
  모발영양, 피부윤기
  눈의 작용 개선
- 비타민 B_2
  피부 점막 보호
- 비타민 C
  미백, 진정 작용
- 비타민 E
  항산화 작용

Answer

34 ㈑ 35 ㈐ 36 ㈑ 37 ㈎
38 ㈏ 39 ㈑

40 가장 이상적인 인구의 구성형과 선진국형 인구 구성형태는?

(가) 종형(Bell Form) – 항아리형(Pot Form)
(나) 피라미드형(Pyramid Form) – 성형(Star Form)
(다) 종형(Bell Form) – 피라미드형(Pyramid Form)
(라) 기타형(Guitar Form) – 항아리형(Pot Form)

41 유행성 출혈열에 관한 설명이 잘못된 것은?

(가) 고열과 구토 결막충혈 현상이 나타남
(나) 들쥐의 배설물, 들쥐에 기생하는 진드기에 의해 전파
(다) 들쥐 구제, 들에서의 피부노출을 금한다.
(라) 환자 격리, 이의 구제 및 예방접종

42 다음 중 상호 관계가 없는 것으로 연결된 것은?

(가) 상수오염의 생물학적 지표 – 대장균
(나) 실내공기 오염의 지표 – CO_2
(다) 대기오염의 지표 – SO_2
(라) 하수오염의 지표 – 탁도

43 주로 7월~9월 사이에 많이 발생되며 어패류가 원인이 되어 발병, 유행하는 식중독은?

(가) 포도상구균 식종독　　(나) 살모넬라 식중독
(다) 보툴리누스균 식중독　　(라) 장염 비브리오 식중독

44 다음 중 공중위생관리법의 궁극적인 목적으로 가장 알맞은 것은?

(가) 공중위생영업 종사자의 위생 및 건강관리
(나) 공중위생영업소의 위생관리
(다) 위생수준을 향상시켜 국민의 건강증진에 기여
(라) 공중위생영업의 위생 향상

CLICK HINT

- 피라미드형 : 후진국형
- 종형 : 가장 이상적인형
- 항아리형 : 선진국형
- 성형 : 도시형
- 표주박형 : 농촌형

장염 비브리오 식중독 어패류, 해역의 해수 등 원인이 되어 설사, 복통, 구토, 오한, 발열 등이 일어난다.

공중위행 관리법 목적 공중이 이용하는 영업의 위생관리 등에 관한 사항을 규정함으로써 위생수준을 향상시켜 국민의 건강증진에 기여함을 목적으로 한다.

Answer

40 (가) 41 (라) 42 (라) 43 (라) 44 (다)

45 이 · 미용사의 면허가 취소된 후 계속하여 업무를 행한 자에 대한 벌칙은?

㈎ 1년 이하 징역 또는 1000만 원 이하 벌금
㈏ 6월 이하 징역 또는 500만 원 이하 벌금
㈐ 500만 원 이하 벌금
㈑ 300만 원 이하 벌금

46 염색이나 블리치를 한 후 손상된 모발을 보호하기 위한 가장 올바른 방법은?

㈎ 드라이 후 스프레이를 뿌려 손상된 모발을 고정시킨다.
㈏ 샴푸 후 수분을 약 50%만 제거한 후 자연 건조시킨다.
㈐ 모발을 적당히 건조한 후 헤어로션을 두피에 묻지 않도록 주의하여 모발에 도포한다.
㈑ 모발을 적당히 건조한 후 헤어 젤을 두피에 묻지 않도록 주의하여 모발에 도포한다.

47 우리나라에서 처음으로 이용사 시험이 국가에서 시행하는 자격시험 제도로 실시된 것은 언제인가?

㈎ 1895년 ㈏ 1923년
㈐ 1961년 ㈑ 1986년

48 스컬프처 커트(Sculpture Cut)는 어떠한 것인가?

㈎ 틴닝 가위로만 사용하여 조발하며 빗만 사용하여 정발한 작품
㈏ 미니 가위로 조발하며 아이론으로 정발한 작품
㈐ 조발용 면도로만 조발하여 브러시로 정발한 작품
㈑ 틴닝 가위 사용 후 조발용 레이저를 사용하며 브러시로 정발한 작품

CLICK HINT

▶ 300만 원 이하의 벌금
- 면허취소, 정지 중에 이·미용업을 한 사람
- 면허를 받지 않고 이·미용업을 개설하거나 그 업무에 종사한 사람

▶ 1923년 가을에 우리나라에서 처음으로 국가에서 시행하는 자격시험제도를 실시하였다.

▶ **스컬프처 커트**는 남성 클래식커트에 해당되는 커트 유형이다.

Answer

45 ㈑ 46 ㈐ 47 ㈏ 48 ㈑

49 일반적인 좌식 세발 시 두부 내 문지르기의 순서로 가장 적합한 것은?

(가) 두정부 → 전두부 → 측두부 → 후두부
(나) 전두부 → 두정부 → 측두부 → 후두부
(다) 후두부 → 전두부 → 두정부 → 측두부
(라) 두정부 → 측두부 → 후두부 → 전두부

50 덧돌에 대한 설명 중 가장 적합한 것은?

(가) 덧돌에는 천연석과 인조석이 있다.
(나) 덧돌은 숫돌보다 약 2배 정도 크다.
(다) 덧돌은 주로 가위를 연마할 때 사용한다.
(라) 덧돌은 숫돌이 깨졌을 때 쓰는 비상용이다.

51 화장품 품질 특성의 4대 조건은?

(가) 안전성, 안정성, 사용성, 유용성
(나) 안전성, 방부성, 방향성, 유용성
(다) 발림성, 안정성, 방부성, 사용성
(라) 방향성, 안전성, 발림성, 사용성

52 수정 커트 중에서 찔러 깎기 기법은 어느 경우에 사용되어야 가장 적합한가?

(가) 면체 라인 수정 시
(나) 뭉쳐 있는 두발 숱 부분의 색채 수정 시
(다) 전두부 수정 시
(라) 천정부 수정 시

53 자외선 중 홍반을 주로 유발시키는 것은?

(가) UVA　　(나) UVB
(다) UVC　　(라) UCD

CLICK HINT

▶ 좌식 세발 순서
두정부 → 전두부 → 측두부 → 후두부

▶ 화장품 4대 조건
- 안전성
- 안정성
- 사용성
- 유용성

▶
- UVA : 흑화
- UVB : 홍반

Answer

49 (가) 50 (가) 51 (가) 52 (나) 53 (나)

54 1955년 프랑스 이용고등기술연맹에서 발표한 장티욤 라인 작품 설명으로 가장 적합한 것은?

(가) 전체 스타일을 스퀘어로 각을 강조하였다.
(나) 귀족을 의미하는 뜻으로 작품명을 정하였다.
(다) 가르마를 기준으로 각각 원형을 이루도록 하였다.
(라) 전체가 수평을 이루어 중년에 맞는 스타일이다.

55 보건기획이 전개되는 과정으로 옳은 것은?

(가) 전제 – 예측 – 목표설정 – 구체적 행동계획
(나) 전제 – 평가 – 목표설정 – 구체적 행동계획
(다) 평가 – 환경분석 – 목표설정 – 구체적 행동계획
(라) 환경분석 – 사정 – 목표설정 – 구체적 행동계획

56 이 · 미용사의 업무범위에 대한 나열이 옳지 않은 것은? (단, 본 시험의 접수일 당일 자격을 취득한 자로서 이 · 미용사 면허를 받은 자 기준)

(가) 이용사 : 이발, 아이론, 면도, 머리피부손질, 머리카락염색 및 머리감기
(나) 미용사(일반) : 파마, 머리카락 자르기, 머리카락 모양내기, 머리피부 손질, 머리카락염색, 머리감기, 의료기기나 의약품을 사용하지 아니하는 눈썹 손질
(다) 미용사(피부) : 의료 기기나 의약품을 사용하지 아니하는 피부상태분석, 피부 관리·제모·눈썹 손질
(라) 미용사(네일) : 손톱과 발톱의 손질 및 화장, 의료기기나 의약품을 사용하지 아니하는 눈썹 손질

57 기능성 화장품의 종류와 그 범위에 대한 설명으로 틀린 것은?

(가) 주름개선 제품 : 피부탄력 강화와 표피의 신진대사를 촉진한다.
(나) 미백 제품 : 피부 색소 침착을 방지하고 멜라닌 생성 및 산화를 방지한다.
(다) 자외선차단 제품 : 자외선을 차단 및 산란시켜 피부를 보호한다.
(라) 보습 제품 : 피부에 유·수분을 공급하여 피부의 탄력을 강화한다.

CLICK HINT

▶ **장티욤 라인 작품**은 전체 스타일을 스퀘어로 각을 강조하였다.

▶ **미용업(손톱 · 발톱)**
손톱과 발톱을 손질 · 화장하는 영업

▶ **기능성 화장품**
미백, 주름개선, 자외선으로 피부를 보호하는 등의 화장품을 말한다.

Answer

54 (가) 55 (가) 56 (라) 57 (라)

58 다음 중 피부 상재균의 증식을 억제하는 항균 기능을 가지고 있고, 발생한 체취를 억제하는 기능을 가진 것은?

(가) 바디 샴푸 (나) 데오도런트
(다) 샤워 코롱 (라) 오데 토일렛

59 호상 블리치제(Bleach Agent)와 관련된 설명으로 틀린 것은?

(가) 탈색과정을 눈으로 볼 수 없다.
(나) 과산화수소수의 조제 상태가 풀과 같은 점액상태이다.
(다) 두발에 대한 탈색작용이 빠르다.
(라) 블리치제를 바르는 양의 조절이 쉽다.

60 박하(Peppermint)에 함유된 시원한 느낌의 혈액순환 촉진성분은?

(가) 자일리톨(Xylitol) (나) 멘톨(Menthol)
(다) 알코올(Alcohol) (라) 마조람 오일(Majoram Oil)

CLICK HINT

▶ 체취 방지용 화장품은 데오도런트, 스프레이, 파우더 등이 있다.

▶ 박하에 멘톨 성분이 있어 시원한 느낌을 주고 혈액순환을 촉진한다.

Answer

58 (나) 59 (다) 60 (나)

[기출문제 및 해설] (이용장 2016년 제60회 출제문제)

01 다음 중 인구의 자연 증가율은?

(가) (출생률 + 전입률) – (조사망률 + 전출률)
(나) 전입률 – 전출률
(다) 조출생률 – 조사망률
(라) 연말 인구 – 연초 인구

02 구순염, 설염, 탈모, 지루성 피부염 등을 예방해 주고 과다 사용시 광과민증을 유발시킬 수 있으며 리보플라빈이라 불리는 비타민은?

(가) 비타민 A　　(나) 비타민 B_2
(다) 비타민 C　　(라) 비타민 D

03 포도상구균 식중독의 특징이 아닌 것은?

(가) 38도 이상의 열이 발열된다.
(나) 사망률이 비교적 낮다.
(다) 장독소에 의한 독소형이다.
(라) 잠복기는 짧으며 평균 3시간 정도이다.

04 모성 사망의 3대 원인이 아닌 것은?

(가) 임신중독증　　(나) 임신사고
(다) 출산 전후 출혈　　(라) 분만감염

05 미코박테리움의 일종으로 비말감염을 통해서 주로 감염되고 햇빛과 열에 약해 2~3 시간의 일광소독을 통하여 쉽게 멸균될 수 있는 것은?

(가) 이질균　　(나) 콜레라균
(다) 결핵균　　(라) 장티푸스균

CLICK HINT

▶ 인구 자연 증가율
조출생률 – 조사망률

▶ • 비타민 A 결핍 시
야맹증, 피부건조
• 비타민 B_2 결핍 시
구순염, 설염
• 비타민 C 결핍 시
괴혈병
• 비타민 D 결핍 시
구루병, 골연화증

▶ 포도상구균은 독소형 식중독으로 잠복기가 짧고 화농성 손에 의해 감염된다.

▶ 모성 사망의 3대 원인
• 임신중독증
• 출산 전후 출혈
• 분만감염

▶ 결핵은 미코박테리움의 일종으로 비말감염을 통해 주로 감염된다.

Answer

01 (다) 02 (나) 03 (가) 04 (나)
05 (다)

06 산업보건에 관한 내용으로 틀린 것은?

(가) 소음작업장의 근로자들은 특히 비타민 B_1의 영양관리가 고려되어야 한다.
(나) 도덕 또는 보건상 유해 및 위험 업무에 고용할 수 없는 근로자는 임신 중이거나 산후 1년이 지나지 아니한 여성과 18세 미만인 자이다.
(다) 여성 근로자는 주 작업 강도가 RMR 2.0 이하로 한다.
(라) 소음성 난청의 증상은 감음계의 장애현상으로 일반적으로 70phone 이상의 작업장에서 1일 몇 시간씩 작업할 때 발병한다.

07 다음 (　　)에 알맞은 말을 순서대로 나열한 것은?

> 직접 질병을 앓고 난 뒤 얻게 되는 면역을 (　　)면역이라 하고, 예방접종을 통해 얻게 되는 면역을 (　　)면역이라 한다.

(가) 자연능동, 인공능동　　(나) 인공능동, 자연능동
(다) 인공수동, 자연수동　　(라) 자연수동, 인공수동

08 다음 중 일반적으로 대부분의 세균들이 증식하기 좋은 수소이온 농도 범위는?

(가) pH 2.0～3.0　　(나) pH 4.0～5.0
(다) pH 6.0～8.0　　(라) pH 9.0～11.0

09 재해발생의 요인 중 인적 요인의 분류에 해당하지 않는 것은?

(가) 관리상의 요인　　(나) 생리적 요인
(다) 환경적 요인　　(라) 심리적 요인

CLICK HINT

▶ • **자연능동면역**
질병에 감염된 후 성립되는 면역이다.
• **인공능동면역**
예방 접종 후 생성된다.
• **자연수동면역**
태반이나 모유를 통해 받은 면역이다.
• **인공수동면역**
면역혈청 접종 후 생성된다.

▶ 세균들이 증식하기 좋은 수소이온은 pH 6～8이다.

▶ 산업재해 중 인적 요인으로 인해 발생하는 요인
• 심리적 요인
• 생리적 요인
• 관리상 요인

Answer
06 (라) 07 (가) 08 (다) 09 (다)

10 인체의 체온을 유지하는 데 있어 방열 작용에 영향을 주는 4대 온열 인자가 아닌 것은?

㈎ 자외선 ㈏ 기온
㈐ 기습 ㈑ 복사열

11 정상적인 실내공기 중 체적 백분비가 가장 많은 것은?

㈎ 산소 ㈏ 이산화탄소
㈐ 질소 ㈑ 아르곤

12 DPT(디피티)의 예방접종과 관계 없는 감염병은?

㈎ 파상풍 ㈏ 디프테리아
㈐ 폴리오 ㈑ 백일해

13 다음 중 인구증가와 관련된 주요 문제로 가장 적합한 것은?

㈎ 환경 오염과 자원 부족 문제
㈏ 환경 개선과 자원 증가 현상
㈐ 인구 정체와 비만인구 증가
㈑ 노인 인구의 주기적 감소 현상

14 다음 설명 중 틀린 것은?

㈎ 멸균 : 물체에 있는 모든 병원성 및 비 병원성 포자를 가진 것을 전부 사멸 시키거나 제거하는 것
㈏ 희석 : 감염원의 농도를 낮추는 것
㈐ 소독 : 세균만을 사멸하고 곰팡이는 그대로 남겨 두는 것
㈑ 감염 : 병원체가 인체 내에 침입하여 정착하고 증가하는 것

15 알코올 소독에 관한 설명으로 가장 거리가 먼 것은?

㈎ 단백질 변성의 작용이 있다.
㈏ 대사기전에 저해 작용을 한다.
㈐ 소독에 사용되는 일반적인 희석 농도는 70% 정도이다.
㈑ 포자균의 멸균에 효과가 크다.

CLICK HINT

▶ 공기 구성성분
- 질소 : 78.10%
- 산소 : 20.93%
- 이산화탄소 : 0.03~0.04%

▶ DPT 접종
D : 디프테리아
P : 백일해
T : 파상풍

▶ 인구가 증가하게 되면 환경 오염과 자원 부족 문제가 발생하게 된다.

▶ 소독
사람에게 유해한 미생물 파괴하여 감염의 위험을 제거하는 비교적 약한 정도의 살균 작용이다.

▶ 아포(포자)형성균은 내열성이 강해서 고압증기멸균법으로 강력하게 소독해야 한다.

Answer

10 ㈎ 11 ㈐ 12 ㈐ 13 ㈎ 14 ㈐ 15 ㈑

16 다음 중 공중 보건의 대상으로 가장 적합한 것은?

㈎ 개인 ㈏ 지역사회주민
㈐ 의료전문가 ㈑ 지방자치단체

17 개달물 감염으로 말미암은 감염병은?

㈎ 유행성 출혈열 ㈏ 유행성 간염
㈐ 트라코마 ㈑ 페스트

18 포자를 포함한 모든 미생물을 거의 완전하게 멸균시키며 이 · 미용 기구 및 의류 등의 소독 방법으로 가장 적합한 것은?

㈎ 자외선살균법 ㈏ 건열멸균법
㈐ 고압증기멸균법 ㈑ 자비소독법

19 복숙주(Heteroxenous Parasites) 기생충이란?

㈎ 성충이 되기까지 특정 단계의 발육을 위해 수종의 숙주를 필요로 하는 기생충
㈏ 숙주의 배 부위에만 기생을 하는 기생충
㈐ 성충이 될 때까지 숙주를 필요로 하지 않는 기생충
㈑ 한 종류의 숙주에서만 발육 성장이 가능한 기생충

20 살모넬라 식중독에 대한 내용으로 틀린 것은?

㈎ 원인균의 대표적인 종류는 장염균, 장티푸스균, 돼지콜레라균 등이 있다.
㈏ 잠복기간은 일반적으로 12~48시간으로 평균 20시간이고, 발병률이 75% 이상이나 사망률은 낮다.
㈐ 독소형 식중독이다.
㈑ 인축 공통 감염병이다.

CLICK HINT

▶ **공중보건의 대상**
특정 개인이 아니라 지역사회의 전체 주민 및 인간집단의 국민 전체를 대상으로 한다.

▶ **개달물에 의한 감염병**
트라코마, 장티푸스, 이질, 디프테리아 등

▶ **고압증기멸균소독**은 20분간 120℃에서 처리하는 방법으로 아포(포자)형성균의 멸균에 가장 좋다.

▶ **살모넬라**는 감염병 식중독이다.

Answer

16 ㈏ 17 ㈐ 18 ㈐ 19 ㈎
20 ㈐

21 법령에 적합한 이 · 미용업 영업신고를 받은 행정청이 신고인에게 교부하는 것은?

(가) 영업허가증　　(나) 영업허가서
(다) 영업신고증　　(라) 영업면허증

22 이 · 미용사 면허증이 헐어 못 쓰게 된 때 면허증의 재교부를 신청할 수 있다. 이때 첨부해야 하는 서류는?

(가) 면허증 원본　　(나) 면허증 사본
(다) 자격증 원본　　(라) 재교부 사유서

23 위생교육에 관한 설명 중 틀린 것은?

(가) 교육은 매년 3시간을 받아야 한다.
(나) 위생교육은 보건복지부장관이 허가한 단체가 실시할 수 있다.
(다) 위생교육의 대상은 공중위생영업자이다.
(라) 위생교육의 방법, 절차, 기타 필요한 사항은 대통령령으로 정한다.

24 다음 중 ( )에 알맞은 것은?

> 공중위생영업자는 그 이용자에게 건강상(ㄱ)이/가 발생하지 아니하도록 영업 관련 시설 및 설비를 (ㄴ)(이/하)고 안전하게 관리하여야 한다.

(가) ㄱ : 상해　　ㄴ : 깔끔
(나) ㄱ : 위해요인　　ㄴ : 위생적
(다) ㄱ : 위해요인　　ㄴ : 쾌적
(라) ㄱ : 상해　　ㄴ : 청결

25 공중위생감시원을 두지 않아도 되는 곳은?

(가) 특별시, 광역시　　(나) 국립보건원
(다) 시, 군, 구　　(라) 도

CLICK HINT

▶ 이 · 미용사 면허증 재교부 시 첨부해야 하는 서류
- 면허증 재발급 신청서
- 훼손된 면허증 원본
- 사진 1장 또는 전자적 파일 형태의 사진

▶ 위생교육의 방법 · 절차 등에 관하여 필요한 사항은 보건복지부령으로 정한다.

▶ 공중위생영업자의 위생 관리 의무
공중위생영업자는 그 이용자에게 건강상 위해요인이 발생하지 아니하도록 영업 관련 시설 및 설비를 위생적이고 안전하게 관리하여야 한다.

▶ 특별시 · 광역시 · 도 및 시 · 군 · 구에 공중위생감시원을 둔다.

Answer

21 (다) 22 (가) 23 (라) 24 (나) 25 (나)

26 이 · 미용영업을 하고자 하는 자가 갖추어야 하는 시설 및 설비 기준을 규정한 것은?

(가) 조례　　(나) 대통령령
(다) 자치법령　　(라) 보건복지부령

27 면허정지 처분을 받고 그 정지기간 중 업무를 행한 자에 대한 1차 위반 시 행정처분 기준은?

(가) 면허정지 3월　　(나) 면허정지 6월
(다) 면허정지 1년　　(라) 면허취소

28 공중위생영업소의 위생관리등급 공표 등과 관련하여 틀린 것은?

(가) 위생서비스 평가의 결과에 따른 위생관리등급을 해당 공중위생 영업자에게 통보하고 이를 공표하여야 한다.
(나) 통보받은 위생관리등급의 표지를 영업소의 명칭과 함께 영업소 내부에만 부착할 수 있다.
(다) 위생서비스 평가의 결과 위생서비스의 수준이 우수하다고 인정되는 영업소에 대하여 포상을 실시할 수 있다.
(라) 위생서비스 평가의 결과에 따른 위생관리등급별로 영업소에 대한 위생 감시를 실시하여야 한다.

29 이 · 미용사의 면허를 취소할 수 있는 자는?

(가) 보건복지부장관　　(나) 시·도지사
(다) 시장, 군수, 구청장　　(라) 경찰서장

30 '이 · 미용 기구는 소독을 한 기구와 소독을 하지 아니한 기구로 분리하여 보관하고, 면도기는 1회용 면도날만을 손님 1인에 한하여 사용할 것, 이 경우 이 · 미용 기구의 소독 기준 및 방법은 보건복지부령으로 정한다.'이를 위반하였을 때 부과될 수 있는 처분은?

(가) 1년 이하의 징역 또는 1천만 원 이하의 벌금
(나) 300만 원 이하의 과태료
(다) 200만 원 이하의 과태료
(라) 6월 이하의 징역 또는 500만 원 이하의 벌금

CLICK HINT

▶ 공중위생영업을 하고자 하는 자는 갖추어야 하는 공중위생영업의 종류별로 시설 및 설비 기준의 규정은 보건복지부령이 정한다.

▶ 면허정지 처분을 받고도 그 정지기간 중 업무를 한 경우
1차 위반 : 면허취소

▶ 공중위생영업자는 시장 · 군수 · 구청장으로부터 통보받은 위생관리등급의 표지를 영업소의 명칭과 함께 출입구에 부착할 수 있다.

▶ 시장 · 군수 · 구청장은 이 · 미용사의 면허를 취소하거나 6월 이내의 기간을 정하여 그 면허의 정지를 명할 수 있다.

▶ **200만 원 이하의 과태료**
이용업소의 위생관리 의무를 지키지 아니한 자

Answer

26 (라) 27 (라) 28 (나) 29 (다) 30 (다)

31 이용업소 사인볼의 색이 의미하는 내용으로 올바른 것은? (단, 청, 적, 백의 순서대로 설명)

(가) 정맥, 동맥, 백의민족
(나) 동맥, 정맥, 백의민족
(다) 정맥, 동맥, 붕대
(라) 동맥, 정맥, 붕대

32 퍼머넌트 웨이브제의 분류가 틀린 것은?

(가) 가온 여부에 따른 분류 : 티오글리콜산 냉2욕식, 치오글리콜산 가온2욕식
(나) 웨이브제 사용 방법에 따른 분류 : 1욕법, 2욕법, 3욕법
(다) 환원력에 따른 분류 : 티오글리콜산 퍼머넌트, 과산화수소 퍼머넌트
(라) pH에 따른 분류 : 알칼리성 퍼머넌트, 산성 퍼머넌트

33 피부에 영양침투 촉진 및 밀봉요법 작용이 크며 잔주름 완화에 효과적인 팩 미안술은?

(가) 오일 팩
(나) 드라이 스캘프 트리트먼트
(다) 왁스 마스크법
(라) 플레인 스캘프 트리트먼트

34 정상적인 피부표면의 pH는?

(가) pH 3.0～4.0 (나) pH 4.0～6.5
(다) pH 7.0～8.5 (라) pH 8.5～9.5

35 얼굴 면도 시 면도기 잡는 방법의 기본이 되는 것은?

(가) 백 핸드 (나) 펜슬 핸드
(다) 프리 핸드 (라) 스틱 핸드

CLICK HINT

▶ **이용원의 사인볼 색**
청색 : 정맥
적색 : 동맥
백색 : 붕대

▶ **제2제**(산화제)
중화제라고도 하며 과산화수소, 브롬산나트륨 등이 있다.

▶ **왁스 팩** : 잔주름, 영양

▶ **피부**는 약산성이다.

▶ **면도칼 잡는 방법**
프리 핸드(기본 잡기)
푸시 핸드(손목 이용)
백 핸드(뒤로 잡기)
스틱 핸드(막대기 잡기)
펜슬 핸드(연필잡기)

Answer

31 (다) 32 (다) 33 (다) 34 (나) 35 (다)

36 가위의 종류 중 모발의 숱을 감소시키거나 모발 끝의 질감을 부드럽게 표현하고 한쪽 가위 날이 톱니 모양인 것은?

㈎ 리버스 가위 ㈏ 틴닝 가위
㈐ 스트록 가위 ㈑ 미니 가위

37 보통사람에게는 아무렇지도 않은 물질에 곧잘 반응을 일으키는 피부유형은?

㈎ 건성 피부 ㈏ 중성 피부
㈐ 지성 피부 ㈑ 민감성 피부

38 엠파이어 라인(Empire Line)은 1966년 프랑스 이용기술 고등연맹에서 발표한 작품이다. 다음 설명 중 잘못된 것은?

㈎ 세계에서 가장 높은 건물에서 구상한 작품이다.
㈏ 황제라는 의미가 부여된 작품이다.
㈐ 천정부 중앙에 인공 가마를 만들어 가마를 중심으로 원을 만든다.
㈑ 천정부는 수평선이 되도록 하며 전체는 스퀘어 한다.

39 호상 블리치제(Bleach Agent)와 관련된 설명으로 틀린 것은?

㈎ 탈색 과정을 눈으로 볼 수 없다.
㈏ 과산화수소수의 조제 상태가 풀과 같은 점액 상태이다.
㈐ 두발에 대한 탈색 작용이 빠르다.
㈑ 블리치제를 바르는 양의 조절이 쉽다.

40 염색이나 펌 등에 따른 화학적인 손상이 없는 모발 상태는?

㈎ 드라이 헤어(Dry Hair)
㈏ 버진 헤어(Virgin Hair)
㈐ 브라운 헤어(Brown Hair)
㈑ 실버 헤어(Silver Hair)

CLICK HINT

▶ 틴닝 가위(집게 가위)
두발의 길이는 건드리지 않고 모량을 제거할 때 용이하다.

▶ 민감성 피부
어떤 물질이나 반응에 즉시 반응을 일으키는 피부를 말한다.

▶ 버진헤어
염색, 퍼머넌트 등 화학시술을 한번도 한 적 없는 자연모발

Answer

36 ㈏ 37 ㈑ 38 ㈎ 39 ㈐ 40 ㈏

41 헤어 리컨디셔닝(Re–conditioning)에 관한 설명으로 옳지 않은 것은?

(가) 지성의 경우에는 유분이 있는 핫 오일 트리트먼트가 좋다.
(나) 두발의 상태를 가다듬어 손상되기 이전의 상태로 환원 처리하는 과정이다.
(다) 두피를 청결히 유지하고 피지선 및 한선의 작용을 활발하게 한다.
(라) 피지선의 작용을 활발하게 하기 위해 스캘프 매니플레이션과 브러싱을 한다.

42 스타일링 시 자연스러운 질감을 요구하지 않는 커팅 기법은?

(가) 엔드 테이퍼링(End Tapering)
(나) 노멀 테이퍼링(Normal Tapering)
(다) 딥 테이퍼링(Deep Tapering)
(라) 블런트 커트(Blunt Cut)

43 다음 중 반드시 젖은 머리카락을 대상으로 하여야 하는 웨트 커트는?

(가) 레이저(Razor) 커트
(나) 스크레치 클리퍼 커트
(다) 클리퍼(Clipper) 커트
(라) 테이퍼링(Tapering) 커트

44 다음 염모 제품 종류 중 일반적으로 사용되지 않는 것은?

(가) 크림 타입 (나) 정제 타입
(다) 분말 타입 (라) 액상 타입

45 정발 시 두발이 자연스럽게 넘어가게 하려면 어느 부분에 열처리를 하여야 하는가?

(가) 두발 뿌리 부분 (나) 두발 중간 부분
(다) 두발 전체 부분 (라) 두발 끝 부분

CLICK HINT

▶ 헤어 리컨디셔닝
모발을 손상 전의 건강한 상태로 되돌려 주는 방법으로, 모발 상태에 따라 크림 컨디셔너 혹은 핫 오일 트리트먼트를 사용한다.

▶ • 테이퍼링
두발 끝부분을 가늘게 커팅하는 기법이다.

• 테이퍼링
엔드 : 스트랜드 3/1지점
노멀 : 스트랜드 1/2지점
딥 : 스트랜드 2/3지점

▶ 염모 제품 종류
• 액체 탈색제
• 분말 탈색제
• 크림 탈색제

▶ 두발이 자연스럽게 넘어가게 하려면 정발 시 두발 끝부분에 열처리를 하여야 한다.

Answer

41 (가) 42 (라) 43 (가) 44 (나) 45 (라)

CLICK HINT

46 체격에 따른 헤어스타일의 조형 설명으로 가장 거리가 먼 것은?

(가) 키가 크고 비대형 : 전체적으로 약간의 볼륨을 준다. 그러나 볼륨이 클 경우에는 짧은 스포츠형도 가능하다.
(나) 키가 크고 마른형 : 톱 부분은 낮추고 사이드 부분에 볼륨을 준다.
(다) 키가 작고 비대형 : 톱 부분은 낮추고 사이드 부분에 볼륨을 준다.
(라) 키가 작고 마른형 : 톱 부분은 볼륨을 주며 사이드 부분을 짧게 한다.

47 브로스 커트(Bross Cut)는 다음 중 어느 것에 해당하는가?

(가) 레이저 커트　　(나) 위그 커트
(다) 장발형 커트　　(라) 스포츠 커트

▶ 스포츠 머리형 커트는 브로스 커트에 속한다.

48 가발에 대한 설명으로 적합하지 않은 것은?

(가) 샴푸 시 빗질을 하거나 거칠게 비비는 것은 컬이 망가지므로 피해야 한다.
(나) 보관 시에는 습기가 없고 온도가 높지 않으며 통풍이 잘되는 곳에 보관하는 것이 좋다.
(다) 인조모는 인모에 비해 관리가 쉽고 세척 시 엉키거나 빠지지 않아 세척이 용이한 장점이 있다.
(라) 두부 전체에 씌우는 가발을 투페(Toupee)라고 한다.

▶ • 위그 : 두부 전체 가발
• 투페이 : 부분 가발

49 유연 화장수에 대한 설명으로 옳은 것은?

(가) 알코올의 함량은 수렴화장수에 비해서 많은 편이다.
(나) 피지분비 및 수렴 작용을 한다.
(다) 지성이나 복합피부에 사용하면 효과적이다.
(라) 피부 거침을 예방하고 피부 표면의 pH 조절 역할을 한다.

▶ 유연 화장수
• 피부 유연효과
• pH를 조절
• 세균 번식 방지

Answer

46 (라) 47 (라) 48 (라) 49 (라)

50 면체술의 순서로 옳은 것은?

(가) 면체 로션 → 스팀 타월 → 면체 로션 → 면도 → 안면 처치
(나) 스팀 타월 → 면체 로션 → 면도 → 면체 로션 → 안면 처치
(다) 면체 로션 → 면도 → 스팀 타월 → 면체 로션 → 안면 처치
(라) 면체 로션 → 스팀 타월 → 면도 → 면체 로션 → 안면 처치

51 다음의 도면에서 드라이어를 사용한 정발 시 일반적인 드라이어의 기본 각도는?

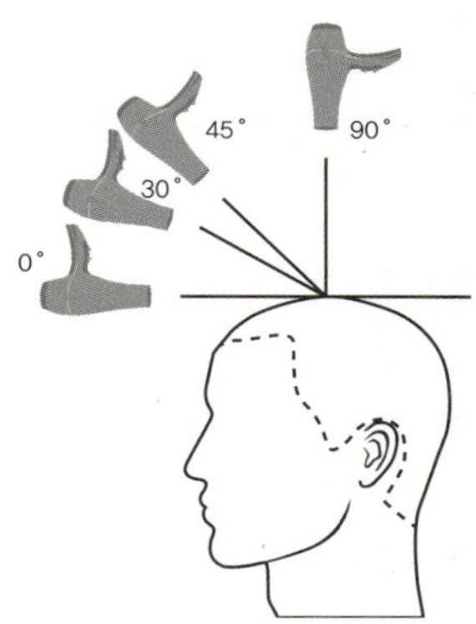

(가) 0도　　(나) 30도
(다) 45도　　(라) 90도

52 모발의 구조에 대한 설명 중 틀린 것은?

(가) 피부 밖으로 나와 있는 부분을 모간이라고 한다.
(나) 모발 끝을 모낭이라고 한다.
(다) 피부 내에 있는 부분을 모근이라고 한다.
(라) 모근의 기저부분을 모근부라고 한다.

53 다음 중 육모제 성분으로 항산화 작용으로 노화방지를 하는 비타민에 해당되는 것은?

(가) 비타민 A　　(나) 비타민 B
(다) 비타민 B_1　　(라) 비타민 E

CLICK HINT

▶ 면체술 순서
마스크 착용하기 → 면도 준비하기 → 면도 거품 1차 도포 → 온습포대기 → 면도 거품 2차 도포 → 면도하기 → 냉습포 대기 → 스킨 · 로션 바르기 → 정리 정돈하기

▶ 정발 시 일반적인 드라이어의 기본 각도는 45도이다.

▶ 비타민 E
항산화 작용

Answer
50 (가) 51 (다) 52 (나) 53 (라)

54 보통조발 작업 시 천정부에 사용되지 않는 도구는?

(가) 레이저(Razor)　　(나) 빗(Comb)
(다) 블로우(Blow)　　(라) 틴닝(Thining) 가위

55 매니플레이션(Manipulation)의 방법 중 피부를 가볍게 쓰다듬어 주면서 가볍게 왕복운동, 원운동을 하는 방법은?

(가) 쓰다듬기(경찰법)　　(나) 문지르기(강찰법)
(다) 주무르기(유연법)　　(라) 두드리기(고타법)

56 고객의 얼굴형이 역삼각형일 때 기본형 커트 시술 방법으로 가장 알맞은 것은?

(가) 양 측두부 아래쪽의 두발 양을 줄인다.
(나) 두정부 부분의 두발 양을 중점적으로 줄인다.
(다) 양 측두부의 두발 양을 줄여서 전체적으로 계란형에 가깝도록 한다.
(라) 양 측두부의 두발 양을 중점적으로 많게 한다.

57 금속성 염모제에 관한 설명으로 옳은 것은?

(가) 컬러체인지가 잘 된다.
(나) 멋내기 염색에 적당하다.
(다) 냄새가 없으며 새치머리에 염착이 잘된다.
(라) 시간이 오래 걸리는 것이 단점이다.

58 다음 중 면체 시 푸시기법이 주로 사용되는 얼굴 면은?

(가) 좌측 뺨　　(나) 인중부위
(다) 목선부위　　(라) 우측 뺨

CLICK HINT

▶ **블로우**는 드라이어이다. 보통조발 작업 시 사용되지 않는다.

▶
- 경찰법 : 쓰다듬기
- 유연법 : 주무르기
- 진동법 : 떨기
- 고타법 : 두드리기
- 압박법 : 누르기
- 강찰법 : 강하게 문지르기

▶ **금속성 염모제**
냄새가 없으며 새치머리에 염착이 잘된다.

Answer

54 (다) 55 (가) 56 (다) 57 (다) 58 (가)

59 가위 몸체로 머리를 받치고 빗으로 정리한 뒤에 빗살 위의 두발을 잘라가는 기법은?

㈎ 밀어깎기(Out Cut Over Direction)
㈏ 돌려깎기(Around Rotation Cut)
㈐ 떠내깎기(Shear Over comb Cut)
㈑ 연속깎기(Elevation Over Comb Cut)

60 일반적으로 커트 시술 중 연속깎기법에서 빗과 가위는 어떻게 유지하는 것이 가장 효과적인가?

㈎ 빗과 가위가 수평형으로
㈏ 빗과 가위가 경사형으로
㈐ 빗과 가위가 방사형으로
㈑ 빗과 가위가 원형으로

CLICK HINT

▶ **떠내깎기**
빗을 두피면에 대고 수직으로 들어 올려 커트하는 방법이다.

▶ **연속깎기법**
떠내깎기의 상태에서 빗과 가위를 수평형으로 두상을 따라 연속으로 커트하는 방법이다.

Answer

59 ㈐ 60 ㈎

[기출문제 및 해설] (이용장 2017년 제61회 출제문제)

01 공중보건의 목적으로 볼 수 없는 것은?

(가) 생명연장 (나) 질병예방
(다) 질병치료 (라) 건강증진

02 현대 환경오염의 특성으로 옳은 것은?

(가) 국지화 – 누적화 – 축소화
(나) 다양화 – 누적화 – 다발화
(다) 국지화 – 누적화 – 광역화
(라) 다양화 – 누적화 – 축소화

03 복어에 의한 식중독의 원인 독소는 무엇인가?

(가) 솔라닌 (나) 무스카린
(다) 테트로도톡신 (라) 베네루핀

04 영유아기의 분류에 대한 설명 중 틀린 것은?

(가) 초생아는 생후 7일 미만의 사람을 말한다.
(나) 신생아는 생후 28일 이내의 사람을 말한다.
(다) 영아는 생후 1세 미만의 사람을 말한다.
(라) 유아는 생후 3세 미만의 사람을 말한다.

05 고압증기멸균 시 20파운드(Lbs) 126.5℃에서 가장 적당한 처리시간은?

(가) 5분 (나) 15분
(다) 25분 (라) 30분

CLICK HINT

▶ 공중보건의 목적
1. 질병예방
2. 수명연장
3. 건강증진

▶ 현대 환경오염의 특성은 다양화, 누적화, 다발화 광역화이다.

▶ • 솔라닌 : 감자
• 무스카린 : 버섯
• 테트로도톡신 : 복어
• 베네루핀 : 모시조개

▶ 유아는 생후 5세 미만의 사람을 말한다.

▶ 고압증기멸균법
10파운드 : 30분간
15파운드 : 20분간
20파운드 : 15분간

Answer

01 (다) 02 (나) 03 (다) 04 (라)
05 (나)

06 직업병 중 분진에 의하여 발생하는 질환이 아닌 것은?

(가) 진폐증　　(나) 규폐증
(다) 석면폐증　　(라) VDT증후군

07 다음 중 출생 시 모체로부터 얻는 면역은?

(가) 인공능동면역　　(나) 자연능동면역
(다) 인공수동면역　　(라) 자연수동면역

08 보균자에 관한 설명으로 가장 적합한 것은?

(가) 활동에 제한이 없으며 감염력이 없다.
(나) 전파되지 않으므로 타인을 경계할 필요가 없다.
(다) 역학상 현성보균자 수보다 극히 숫자가 적으므로 관리 대상에서 제외된다.
(라) 무증상환자와 함께 중요한 감염병 관리 대상자이다.

09 수인성 감염병의 특징이 아닌 것은?

(가) 유행 지역과 음료수 사용 지역이 일치한다.
(나) 일단 환자가 발생하면 폭발적으로 환자가 증가한다.
(다) 치명률과 발병률이 낮다.
(라) 이환율이 높고 2차 감염자가 많다.

10 유리 산소가 존재할 때 유해 작용을 받아 증식이 되지 않는 세균은?

(가) 미호기성 세균　　(나) 편성호기성 세균
(다) 통성혐기성 세균　　(라) 편성혐기성 세균

11 소독제의 구비조건으로 가장 거리가 먼 것은?

(가) 살균력이 강해야 한다.
(나) 가격이 경제적이어야 하고 위험성이 적어야 한다.
(다) 취급이 간편하고 인체에 해가 없어야 한다.
(라) 체내 농축이 되어 오랫동안 지속되어야 한다.

CLICK HINT

- **자연능동면역**
  질병에 감염 된 후 성립되는 면역이다.
- **인공능동면역**
  예방 접종 후 생성된다.
- **자연수동면역**
  태반이나 모유를 통해 받은 면역이다.
- **인공수동면역**
  면역혈청 접종 후 생성된다.

수인성 감염병
장티푸스, 파라티푸스, 콜레라, 유행성 간염, 세균성 이질 등 물에 의해 유행을 일으키는 전염병이다.

소독제의 조건은 살균력이 강하고 부식성과 표백성이 없으며 용해성이 높아야 한다. 또한 침투력이 강하고 안정성이 있어야 한다.

Answer

06 (라) 07 (라) 08 (라) 09 (라) 10 (라) 11 (라)

12 미생물 중 저온균이 발육할 수 있는 최적온도로 가장 적합한 것은?

(가) 15~20℃ (나) 27~35℃
(다) 35~50℃ (라) 50~65℃

13 열탕 소독(자비 소독)에 관한 설명으로 틀린 것은?

(가) 세균포자, 간염 바이러스의 살균에 효과적이다.
(나) 금속성 기자재가 녹스는 것을 방지하기 위해 끓는 물에 나트륨을 1~2% 넣어준다.
(다) 면도날이나 가위 등은 거즈로 싸서 끓는 물에 소독한다.
(라) 100℃ 이상의 끓는 물에 10분 이상 끓여 주는 방법이다.

14 회충증 감염예방 대책에 포함되는 내용이 아닌 것은?

(가) 집단감염 예방을 위한 내의, 침구 등의 개인위생관리
(나) 파리의 구제, 분변의 철저한 위생처리 등의 환경개선
(다) 청정채소 섭취 및 위생적인 식생활 장려
(라) 정기적인 구충제 복용

15 다음에서 설명하는 것은?

> 출생률이 사망률보다 낮아 인구가 감소하는 형으로서, 14세 이하 인구가 65세 이상 인구의 2배 이하가 되는 인구 구성형태

(가) 항아리형 (나) 종형
(다) 피라미드형 (라) 별형

16 자외선이 인체에 미치는 영향이 아닌 것은?

(가) 체내에 비타민 D를 형성한다.
(나) 피부의 홍반 및 색소침착을 일으킨다.
(다) 피부 표면의 온도 상승 및 혈관을 축소시킨다.
(라) 살균작용이 강하다.

CLICK HINT

▶ 열탕 소독(자비 소독)
10~20분 동안 100℃ 끓는 물에서 처리하는 방법이다.

▶ 집단감염 예방을 위한 오염된 음식, 물 등의 관리

▶ 항아리형
- 인구감소형, 선진국형
- 출생률 < 사망률

▶ 자외선
▶
- 살균작용
- 홍반, 멜라닌 색소 침착
- 부종, 수포형성
- 체내 비타민 D 형성
- 눈의 손상
- 피부온도 상승
- 혈관 확장

Answer

12 (가) 13 (가) 14 (가) 15 (가) 16 (다)

17 감염병에 관한 강제처분으로서 해당 공무원이 감염병 환자와 동행하여 치료를 받게 하거나 입원 시킬 수 있는 대상의 감염병에 해당하지 않는 것은?

(가) 장티푸스　　(나) 콜레라
(다) 파라티푸스　　(라) 일본뇌염

18 미용업에서 소독과 관련된 주의사항으로 옳은 것은?

(가) 보조기간이 긴 소독약품은 미용업에서 사용이 금지되어 있다.
(나) 1회용으로 포장된 것은 사용 후 남은 소독약품과 약제를 모두 버린다.
(다) 피부과민 반응을 일으키는 약제는 희석하거나 며칠이 지난 후 다시 사용해도 된다.
(라) 가능한 범위 내에서 모든 약제는 원액의 사용을 권장한다.

19 무수 알코올을 사용하여 알코올 농도 70%의 소독용 알코올 400cc를 만드는 방법으로 옳은 것은?

(가) 물 70mL 무수 알코올 330mL
(나) 물 100mL 무수 알코올 300mL
(다) 물 120mL 무수 알코올 280mL
(라) 물 330mL 무수 알코올 70mL

20 비타민과 그 결핍으로 인하여 발생하는 증상의 연결이 틀린 것은?

(가) 비타민 A 결핍 시 야맹증
(나) 비타민 B_1 결핍 시 각기증
(다) 비타민 C 결핍 시 괴혈병
(라) 비타민 D 결핍 시 불임

21 이 · 미용 영업소에 대한 위생 서비스 수준의 평가 결과에 따른 위생관리 등급 중 최우수 업소에 해당하는 것은?

(가) 적색 등급　　(나) 백색 등급
(다) 황색 등급　　(라) 녹색 등급

CLICK HINT

▶ 일본뇌염
주로 여름철 야간에 사람과 동물을 흡혈하는 작은 빨간집 모기에게 전파된다.

▶ 1회용은 재사용 하지않고 모두 버려야 한다.

▶ • 무수 알코올
: 70% x 400cc = 280mL
• 물
: 400mL − 280mL = 120mL

▶ • 비타민 A 결핍 시 야맹증, 피부건조
• 비타민 B_1 결핍 시 각기병
• 비타민 C 결핍 시 괴혈병
• 비타민 D 결핍 시 구루병, 골연화증

▶ 위생관리등급
녹색 : 최우수업소
황색 : 우수업소
백색 : 일반관리대상 업소

Answer

17 (라) 18 (나) 19 (다) 20 (라)
21 (라)

22 이 · 미용사의 업무 범위에 대한 나열이 옳지 않은 것은? (단, 본 시험의 접수일 당일 자격을 취득한 자로서 이 · 미용사 면허를 받은 자 기준)

(가) 이용사 : 이발, 아이론, 면도, 머리피부손질, 머리카락염색 및 머리감기
(나) 미용사(일반) : 파마, 머리카락 자르기, 머리카락염색, 머리감기 의료 기기나 의약품을 사용하지 아니하는 눈썹 손질
(다) 미용사(피부) : 의료 기기나 의약품을 사용하지 아니하는 피부상태분석, 피부관리, 제모, 눈썹 손질
(라) 미용사(네일) : 손톱과 발톱의 손질 및 화장, 의료 기기나 의약품을 사용하지 아니하는 눈썹 손질

23 시장 · 군수 · 구청장이 기간을 정하여 개선명령을 할 수 있는 대상은?

(가) 이·미용실의 시설 및 설비기준을 위반한 이·미용영업자
(나) 이·미용실에서 관련 제품을 판매하는 이·미용영업자
(다) 이·미용실 바닥에 목재를 설치한 이·미용영업자
(라) 이·미용실에 칸막이를 설치하지 아니한 이·미용영업자

24 다음 중 빈칸에 알맞은 것은?

> 이·미용업을 하고자 하는 자는 (　　)이/가 정하는 시설 및 설비를 갖추고 시장·군수·구청장에게 신고하여야 한다.

(가) 대통령령　　(나) 공중위생영업자
(다) 시·도지사　　(라) 보건복지부령

25 이 · 미용 영업소의 소재지를 변경할 때 신고해야 하는 대상은?

(가) 세무서장　　(나) 시·도지사
(다) 군수·구청장　　(라) 보건복지부장관

CLICK HINT

▶ **미용업(손톱 · 발톱)**
손톱과 발톱을 손질 · 화장하는 영업

▶ 시장 · 군수 · 구청장은 공중위생영업의 정지 또는 일부 시설의 사용 중지 등의 처분을 하고자 하는 때에는 청문을 실시하여야 한다.

▶ 공중위생영업을 하고자 하는 자는 갖추어야 하는 공중위생영업의 종류별로 시설 및 설비 기준의 규정은 보건복지부령이 정한다.

▶ 이 · 미용 영업소의 소재지를 변경할 때에는 시장 · 군수 · 구청장에게 신고하여야 한다.

Answer

22 (라) 23 (가) 24 (라) 25 (다)

26 이 · 미용업 영업소 폐쇄명령을 받고도 계속하여 영업을 한 자에 대한 벌칙 기준은?

㈎ 1년 이하의 징역 또는 500만 원 이하의 벌금
㈏ 1년 이하의 징역 또는 100만 원 이하의 벌금
㈐ 6개월 이하의 징역 또는 500만 원 이하의 벌금
㈑ 1년 이하의 징역 또는 1천만 원 이하의 벌금

27 위생교육에 관한 사항으로 틀린 것은?

㈎ 영업자는 매년 위생교육을 받아야 한다.
㈏ 영업신고를 하고자 하는 자는 신고 후 위생교육을 받아야 한다.
㈐ 위생교육은 공중위생관리법 제16조에 따른 단체가 실시할 수 있다.
㈑ 위생교육은 보건복지부장관이 허가한 단체가 실시할 수 있다.

28 공중위생관리법 시행규칙에서 정하고 있는 이 · 미용기구의 건열 멸균소독의 방법으로 맞는 것은?

㈎ 100℃ 이상의 건조한 열에 20분 이상 쐬어 준다.
㈏ 100℃ 미만의 건조한 열에 10분 이상 쐬어 준다.
㈐ 100℃ 이상의 습한 열에 20분 이상 쐬어 준다.
㈑ 80℃ 이상의 건조한 열에 10분 이상 쐬어 준다.

29 이 · 미용사 면허를 받을 수 있는 사람은?

㈎ 피성년후견인
㈏ 감염성 결핵환자
㈐ 향정신성의약품 중독자
㈑ 면허 취소 후 1년이 경과된 자

CLICK HINT

▶ 1년 이하의 징역 또는 1천만 원 이하의 벌금
- 일부시설 사용중지명령을 받고도 그 시설을 사용한자 또는 폐쇄 명령을 받고도 계속 영업을 한 자
- 이 · 미용 영업의 신고 및 폐업신고 규정에 의한 신고를 아니한 자

▶ 신고를 하고자 하는 자는 미리 위생교육을 받아야 한다.

▶ 이 · 미용사 면허를 받을 수 없는 자
- 피성년후견인
- 정신질환자
- 감염병환자
- 약물중독자
- 이중면허취득
- 면허 취소 후 1년이 경과되지 아니한 자

Answer

26 ㈑ 27 ㈏ 28 ㈎ 29 ㈑

30 보건복지부장관은 공중위생관리법에 의한 권한 중 그 일부를 위임할 수 있는데 이에 관한 사항을 정하고 있는 것은?

(가) 대통령령　　(나) 보건복지부령
(다) 행정안전부령　　(라) 총리령

31 전기의 작용에 의해 모발을 자르는 구조로 된 바리캉 종류에 관한 설명으로 가장 적합한 것은?

(가) 양수기와 전기식 자동편수기 2가지 종류만 있다.
(나) 주로 모터식 바리캉, 마그네틱 전자 바리캉의 종류가 있다.
(다) 편수기, 전기편수기 2가지 종류만 있다.
(라) 양수와 편수기 바리캉이 있다.

32 매뉴얼 테크닉 동작의 설명으로 옳지 않은 것은?

(가) 경찰법은 손가락 바닥면에 힘을 빼고 쓰다듬는 동작기법이다.
(나) 유연법은 주무르는 동작기법이다.
(다) 고타법은 두드리거나 때리는 동작기법이다.
(라) 강찰법은 피부를 누르거나 주무르는 동작기법이다.

33 스포츠형(Sports Form) 조발에 필요하지 않은 준비물은?

(가) 숱가위(틴닝)　　(나) R-가위
(다) 커팅 가위　　(라) 천가분

34 피부색을 결정하는 3가지 요소와 관계가 먼 것은?

(가) 피하조직의 지방 색소　　(나) 카로틴 색소
(다) 헤모글로빈 색소　　(라) 멜라닌 색소

35 모(毛)의 구조 중 피부 표면에 나와 있는 부분의 명칭에 해당되는 것은?

(가) 모간　　(나) 모근
(다) 모구　　(라) 모피

CLICK HINT

▶ 보건복지부장관은 이 법에 의한 권한의 일부를 대통령령이 정하는 바에 의하여 시·도지사 또는 시장·군수·구청장에게 위임할 수 있다.

▶ **바리캉**은 일렉트릭 바리캉(모터식, 마그네틱), 핸드 바리캉이 있다.

▶
- 경찰법 : 쓰다듬기
- 유연법 : 주무르기
- 진동법 : 떨기
- 고타법 : 두드리기
- 압박법 : 누르기
- 강찰법 : 강하게 문지르기

▶
- 멜라닌 색소 : 흑색
- 카로틴 색소 : 황색
- 헤모글로빈 색소 : 적색

Answer

30 (가) 31 (나) 32 (라) 33 (나) 34 (가) 35 (가)

36 일반적으로 탈모가 가장 심한 계절은?

㈎ 봄 ㈏ 여름
㈐ 가을 ㈑ 겨울

37 다음은 무엇에 대한 설명인가?

> 커트 시 모발의 잘린 단면적이 넓어서 모발이 갈라지기 쉽고, 초보자에게 기술적으로 사용하기 어려운 도구이다.

㈎ 클리퍼 ㈏ 커트 가위
㈐ 레이저 ㈑ 틴닝 가위

38 면체술 중에서 래더링(Lathering)을 올바르게 설명한 것은?

㈎ 면체 할 부위의 명칭이다.
㈏ 면도기구의 일종이다.
㈐ 면체 부위에 비누거품을 골고루 바르는 것이다.
㈑ 면도 전에 면체 부위를 골고루 마사지하는 것이다.

39 아이론에 대한 설명으로 틀린 것은?

㈎ 아이론의 적정 온도는 120~140℃이다.
㈏ 아이론을 선택 시 프롱과 핸들의 길이가 균등한 것이어야 한다.
㈐ 아이론은 모발을 곧게 펼 때 주로 사용한다.
㈑ 아이론은 프랑스인 마셀 그라또우가 창안하였다.

40 면체 시 스팀 타월로 습포하는 이유로 가장 적합한 것은?

㈎ 안면을 닦기 위해
㈏ 피부 모공 축소를 위해
㈐ 피부 및 수염을 유연하게 하기 위해
㈑ 혈액순환 촉진을 위해

CLICK HINT

▶ 레이저
커트 시 모발의 잘린 단면적이 넓어서 모발이 갈라지기 쉽고, 초보자에게 기술적으로 사용하기 어려운 도구이다.

▶ 래더링
면체 부위에 비누거품을 골고루 바르는 것이다.

▶

▶ 면체 시술 시 스팀타월은 수염을 부드럽게 해줘서 시술효과를 높여준다.

Answer

36 ㈐ 37 ㈐ 38 ㈐ 39 ㈐ 40 ㈐

41 긴 얼굴형에 알맞은 가르마 나눔의 기준은?

㈎ 얼굴의 정중선　　㈏ 눈 꼬리
㈐ 안구의 중심　　㈑ 눈 안쪽

42 민감성 피부의 관리법으로 옳지 않은 것은?

㈎ 지나치게 높은 온도나 낮은 온도를 삼간다.
㈏ 강한 핸들링을 이용한 마사지와 림프 마사지를 시행하여 피부를 진정시킨다.
㈐ 면역 및 저항력 강화로서 피부안정과 염증방지, 세포재생으로 피부관리를 행한다.
㈑ 자극을 주지 않는 무향, 무색소의 민감성 타입 화장품을 사용한다.

43 브로스(Bross, 둥근 스포츠) 커트에서 모발 숱이 집중적으로 많은 부위나 아웃라인 수정 시 커팅 기법은?

㈎ 끌기 가위와 돌려 깎기 기법
㈏ 찔러 깎기 기법
㈐ 밀기와 끌기 깎기 기법
㈑ 연속 깎기 기법

44 기모(起毛)는 어떤 상태의 모발을 말하는가?

㈎ 누운 모발　　㈏ 상한 모발
㈐ 세운 모발　　㈑ 잘린 모발

45 매뉴얼 테크닉 기술 중 두드리기에 관한 설명으로 틀린 것은?

㈎ 태핑(Tapping) : 손가락의 바닥면을 사용
㈏ 슬래핑(Slapping) : 손바닥 전체를 사용
㈐ 해킹(Hacking) : 손의 바깥측면과 손목을 사용
㈑ 비팅(Beating) : 손등을 사용

CLICK HINT

▶ 얼굴형에 따른 가르마
5 : 5 – 역삼각 얼굴형
6 : 4 – 각진 얼굴형
7 : 3 – 둥근 얼굴형
8 : 2 – 긴 얼굴형

▶ 민감성 피부
어떤 물질이나 반응에 즉시 반응을 일으키는 피부를 말한다. 강한 핸들링은 좋지 않다.

▶ 비팅
주먹을 가볍게 쥐고 두드리는 기법이다.

Answer

41 ㈏ 42 ㈏ 43 ㈏ 44 ㈐ 45 ㈑

46 컬리 아이론(Curly Iron)을 이용하여 머리 형태를 만드는 이유로 가장 거리가 먼 것은?

(가) 모류의 방향을 임의로 정할 수 있다.
(나) 유행 스타일로서 특수층을 위한 표현을 하기 쉽다.
(다) 숱이 적은 모발에 숱이 많아 보이게 하는 효과가 있다.
(라) 간편하고 샴푸 후 손질하기가 쉽다.

47 화장수 중 아스트린젠트의 특징에 대한 설명으로 옳지 않은 것은?

(가) 산성 화장수이다.
(나) 피부의 수렴작용과 관계가 있다.
(다) 지성 피부에 적합하다.
(라) 클렌징 작용이 주 기작이다.

48 지속성 염모제의 특징으로 틀린 것은?

(가) 식물성 염모제 : 두발에 윤기를 제공하며 피부 부작용이 없다.
(나) 광물성(금속성) 염모제 : 유럽과 미국에서 주로 사용하였으며 파마가 잘 되지 않는다.
(다) 유기합성 염모제 : 현재 주로 사용되고 있는 염모제이다.
(라) 컬러린스(Color rinse) : 물에 혼합한 염모제를 린스제로 사용한다.

49 원형 깎기(Round Cut)에 관한 올바른 설명은?

(가) 클리퍼를 사용해서 모발을 원형 그대로 같은 길이로 깎는 것이다.
(나) 천정부, 후두부, 측두부 내 두상 전체의 두발 형태가 사선형이다.
(다) 천정부 두발은 짧고 측두부 두발 길이는 긴 형이다.
(라) 천정부 두발은 길고 후두부 두발 길이는 짧은 형이다.

CLICK HINT

▶ 아스트린젠트
- 수렴 화장수
- 모공을 수축
- 피부결 정돈
- 피지나 땀 억제
- 청량감과 수렴효과

▶ 헤어린스
린스는 물리·화학적 자극으로 손상된 모발을 보호하고 손상 부위의 결절 현상 등을 방지하는 일시성 염모제 제품이다.

▶ 원형 깎기
클리퍼로 모발을 원형 그대로 같은 길이로 깎는 것이다.

Answer

46 (나) 47 (라) 48 (라) 49 (가)

50 드라이어 정발 시술에 관한 내용으로 옳지 않은 것은?

(가) 빗과 브러시를 사용하여 모발 형태를 디자인하는 것이다.
(나) 굽은 머리와 곱슬머리 등을 곧게 펴고 볼륨감을 주는 효과를 준다.
(다) 정발 순서는 가르마, 천정부, 측두부, 후두부, 전두부 순으로 정발한다.
(라) 왼쪽 정발 시술 시 빗은 오른손, 드라이어는 왼손으로 잡고 한다.

51 얼굴 부위에 따른 수염의 명칭으로 틀린 것은?

(가) 콧수염 – 머스태쉬(Moustache)
(나) 턱수염 – 비어드(Beard)
(다) 목수염 – 푸베스(Pubes)
(라) 볼수염 – 위스커(Whisker)

52 모모(毛母)세포가 쇠약해지고 모유두가 위축되면 두발은 어떻게 되는가?

(가) 두발에 영양공급이 촉진된다.
(나) 탈모가 된다.
(다) 두발의 생육이 촉진된다.
(라) 두발의 수명이 길어진다.

53 모발 염색과 관계가 가장 먼 것은?

(가) 헤어 다이(Hair Dye)
(나) 헤어 블리치(Hair Bleach)
(다) 헤어 컬러링(Hair Coloring)
(라) 헤어 틴트(Hair Tint)

54 모발에 알칼리 염모제를 시술할 시 실내온도로 가장 적합한 것은?

(가) 15~19℃　(나) 22~30℃
(다) 29~35℃　(라) 35~40℃

CLICK HINT

▶ 왼쪽 정발 시술 시 빗은 왼손, 드라이어는 오른손으로 잡고 한다.

▶ Pubes(리웃)
라틴어 어원인데 '푸베스'라고도 읽는다.

▶ 모모세포가 쇠약해지고 모유두가 위축되면 두발은 탈모가 된다.

Answer

50 (라) 51 (다) 52 (나) 53 (나) 54 (나)

55 커트 시술법 중 찔러 깎기 기법을 사용하는 때는?

(가) 색채 수정 시 (나) 면체라인 수정 시
(다) 전두부 수정 시 (라) 두정부 수정 시

56 멕시코 올림픽경기를 고려하여 구성된 슛스라인(Schuss Line)의 발표년도는?

(가) 1971년 (나) 1970년
(다) 1969년 (라) 1968년

57 버진 헤어(Virgin Hair) 상태의 경모를 펌하고자 할 때 가장 적합한 용제는?

(가) pH 9 정도의 용제 (나) pH 2 정도의 용제
(다) pH 5 정도의 용제 (라) 보통 펌 용제

58 헤어 세팅의 오리지널 세트의 종류가 아닌 것은?

(가) 헤어 파팅 (나) 헤어 셰이핑
(다) 헤어 컬링 (라) 헤어 컬러링

59 "이용기술도 하나의 예술이다."라는 측면에서 다음 중 가장 적합한 것은?

(가) 전위 예술 (나) 부용 예술
(다) 행위 예술 (라) 창작 예술

60 스트렌드 2/3 이내로 두발을 테이퍼하는 것으로 두발 양이 많을 때 사용하는 기법은?

(가) 블런트 커팅 (나) 엔드 틴닝
(다) 노멀 틴닝 (라) 딥 테이퍼

CLICK HINT

▶ **경모**
건강하고 굵은 모발.
건강하고 굵은 모발일수록 pH가 높아야 한다.

▶ **헤어컬러링**은 염색하는 것이다.

▶ **이용**은 독립된 자유 예술이 아닌 표현, 소재, 시간 등 여러 가지 제약을 받는 부용 예술로서 이용사의 소질과 우수한 기술이 요구된다.

▶ **테이퍼링**
엔드 : 스트랜드 3/1지점
노멀 : 스트랜드 1/2지점
딥 : 스트랜드 2/3지점

Answer

55 (가) 56 (라) 57 (가) 58 (라) 59 (나) 60 (라)

[기출문제 및 해설] (이용장 2017년 제62회 출제문제)

01 용존산소(DO)에 대한 설명으로 옳지 않은 것은?

(가) 오염된 물은 용존산소량이 낮다.
(나) BOD가 높은 물은 용존산소량이 낮다.
(다) 수중의 온도가 높을수록 용존산소의 농도는 감소한다.
(라) 수면의 교란상태가 클수록, 기압이 높을수록 용존산소량은 감소한다.

02 다음 중 투명층이 가장 많이 존재하는 부위는?

(가) 손등과 발등 (나) 등
(다) 얼굴 (라) 손바닥과 발바닥

03 이 · 미용사의 면허를 받을 수 있는 사람은?

(가) 피성년후견인 (나) 정신질환자
(다) 마약중독자 (라) 심장질환자

04 염모제 제1액과 제2액을 혼합하여 30분 후에 사용하게 되면 어떤 현상이 나타나는가?

(가) 두발이 얼룩진다. (나) 염발이 전혀 안 된다.
(다) 아무런 이상이 없다. (라) 세발이 잘 안 된다.

05 자외선 소독법에 대한 설명으로 틀린 것은?

(가) 내부 침투력이 강해 살균작용이 내부 속까지 이루어진다.
(나) 무균작업대, 플라스틱, 가위 등의 소독에 효과적이다.
(다) 물건을 상하게 하지 않으면서 효과적으로 소독할 수 있다.
(라) 저항력이 강한 결핵균, 장티푸스, 콜레라균 등을 사멸시킬 수 있다.

CLICK HINT

▶ **용존산소량(DO)** 물에 용해되어 있는 산소량이다. 물이 오염 될수록 물이 기압이 높을수록 온도 및 염분이 낮을수록 용존산소량은 높아진다.

▶ **투명층** 작고 투명한 세포로 손바닥. 발바닥 같은 각질층이 두꺼운 피부에 가장 많이 존재한다.

▶ **이·미용사 면허를 받을 수 없는 자**
① 피성년후견인
② 정신질환자
③ 감염병환자
④ 약물중독자
⑤ 이중면허취득
⑥ 면허 취소 후 1년이 경과되지 아니한 자

▶ 염모제 제1액과 제2액을 혼합하여 30분 후에 사용하게 되면 두발이 얼룩진다.

▶ **자외선 소독법**은 내부까지 침투하지는 않는다.

Answer

01 (라) 02 (라) 03 (라) 04 (가) 05 (가)

06 면체 시술 시 스팀 타월을 이용하는 이유가 아닌 것은?

(가) 면체를 용이하게 하기 위하여
(나) 스틱 핸드의 시술에만 꼭 필요하기 때문에
(다) 피부에 온열 효과를 주기 위하여
(라) 피부에 상처가 발생하는 것을 예방하기 위하여

07 면도기 사용에 관한 설명 중 가장 옳은 것은?

(가) 1회용 면도날만을 손님 1인에 한하여 사용해야 한다.
(나) 손님 1인에 한하여 하용하며 매번 소독하면 재사용할 수 있다.
(다) 개인용 면도날을 지참하도록 한다.
(라) 1회용 면도날을 2인 이상 손님에게 사용하여 1차 위반하면 행정처분 기준으로 영업정지 5일을 받는다.

08 면도 시술 시 피부 감염 예방에 적합한 면도기는?

(가) 지루 면도기　(나) 페더 면도기
(다) 일도　(라) 양도

09 다음 중 경피감염이 가장 잘 되는 기생충은?

(가) 회충　(나) 구충
(다) 편충　(라) 요충

10 다음 중 이용이 속하는 것은?

(가) 영상 예술　(나) 전위 예술
(다) 부용 예술　(라) 동작 예술

CLICK HINT

▶ 면체 시술 시 **스팀타월**은 수염을 부드럽게 해줘서 시술효과를 높여준다.

▶ **면도기**는 1회용 면도날만을 손님 1인에 한하여 사용해야 한다.

▶ **페더 면도기**는 양날이므로 면도 시술 시 피부감염 예방에 적합하다.

▶ **구충(십이지장충)**은 경피감염과 경구감염이 있다.

회충, 편충, 요충은 경구감염이다.

▶ **이용**은 독립된 자유예술이 아닌 표현, 소재, 시간 등 여러 가지 제약을 받는 부용예술로서 이용사의 소질과 우수한 기술이 요구된다.

Answer

06 (나) 07 (가) 08 (나) 09 (나) 10 (다)

11 이발용 가위와 관련한 설명으로 가장 거리가 먼 것은?

㈎ 날의 견고함이 양쪽 골고루 똑같아야 한다.
㈏ 날의 두께가 얇고 허리가 강한 것이 좋다.
㈐ 가위는 기본적으로 엄지만의 움직임에 따라 개폐조작을 행한다.
㈑ 가위의 날 몸부분 전체가 동일한 재질로 만들어져 있는 가위를 착강 가위라고 한다.

12 고객의 두상과 개인별 탈모 형태에 맞는 가발제조를 위해 꼭 필요한 작업공정은?

㈎ 가발 디자인　㈏ 가발 패턴 뜨기
㈐ 가발 커트　㈑ 가발 샴푸잉

13 모발을 세우는 역할을 하는 것은?

㈎ 표피　㈏ 진피
㈐ 입모근　㈑ 모근

14 계절적 변화와 유행 시기의 관계가 가장 큰 감염병은?

㈎ 결핵　㈏ 일본뇌염
㈐ 한센병　㈑ 광견병

15 고객의 얼굴에 면도를 할 때 칼날 각도의 적정범위는?

㈎ 5~10°　㈏ 15~45°
㈐ 30~40°　㈑ 50~60°

16 무자격 안마사로 안마사의 업무에 관한 안마시술 행위를 하게 한 때의 1차 위반 행정처분 기준은?

㈎ 영업정지 1월　㈏ 영업정지 2월
㈐ 영업정지 3월　㈑ 자격정지 3월

CLICK HINT

▶ • 착강 가위
몸 부분 : 연질강철
날 부분 : 특수강철
• 전강 가위
모든 부분 : 특수강철

▶ 가발 패턴뜨기
고객의 두상에 맞는 개인별 탈모 형태에 따른 작업으로 개인별로 머리 모양과 굴곡, 부위가 다르기 때문에 가발 제조에 있어 꼭 필요한 작업 공정이다.

▶ 일본뇌염
주로 여름철 야간에 사람과 동물을 흡혈하는 작은 빨간집 모기에게 전파된다.

▶ 고객 얼굴에 면도 시 칼날의 각도는 15~45°가 적당하다.

▶ 무자격안마사로 하여금 안마사의 업무에 관한 행위를 하게 한 경우
1차 위반 : 영업정지 1월
2차 위반 : 영업정지 2월
3차 위반 : 영업장 폐쇄명령

Answer

11 ㈑ 12 ㈏ 13 ㈐ 14 ㈏ 15 ㈏ 16 ㈎

17 모체로부터 태반이나 수유를 통해서 얻게 되는 면역은?

㈎ 인공수동면역 ㈏ 자연수동면역
㈐ 인공능동면역 ㈑ 자연능동면역

18 피부의 진피에 관한 설명으로 틀린 것은?

㈎ 진피는 표피보다 두터운 층이다.
㈏ 진피는 참피부로서 피부의 90%를 차지한다.
㈐ 진피는 표피 5개의 층과 같이 서로의 경계가 분명하다.
㈑ 진피는 유두층, 망상층으로 구분된다.

19 우유의 초고온 순간멸균법으로 가장 적절한 것은?

㈎ 62~65℃에서 30초
㈏ 70~75℃에서 10초
㈐ 100~110℃에서 5초
㈑ 130~140℃에서 2초

20 포르말린 살균법에 대한 설명으로 옳지 않은 것은?

㈎ 단백질 응고 작용이 있다.
㈏ 온도에 민감하여 온도가 낮을 때 소독력이 강하다.
㈐ 실내소독, 침구 분비물 소독(30~60분)에 이용된다.
㈑ 병원균, 진균, 아포 바이러스 살균에 효과적이다.

21 공중위생관리법상 이 · 미용업자가 지켜야 할 위생관리의무가 아닌 것은?

㈎ 이·미용기구는 소독을 한 기구와 소독하지 않은 기구로 분리하여 보관하여야 한다.
㈏ 면도기는 1회용 면도날만을 손님 1인에 한하여 사용하여야 한다.
㈐ 신고한 영업장 면적이 66㎡ 미만인 영업소의 경우 영업소 외부에 최종 지불요금표를 게시 또는 부착하여야 한다.
㈑ 이·미용사 면허증을 영업소 안에 게시하여야 한다.

CLICK HINT

- **자연능동면역**
  질병에 감염 된 후 성립되는 면역이다.
- **인공능동면역**
  예방 접종 후 생성된다.
- **자연수동면역**
  태반이나 수유를 통해 받은 면역이다.
- **인공수동면역**
  면역혈청 접종 후 생성된다.
- **진피**
  진피는 표피와 피하조직층 사이에 위치하고 피부의 90% 이상을 차지한다.

▶ 우유의 초고온 순간 멸균법으로 130~140℃ 2초가 가장 적절하다.

▶ **포르말린 살균법**은 물리적 방법이 아니고 화학적 방법 이므로 온도에 영향을 받지 않는다.

▶ 최종지불요금표를 게시, 부착하여야 한다는 내용은 위생관리의무는 아니다.

Answer

17 ㈏ 18 ㈐ 19 ㈑ 20 ㈏
21 ㈐

22 매뉴얼 테크닉에 대한 설명으로 가장 거리가 먼 것은?

(가) 마찰에 의해 피부의 온도가 상승하면 피부의 호흡작용이 왕성해지고 화장품의 유효물질의 경피 흡수가 높아진다.
(나) 피부의 세정작용을 도와 피부를 청결하게 한다.
(다) 혈액과 림프액의 원활한 순환으로 피부 내 산소와 영양공급을 도와 신진대사를 촉진시킨다.
(라) 심리적 안정감은 주지 않으나 피로를 회복시킨다.

23 다음에서 설명하는 소독법은?

> 이 소독법은 멸균하고자 하는 물체를 알코올 버너나 램프를 이용하여 화염에 직접 접촉시켜 피멸균물의 표면에 붙어 있는 미생물을 태워서 멸균시키는 방법으로 백금 루프, 유리봉, 도자기 등 내열성이 있는 제품의 멸균에 이용한다.

(가) 건열멸균법　　(나) 소각소독법
(다) 화염멸균법　　(라) 고압증기멸균법

24 공중위생감시원을 두지 않는 곳은? (단, 구는 자치구를 의미함)

(가) 특별시　　(나) 광역시·도
(다) 시·군·구　　(라) 읍·면

25 다음 중 염모제 침투가 가장 어려운 경우는?

(가) 헤어토닉을 사용한 모발일 때
(나) 퍼머넌트 웨이브를 시술한 모발일 때
(다) 모발에 습기가 있을 때
(라) 헤어 오일을 사용한 모발일 때

26 호흡기계 감염병이 아닌 것은?

(가) 디프테리아　　(나) 폴리오
(다) 백일해　　(라) 홍역

CLICK HINT

▶ **매뉴얼 테크닉**은 심리적 안정을 주고 피로를 풀어 준다.

▶ **화염멸균법**
오염된 물건을 알코올 버너나 램프 천연가스 등을 이용하여 화염에 직접 접촉시켜 피멸균물의 표면에 붙어 있는 미생물을 태워서 멸균하는 방법이다.

▶ 관계 공무원의 업무를 행하게 하기 위하여 특별시 · 광역시 · 도 및 시 · 군 · 구에 공중위생 감시원을 둔다.

▶ **헤어오일**은 염모제 침투를 어렵게 한다.

▶ **폴리오**는 비말감염이다.

Answer

22 (라) 23 (다) 24 (라) 25 (라) 26 (나)

27 모줄기(hair shaft)에 작은 다발들이 찢겨져 있는 모양을 가진 증상은?

㈎ 다공성 모증 ㈏ 축모증
㈐ 연주모증 ㈑ 결절성 열모증

28 모발을 아름답고 부드럽게 유지하기 위하여 필요한 비타민으로 부족하면 모발이 건조해지거나 부스러지고 갈라지는 것은?

㈎ 비타민 A ㈏ 비타민 B_1
㈐ 비타민 C ㈑ 비타민 F

29 소독제의 조건에 해당하지 않는 것은?

㈎ 살균효과가 우수할 것
㈏ 안전성이 있을 것
㈐ 용해성이 낮을 것
㈑ 부식성과 표백성이 없을 것

30 다음 중 pH 9의 퍼머넌트 웨이브 용제를 사용하기에 가장 좋은 경우는?

㈎ 염색된 모발을 퍼머넌트할 때
㈏ 경모에 퍼머넌트를 할 때
㈐ 퍼머넌트된 모발을 염색할 때
㈑ 프레스 퍼머넌트된 모발을 염색할 때

31 완속사여과법에 대한 설명으로 옳은 것은?

㈎ 여과지 사용기간은 1일이다.
㈏ 1일 처리수심은 120~150m이다.
㈐ 침전방법은 약품침전법이 사용된다.
㈑ 건설비는 많이 드나 운영비는 적게 든다.

CLICK HINT

▶ **결절성 열모증**
작은 다발들이 찢겨져 있는 모양이다.

▶ **비타민 A**
모발영양, 피부윤기, 눈의 작용 개선

▶ **소독제의 조건**은 살균력이 강하고 부식성과 표백성이 없으며 용해성이 높아야 한다. 또한 침투력이 강하고 안전성이 있어야 한다.

▶ **경모**
건강하고 굵은 모발.
건강하고 굵은 모발일수록 pH가 높아야 한다.

Answer

27 ㈑ 28 ㈎ 29 ㈐ 30 ㈏ 31 ㈑

32 헤어 샴푸의 종류와 특징의 연결이 잘못된 것은?

(가) 에그 화이트 드라이 샴푸 – 드라이샴푸, 계란흰자 사용
(나) 플레인 샴푸 – 드라이 샴푸, 탄산마그네슘 사용
(다) 에그 샴푸 – 웨트 샴푸, 계란노른자 사용
(라) 리퀴드 드라이 샴푸, 드라이 샴푸, 벤젠 알코올 사용

33 분변 오염을 추정하는 지표로 가장 적합한 것은?

(가) 과망간산칼륨 (나) 암모니아성 질소화합물
(다) 황산이온 (라) 염소이온

34 아이론 펌(Iron perm)을 하는 목적으로 적절하지 않은 것은?

(가) 모발에 변화를 주어 임의의 형태로 만들 수 있다.
(나) 시대감각에 맞는 개성미를 연출할 수 있다.
(다) 모발의 양이 많아 보이게 할 수 있다.
(라) 곱슬머리만 교정할 수 있다.

35 부족 시 구순염, 설염 등을 유발하는 비타민은?

(가) 비타민 A (나) 비타민 B_1
(다) 비타민 B_2 (라) 비타민 C

36 이용에서 리세트(Reset)란?

(가) 오리지널 세트 후 콤 아웃(comb out)
(나) 모양을 만드는 과정
(다) 세트 시 요구되는 진행과정
(라) 커트의 진행기술 과정

37 공중위생영업소의 위생관리수준을 향상시키기 위하여 위생 서비스 평가계획을 수립하는 자는?

(가) 대통령 (나) 보건복지부장관
(다) 시·도지사 (라) 시장·군수·구청장

CLICK HINT

▶ **플레인 샴푸**는 일반적인 샴푸이다. 비누, 합성세제 사용

▶ **아이론펌**은 곱슬머리만 교정할 수 있는 것은 아니다.

▶
- **비타민 A 결핍 시** 야맹증, 피부건조
- **비타민 B_1 결핍 시** 각기병
- **비타민 B_2 결핍 시** 구순염, 설염
- **비타민 C 결핍 시** 괴혈병

▶ **이용에서 리세트**는 오리지널 세트 후 헤어스타일의 마무리 단계로 빗질로 콤 아웃이라는 뜻이다.

▶
- **위생서비스 평가계획을 수립하는 자는** – 시·도지사
- **위생서비스 평가 실시하는 자는** – 시장·군수·구청장

Answer

32 (나) 33 (나) 34 (라) 35 (다) 36 (가) 37 (다)

38 직업병의 하나인 규폐증을 일으키는 분진은?

(가) 유리 규산 (나) 아연
(다) 벤젠 (라) 납

39 피로한 근육에 표면적 자극을 주어서 혈액순환과 신진대사를 돕고 동시에 피부 표백작용과 살균작용을 하는 미안기는?

(가) 고주파 전류 미안기
(나) 저주파 전류 미안기
(다) 패러딕 전류 미안기
(라) 회전브러시 전류 미안기

40 공중위생영업자 지위를 승계한 자가 시장 · 군수 · 구청장에게 신고를 해야 하는 기간은?

(가) 승계한 즉시 (나) 15일 이내
(다) 1월 이내 (라) 3월 이내

41 헤어 데생 시 남성 스타일의 기본 모형은?

(가) 사각형 (나) 삼각형
(다) 원형 (라) 직사각형

42 다음 중 이용사가 갖추어야 하는 사항과 관련된 행동으로 부적합한 것은?

(가) 겸손한 언어와 행동 (나) 발형의 창조
(다) 지압에 대한 전문시술 (라) 기술에 대한 연마

43 이 · 미용업소에서 타월을 공동 사용함으로써 감염될 가능성이 가장 큰 것은?

(가) 장티푸스 (나) 콜레라
(다) 트라코마 (라) 이질

CLICK HINT

- **규폐증** : 유리규산
- 공중위생영업자의 지위를 승계한 자는 1월 이내에 보건복지부령이 정하는 바에 따라 시장 · 군수 · 구청장에게 신고하여야 한다.
- 헤어 데생 시 남성스타일 기본 모형은 직사각형이다.
- **지압에 대한 전문시술**은 이용사가 갖추어야 하는 사항이 아니다.

Answer

38 (가) 39 (가) 40 (다) 41 (라)
42 (다) 43 (다)

44 슈퍼 커트(Super cut)와 관련한 내용으로 옳은 것은?

(가) 직가위만 사용하여 커트한 브로스(bross) 스타일이다.
(나) 바리캉만 사용하여 커트한 브로스(bross) 스타일이다.
(다) 면도(Razor)만 사용하여 커트한 브로스(bross) 스타일이다.
(라) 틴닝 가위만 사용하여 커트한 브로스(bross) 스타일이다.

45 균의 형태에 따른 명칭이 아닌 것은?

(가) 구균 (나) 진균
(다) 간균 (라) 나선균

46 펌을 위한 커트에서 포인트를 위해 프레커트 시 사용되는 도구는?

(가) 틴닝 가위 (나) 미니 가위
(다) 면도 (라) 클리퍼

47 병원체가 기생충인 감염병은?

(가) 결핵 (나) 백일해
(다) 말라리아 (라) 일본뇌염

48 전체길이가 4.5~5.5inch 정도의 조발가위는 무엇인가?

(가) 장 가위 (나) 소형 가위
(다) 중형 가위 (라) 초장 가위

49 이 · 미용사의 면허가 취소되거나 면허의 정지명령을 받은 자가 면허증을 반납해야 하는 기간은?

(가) 15일 이내 (나) 10일 이내
(다) 1주일 이내 (라) 지체 없이

CLICK HINT

▶ 구균, 간균, 나선균은 균의 형태이다.

▶ **프레커트**(Pre cut)
퍼머넌트 시술 앞에 미리 자르는 커트

▶ 말라리아는 원충류로써 급성 열성 전염병이다.

결핵, 백일해 : 세균성
일본뇌염 : 바이러스성

▶ 면허가 취소되거나 면허의 정지명령을 받은 자는 지체 없이 관할 시장·군수·구청장에게 면허증을 반납하여야 한다.

Answer

44 (라) 45 (나) 46 (나) 47 (다) 48 (나) 49 (라)

50 내열성이 강해서 자비소독으로는 효과가 없는 것은?

㈎ 살모넬라균　　㈏ 포자형성균
㈐ 장티푸스균　　㈑ 결핵균

51 브로스 커트에 속하는 것은?

㈎ 장발머리형 커트　　㈏ 상고머리형 커트
㈐ 스포츠 머리형 커트　　㈑ 삭발형 커트

52 산업보건의 중요성에 대한 내용으로 가장 적합한 것은?

㈎ 산업장의 노동인구가 감소되었다.
㈏ 산업장의 보건관련 비용이 증가되었다.
㈐ 노동력의 유지, 증진을 통하여 생산성과 품질을 향상시킬 수 있다.
㈑ 산업의 단일화와 더불어 산업보건이 중요시 되었다.

53 네이프 라인에서 위쪽으로 갈수록 빗과 가위로 연속깎기를 하는 커팅방법은?

㈎ 트리밍(Trimming)　　㈏ 싱글링(Shingling)
㈐ 클리핑(Clipping)　　㈑ 테이퍼링(Tapering)

54 영업소 폐쇄명령 등의 처분을 하고자 하는 때에 청문을 실시해야 하는 자는?

㈎ 대통령　　㈏ 시장·군수·구청장
㈐ 공중위생영업자　　㈑ 시·도지사

55 라운드 브러시(round brush)를 이용하여 블로우 드라이 스타일링 시 두발의 상태는?

㈎ 두발에 윤기가 난다.　　㈏ 두발이 부스스해진다.
㈐ 두발이 탈색된다.　　㈑ 두발이 꺾어져 손상된다.

CLICK HINT

▶ **포자(아포)형성균**은 내열성이 강해서 고압증기멸균법으로 강력하게 소독해야 한다.

▶ **스포츠 머리형 커트**는 브로스 커트에 속한다.

▶ **산업보건의 정의**
산업장 안에 있는 모든 근로자들이 정신적·신체적으로 건강한 상태에서 작업 능률을 높일 수 있도록 근로방법 및 생활 조건을 관리하는 것이다.

▶ **싱글링**
장 가위와 빗을 이용해 아래부터 시작해 위쪽으로 올라가면서 길게 자르는 커팅 방법이다.

▶ 보건복지부장관 또는 시장·군수·구청장은 영업소 폐쇄명령 등의 처분을 하고자 하는 때에 청문을 하여야 한다.

Answer

50 ㈏ 51 ㈐ 52 ㈐ 53 ㈏
54 ㈏ 55 ㈎

56 프랑스 이용고등연맹(S.H.C.M)에서 1954년 최초로 발표한 트렌드 라인은?

(가) 안티브 라인　　(나) 장티욤 라인
(다) 몬테리 라인　　(라) 숏스 라인

57 노인보건이 중요하게 대두된 배경이 아닌 것은?

(가) 평균수명의 연장으로 인한 노인 인구의 증가
(나) 노인질환 대부분이 급성적인 질환으로 의료비 부담 증가
(다) 노화의 기전이나 유전적 조절 등에 관한 관심 고조
(라) 질병의 유병률과 발병률의 급격한 증가

58 다음 중 위생교육을 받아야 할 사람은?

(가) 공중위생영업자　　(나) 면허취득자
(다) 국가기술자격증 취득자　　(라) 면허증 재교부자

59 염색의 컬러 선택 시 색의 3원색에 속하지 않는 것은?

(가) 초록색　　(나) 빨간색
(다) 노란색　　(라) 파란색

60 커팅 시 싱글링 각도로 가장 거리가 먼 것은?

(가) 10°　　(나) 20°
(다) 30°　　(라) 50°

CLICK HINT

▶ • 1954년 : 안티브 라인
• 1965년 : 장티욤 라인
• 1960년 : 몬테리 라인
• 1968년 : 숏스 라인

▶ 공중위생영업자는 매년 위생교육을 받아야 한다.

▶ 색의 3원색
• 빨간색
• 노란색
• 파란색

Answer

56 (가) 57 (나) 58 (가) 59 (가) 60 (라)

[기출문제 및 해설] (이용장 2018년 기출 복원문제)

01 다음 중 주로 말라리아를 매개하는 곤충은?

(가) 파리 (나) 모기
(다) 진드기 (라) 바퀴

▶ 모기 매개
- 말라리아
- 일본뇌염
- 사상충
- 황열

02 태양광선의 살균작용이 가장 높은 도르노 센(Domo Ray)의 파장에 해당되는 것은?

(가) 900~120Å (나) 1900~2200Å
(나) 2900~3200Å (라) 3900~4200Å

▶ 도르노 센 파장
2900~3200Å

03 영업소 외의 장소에서 이 · 미용의 업무를 할 수 있는 경우가 아닌 것은?

(가) 질병으로 인하여 영업소에 나올 수 없는 자에 대하여 이·미용을 하는 경우
(나) 혼례에 참여하는 자에 대하여 그 의식의 직전에 이·미용을 하는 경우
(다) 특별한 사정이 있다고 인정하여 시장·군수·구청장이 정하는 경우
(라) 농번기에 농민을 위하여 마을회관에서 이·미용을 하는 경우

▶ 영업소 외에서 이 · 미용 가능 한 경우
① 질병 그 밖의 사유로 영업소에 나올 수 없는 자
② 혼례나 그 밖의 의식에 참여하는 자에 대하여 그 의식 전에는 가능
③ 사회복지시설에서 봉사
④ 방송 등의 촬영
⑤ 시장 · 군수 · 구청장이 특별한 사정이 있다고 인정하는 경우

04 다음 중 브로스 커트에 속하는 것은?

(가) 장발머리형 커트
(나) 상고머리형 커트
(다) 스포츠 머리형 커트
(라) 삭발형 커트

▶ 스포츠 머리형 커트는 브로스 커트에 속한다.

Answer
01 (나) 02 (다) 03 (라) 04 (다)

05 모모(毛母)세포가 쇠약해지고 모유두가 위축되면 두발은 어떻게 되는가?

(가) 두발에 영양공급이 촉진된다.
(나) 탈모가 된다.
(다) 두발의 생육이 촉진된다.
(라) 두발의 수명이 길어진다.

06 전기의 작용에 의해 모발을 자르는 구조로 된 바리캉 종류에 관한 설명으로 가장 적합한 것은?

(가) 양수기와 전기식 자동편수기 2가지 종류만 있다.
(나) 주로 모터식 바리캉, 마그네틱 전자 바리캉의 종류가 있다.
(다) 편수기, 전기편수기 2가지 종류만 있다.
(라) 양수와 편수기 바리캉이 있다.

07 매니플레이션(Manipulation)의 방법 중 피부를 가볍게 쓰다듬어 주면서 가볍게 왕복운동, 원운동을 하는 방법은?

(가) 쓰다듬기(경찰법) (나) 문지르기(강찰법)
(다) 주무르기(유연법) (라) 두드리기(고타법)

08 스트랜드 2/3 이내로 두발을 테이퍼하는 것으로 두발 양이 많을 때 사용하는 기법은?

(가) 블런트 커팅 (나) 엔드 틴닝
(다) 노멀 틴닝 (라) 딥 테이퍼

09 체세포의 주성분으로서 모든 세포의 구조적 · 기능적 특성을 위하여 필수적인 역할을 담당하는 것은?

(가) 탄수화물 (나) 지방
(다) 단백질 (라) 칼슘

CLICK HINT

▶ **바리캉**은 일렉트릭 바리캉(모터식, 마그네틱), 핸드 바리캉이 있다.

▶
- 경찰법 : 쓰다듬기
- 유연법 : 주무르기
- 진동법 : 떨기
- 고타법 : 두드리기
- 압박법 : 누르기
- 강찰법 : 강하게 문지르기

▶ **테이퍼링**
엔드 : 스트랜드 3/1지점
노멀 : 스트랜드 1/2지점
딥 : 스트랜드 2/3지점

▶
- **탄수화물** : 에너지 공급
- **단백질** : 신체 구성
- **지 방** : 열량 에너지
- **칼 슘** : 뼈, 치아 생성

Answer

05 (나) 06 (나) 07 (가) 08 (라) 09 (다)

10 신고를 하지 아니하고 영업소의 소재지를 변경할 때의 1차 위반 행정처분 기준은?

(가) 경고
(나) 영업정지 1월
(다) 영업정지 2월
(라) 영업장 폐쇄명령

11 연탄가스 중독의 주원인이 되는 것은?

(가) SO_2
(나) CO_2
(다) NO_2
(라) CO

12 성인병에 대한 설명으로 옳지 않은 것은?

(가) 뇌졸중의 원인은 주로 동맥경화증과 고혈압이다.
(나) 당뇨병은 유전적인 요인이 가장 주요한 원인이다.
(다) 허혈성 심장질환은 연령은 상관이 없으나 남자보다 여자에게 더 많이 발생한다.
(라) 고혈압은 언어장애, 혼수상태, 반신마비 등의 결과를 초래한다.

13 이 · 미용사 면허가 취소된 후 계속하여 업무를 행한 자에 대한 벌칙은?

(가) 100만 원 이하의 벌금
(나) 200만 원 이하의 벌금
(다) 300만 원 이하의 벌금
(라) 500만 원 이하의 벌금

14 정발 시 두발이 자연스럽게 넘어가게 하려면 어느 부분에 열처리를 하여야 하는가?

(가) 두발 뿌리 부분
(나) 두발 중간 부분
(다) 두발 전체 부분
(라) 두발 끝 부분

15 피부색을 결정하는 3가지 요소와 관계가 먼 것은?

(가) 피하조직의 지방 색소
(나) 카로틴 색소
(다) 헤모글로빈 색소
(라) 멜라닌 색소

CLICK HINT

▶ 신고를 하지 않고 영업소의 소재지를 변경한 경우
1차 위반 : 영업정지 1월
2차 위반 : 영업정지 2월
3차 위반 : 영업장 폐쇄명령

▶ 일산화탄소(CO)
연탄이나 숯 등의 물체가 불완전 연소 시 많이 발생

▶ 300만 원 이하의 벌금
① 면허취소, 정지 중에 이·미용업을 한 사람
② 면허를 받지 않고 이·미용업을 개설하거나 그 업무에 종사한 사람

▶ 두발이 자연스럽게 넘어가게 하려면 정발 시 두발 끝 부분에 열처리를 하여야 한다.

▶ • 멜라닌 색소 : 흑색
• 카로틴 색소 : 황색
• 헤모글로빈 색소 : 적색

Answer

10 (나) 11 (라) 12 (다) 13 (다) 14 (라) 15 (가)

16 화장수 중 아스트린젠트의 특징에 대한 설명으로 옳지 않은 것은?

(가) 산성 화장수이다.
(나) 피부의 수렴작용과 관계가 있다.
(다) 지성 피부에 적합하다.
(라) 클렌징 작용이 주 기작이다.

17 원형 깎기(Round Cut)에 관한 올바른 설명은?

(가) 클리퍼를 사용해서 모발을 원형 그대로 같은 길이로 깎는 것이다.
(나) 천정부, 후두부, 측두부 내 두상 전체의 두발 형태가 사선형이다.
(다) 천정부 두발은 짧고 측두부 두발 길이는 긴 형이다.
(라) 천정부 두발은 길고 후두부 두발 길이는 짧은 형이다.

18 다음 중 가족계획을 가장 잘 설명한 것은?

(가) 수태조절 및 산아 조절과 같은 의미이다.
(나) 인구 조절을 의미한다.
(다) 가정경제 계획을 의미한다.
(라) 계획적인 가족 형성을 뜻하는 것이다.

19 석탄산 90배 희석액과 같은 조건 하에서 어느 소독제 135배 희석액이 같은 살균력을 나타낸다면 이 소독제의 석탄산 계수는?

(가) 0.5 (나) 2.0
(다) 1.0 (라) 1.5

20 1965년 프랑스 이용고등연맹(S.H.C.M)에 등록된 작품으로 좌측 5cm 가르마에 웨이브가 자연스럽게 구상된 Dandy line은 어디에서 유래된 것인가?

(가) 동물의 이름 (나) 사람의 이름
(다) 여성의 옷 (라) 남성의 옷

CLICK HINT

▶ **아스트린젠트**
① 수렴 화장수
② 모공을 수축
③ 피부결 정돈
④ 피지나 땀 억제
⑤ 청량감과 수렴효과

▶ **원형 깎기**
클리퍼로 모발을 원형 그대로 같은 길이로 깎는 것이다.

▶ **가족계획 사업**은 가족의 건강과 행복한 생활을 위하여 계획을 세워 출산을 조절하는 행위이다.

▶ 135 : 90 = a : 1
a = 1.5

▶ **프랑스 이용고등기술 연맹 발표년도**
1962년 : 폴로 라인
1965년 : 댄디 라인
1967년 : 프레인 에어 라인

1960년대 비틀즈의 초기 복장을 모방하여 **댄디 라인**이 유래되었다.

Answer

16 (라) 17 (가) 18 (라) 19 (라) 20 (라)

21 커트 시술의 기본자세에 대한 설명으로 가장 거리가 먼 것은?

㈎ 시술 대상은 눈에서 30~50cm 거리가 적당하다.
㈏ 양발은 최대한 벌려 시술한다.
㈐ 커트 방향을 따라 스텝을 옮겨가며 커트한다.
㈑ 양팔은 가볍게 들고 커트 선을 잘 보고 커트한다.

22 면체 시 비누칠의 목적으로 맞지 않는 것은?

㈎ 피부 및 털과 수염을 유연하게 하기 위해서
㈏ 면도의 운행을 쉽게 하기 위해서
㈐ 면도날의 움직임을 원활하게 하기 위해서
㈑ 수염을 단단하게 하기 위해서

23 헤어 데생 시 직사각형을 새로 4등분으로 분할할 때 귀와 코의 위치로 적합한 것은?

㈎ 위로부터 3등분 부위에
㈏ 아래로부터 3등분 부위에
㈐ 위로부터 2등분 부위에
㈑ 아무 부위에나 관계없다.

24 다음 중 고압증기멸균의 장점이 아닌 것은?

㈎ 멸균물품에 잔류 독성이 없다.
㈏ 멸균시간이 짧다.
㈐ 비용이 저렴하다.
㈑ 수증기가 통과하지 못하는 분말, 모래, 예리한 칼날도 멸균할 수 있다.

25 쇠고기나 돼지고기 등의 생식으로 감염될 수 있는 기생충은?

㈎ 회충 ㈏ 간흡충
㈐ 편충 ㈑ 촌충

CLICK HINT

▶ **커트 시술의 기본자세**는 서 있는 자세에서 다리 사이의 폭은 어깨너비 정도가 적당하다.

▶ 비누칠의 목적
수월한 면도를 위하여 털과 수염 및 피부를 유연하게 하고 면도날의 움직임을 원활하게 해준다. 면도된 털과 수염이 날리는 것을 예방한다.

▶ 고압증기멸균
① 강력한 소독열
② 침투력이 빠름
③ 가격이 저렴
④ 고압, 고온에 견디는 멸균에 적합하다.
⑤ 금속, 의료기기 등

▶ • 쇠고기
－무구조충증(민촌충)
• 돼지고기
－유구조충증(갈고리촌충)

Answer

21 ㈏ 22 ㈑ 23 ㈎ 24 ㈑ 25 ㈑

26 공중위생감시원의 업무범위가 아닌 것은?

(가) 공중위생영업자의 위생관리의무 이행 여부 확인
(나) 위생교육 이행 여부 확인
(다) 공중이용시설의 위생관리상태의 검사
(라) 영업신고 여부 확인

27 피부에 영양침투 촉진 및 밀봉요법 작용이 크며 잔주름 완화에 효과적인 팩 미안술은?

(가) 오일팩
(나) 드라이 스캘프 트리트먼트
(다) 왁스 마스크법
(라) 플레인 스캘프 트리트먼트

28 매뉴얼 테크닉에 대한 설명으로 가장 거리가 먼 것은?

(가) 마찰에 의해 피부의 온도가 상승하면 피부의 호흡작용이 왕성해지고 화장품의 유효물질의 경피 흡수가 높아진다.
(나) 피부의 세정작용을 도와 피부를 청결하게 한다.
(다) 혈액과 림프액의 원활한 순환으로 피부 내 산소와 영양공급을 도와 신진대사를 촉진시킨다.
(라) 심리적 안정감은 주지 않으나 피부를 회복시킨다.

29 소독제의 일반적인 살균작용 기전이 아닌 것은?

(가) 산화작용 (나) 환원작용
(다) 균체단백질 응고작용 (라) 가수분해작용

30 DPT(디피티)의 예방접종과 관계가 없는 감염병은?

(가) 파상풍 (나) 디프테리아
(다) 폴리오 (라) 백일해

CLICK HINT

▶ 공중위생 감시원 업무범위
① 시설 및 설비의 확인
② 공중위생영업 시설,설비 위생상태 확인, 공중위생영업자의 위생관리 의무 이행여부 확인
③ 위생지도 및 개선명령 이행여부 확인
④ 공중위생영업소의 정지, 일부 시설의 사용중지, 폐쇄명령 이행여부 확인
⑤ 위생교육 이행여부 확인

▶ 잔주름 효과
왁스 마스크 팩

▶ 매뉴얼 테크닉은 심리적 안정을 주고 피로를 풀어 준다.

▶ 소독제 살균작용 기전
① 산화작용
② 균체단백질 응고작용
③ 가수분해 작용
④ 균체효소계의 침투작용
⑤ 염의 형성 작용

▶ DPT 접종
D : 디프테리아
P : 백일해
T : 파상풍

Answer

26 (라) 27 (다) 28 (라) 29 (나) 30 (다)

31 공중위생영업소의 위생관리수준을 향상시키기 위하여 위생 서비스 평가 계획을 수립하는 자는?

(가) 시·도지사 (나) 보건복지부장관
(다) 시장·군수·구청 (라) 세무서장

32 커트의 방법 중 신징 커트(Singeing cut)란?

(가) 레이저(Razor)를 이용한 커트
(나) 커트 후 불필요한 머리카락을 제거하는 커트
(다) 바리캉(Clipper)을 이용한 커트
(라) 가위와 빗을 이용하는 일반적인 커트

33 염발 시 두발과 수분에 대한 설명으로 옳은 것은?

(가) 수분기가 전혀 없는 건조한 두발이 좋다.
(나) 약간의 수분기가 있는 두발이 좋다.
(다) 수분이나 건조에 아무런 관계가 없다.
(라) 수분기가 많을수록 좋다.

34 면허정지 처분을 받고도 그 정지기간 중 업무를 행한 자에 대한 1차 위반 시 행정처분 기준은?

(가) 면허정지 3월 (나) 면허정지 6월
(다) 면허정지 1년 (라) 면허취소

35 병원체에 감염되었으나 임상증상이 전혀 없는 보균자로서 감염병 관리상 중요한 대상은?

(가) 건강보균자 (나) 회복기보균자
(다) 잠복기보균자 (라) 만성보균자

36 우유의 초고온 순간멸균법으로 가장 적절한 것은?

(가) 62~65℃에서 20초 (나) 70~72℃에서 10초
(다) 100~110℃에서 5초 (라) 132~135℃에서 2초

CLICK HINT

▶ 시·도지사는 공중위생영업소의 위생관리수준을 향상시키기 위하여 위생 서비스평가계획을 수립하여 시장·군수·구청장에게 통보하여야 한다.

▶ 신징 커트
불필요한 머리카락을 제거하는 커트이다.

▶ 면허정지 처분을 받고도 그 정지기간 중 업무를 한 경우
1차 위반 : 면허취소

▶ 건강보균자
건강한 사람처럼 보이지만, 불현성 감염과 같은 상태로 임상증상이 전혀없고 병원체를 보유한 감염자이다.

▶ 우유의 초고온 순간 멸균법으로 130~140℃ 2초가 가장 적절하다.

Answer

31 (가) 32 (나) 33 (가) 34 (라) 35 (가) 36 (라)

37 염색, 펌 등에 의한 화학적인 손상이 없는 모발 상태는?

㈎ 드라이 헤어(Dry Hair)
㈏ 버진 헤어(Virgin Hair)
㈐ 브라운 헤어(Brown Hair)
㈑ 실버 헤어(Silver Hair)

38 다음 중 얼굴 면도 시 잡는 방법의 기본이 되는 것은?

㈎ 백 핸드　㈏ 펜슬 핸드
㈐ 프리 핸드　㈑ 스틱 핸드

39 표피에 습윤효과를 목적으로 널리 사용되는 화장품 원료는?

㈎ 라놀린　㈏ 글리세린
㈐ 과붕산나트륨　㈑ 과산화수소

40 세발시술 중 측두부 샴푸 시술 시 시술자의 위치로 가장 적합한 것은?

㈎ 우후방 30°　㈏ 좌후방 15°
㈐ 후방 0°　㈑ 좌전방 45°

41 이중으로 이용사 또는 미용사의 면허를 취득한 때의 1차 위반 시 행정처분 기준은?

㈎ 처음에 발급받은 면허의 정지
㈏ 나중에 발급받은 면허의 정지
㈐ 처음에 발급받은 면허의 취소
㈑ 나중에 발급받은 면허의 취소

42 위생 서비스 수준의 평가 주기로 옳은 것은?

㈎ 3개월 마다　㈏ 6개월마다
㈐ 1년마다　㈑ 2년마다

CLICK HINT

▶ **버진 헤어**
염색, 퍼머넌트 등 화학시술을 한번도 한 적 없는 자연모발

▶ **면도칼 잡는 방법**
프리 핸드(기본 잡기)
푸시 핸드(손목 이용)
백 핸드(뒤로 잡기)
스틱 핸드(막대기 잡기)
펜슬 핸드(연필잡기)

▶ **글리세린**
글리세린은 보습제로 수분을 공급하여 촉촉하게 하는 작용을 한다.

▶ **이중으로 면허를 취득한 경우**
1차 위반 : 면허취소
(나중에 발급받은 면허)

▶ 공중위생영업소의 위생 서비스수준 평가는 2년마다 실시된다.

Answer

37 ㈏ 38 ㈐ 39 ㈏ 40 ㈐
41 ㈑ 42 ㈑

43 강한 항산화제로서 토코페롤이라고 불리며 결핍 시 불임, 망막증 등을 유발하는 비타민은?

(가) 비타민 A (나) 비타민 E
(다) 비타민 D (라) 비타민 K

44 아이론 시술 시 주의사항으로 가장 적합한 것은?

(가) 아이론의 핸들이 무겁고 녹슨 것을 사용한다.
(나) 아이론의 온도는 120~140℃를 일정하게 유지하도록 한다.
(다) 모발에 수분이 충분히 젖은 상태에서 시술해야 손상이 적다.
(라) 1905년 영국의 찰스 네슬러가 창안하여 발표하였다.

45 두부에서 네이프(Nape)의 위치는?

(가) 전두부 하단 (나) 두정부 상단
(다) 후두부 하단 (라) 측두부 상단

46 퍼머넌트 와인딩(Permanent winding)에 관한 설명 중 틀린 것은?

(가) 웨이브 형성을 위해 컬러(Curler) 또는 로드(Rod)에 두발을 감는다.
(나) 모발 끝 부분을 느슨하게 해서 들쑥날쑥하지 않도록 감는다.
(다) 둥근 고무줄과 앤드페이퍼가 필요하다.
(라) 와인딩 순서는 고객의 두발 상태 또는 디자인에 따라 달리할 수 있다.

47 공중위생관리법령상의 위생관리 등급에 속하지 않는 것은?

(가) 백색 등급 (나) 녹색 등급
(다) 황색 등급 (라) 청색 등급

CLICK HINT

- 비타민 A 결핍 시 야맹증, 피부건조
- 비타민 E 결핍 시 불임증
- 비타민 D 결핍 시 구루병, 골연화증
- 비타민 K 결핍 시 혈액응고 지연

아이론 적정온도 120~140℃

두부에서 네이프의 위치는 후두부 하단이다.

퍼머넌트 와인딩은 모발 끝 부분을 느슨하게 감으면 안 된다.

위생관리등급
녹색 : 최우수업소
황색 : 우수업소
백색 : 일반관리대상 업소

Answer

43 (나) 44 (나) 45 (다) 46 (나) 47 (라)

48 역학에 대한 설명으로 옳지 않은 것은?

(가) 질병발생의 원인 및 발생요인을 밝히는 분야이다.
(나) 인간집단을 대상으로 발생된 질병을 연구하는 학문이다.
(다) 질병을 치료하기 위한 임상분야의 학문이다.
(라) 질병을 예방할 수 있도록 예방대책을 강구하는 것이다.

49 공중보건사업의 대상에 관한 설명으로 가장 적합한 것은?

(가) 위생수준이 낮은 사람들만 대상으로 한다.
(나) 저소득층 사람들만 대상으로 한다.
(다) 감염병 환자들만 대상으로 한다.
(라) 지역사회의 구성원들 모두를 대상으로 한다.

50 다음 중 pH 9의 퍼머넌트 웨이브 용제를 사용하기에 가장 좋은 경우는?

(가) 염색된 모발을 퍼머넌트 할 때
(나) 경모에 퍼머넌트를 할 때
(다) 퍼머넌트된 모발을 염색할 때
(라) 프레스 퍼머넌트된 모발을 염색할 때

51 부족 시 구순염, 설염 등을 유발하는 비타민은?

(가) 비타민 A　　(나) 비타민 B_1
(다) 비타민 B_2　　(라) 비타민 C

52 조발을 위한 두부의 구분에서 이용되는 정중선을 올바르게 설명한 것은?

(가) 코의 중심을 따라 두부 전체를 수직으로 이등분한 선이다.
(나) 귀를 중심으로 두부 전체를 반분한 선이다.
(다) E.P의 높이를 수직으로 두른 선이다.
(라) N.S.P를 연결하여 두른 선이다.

CLICK HINT

▶ **역학**
인간집단현상에서 일어나는 질병, 불구, 사망 등의 발생과 분포에 영향을 주는 여러 가지 원인을 규명하고 그에 대한 관리와 예방 대책을 연구하는 학문이다.

▶ 공중보건사업 대상 특정의 개인이 아니라 지역사회의 전체 주민 및 인간 집단의 국민 전체를 대상으로 한다.

▶ **경모**
건강하고 굵은 모발.
건강하고 굵은 모발일수록 pH가 높아야 한다.

▶
- **비타민 A 결핍 시**
  야맹증, 피부건조
- **비타민 B_1 결핍 시**
  각기병
- **비타민 B_2 결핍 시**
  구순염, 설염
- **비타민 C 결핍 시**
  괴혈병

▶ **정중선**(Center Line)
C.P에서 N.P까지 두부 전체를 수직으로 2등분하여 좌우로 분할하는 선이다.

Answer

48 (다) 49 (라) 50 (나) 51 (다)
52 (가)

53 다음 중 일반적으로 대부분의 세균들이 증식하기 좋은 수소이온농도 범위는?

(가) pH 2.0~3.0　　(나) pH 4.0~5.0
(다) pH 6.0~8.0　　(라) pH 9.0~11.0

54 국가나 지역사회의 보건수준을 평가할 때 가장 많이 이용되는 지표는?

(가) 유아사망률　　(나) 영아사망률
(다) 모성사망률　　(라) 조사망률

55 다음 중 소독에 필요한 인자와 가장 거리가 먼 것은?

(가) 물　　(나) 온도
(다) 시간　　(라) 산소

56 가위의 종류 중 모발의 숱을 감소시키거나 모발 끝의 질감을 부드럽게 표현하고 한쪽 가위 날이 톱니 모양인 것은?

(가) 리버스 가위　　(나) 틴닝 가위
(다) 스트록 가위　　(라) 미니 가위

57 "고객의 두상에 맞게, 개인별 탈모 형태에 따른 작업으로 개인별로 머리 모양과 굴곡, 부위가 다르기 때문"에 가발 제조에 있어 꼭 필요한 작업 공정은?

(가) 가발 디자인　　(나) 가발 패턴 뜨기
(다) 가발 커트　　(라) 가발 샴푸잉

58 피부의 구조 중 진피에 속하는 것은?

(가) 기저층　　(나) 유극층
(다) 과립층　　(라) 유두층

CLICK HINT

▶ 세균들이 증식하기 좋은 수소이온농도는 pH 6~8이다.

▶ **영아사망률**은 국가건강 수준을 나타내는 가장 대표적인 보건지표로 사용된다.

▶ **틴닝 가위(집게 가위)**
두발의 길이는 건드리지 않고 모량을 제거하거나 질감을 부드럽게 표현하기 위해서 사용한다.

▶ **가발 패턴 뜨기**
고객의 두상에 맞는 개인별 탈모 형태에 따른 작업으로 개인별로 머리 모양과 굴곡, 부위가 다르기 때문에 가발 제조에 있어 꼭 필요한 작업 공정이다.

▶ **진피**
유두층, 망상층

Answer

53 (다) 54 (나) 55 (라) 56 (나)
57 (나) 58 (라)

59 공중위생영업소를 개설하였으나 부득이한 사유로 미리 위생교육을 받을 수 없는 경우에는 영업 개시 후 언제까지 위생교육을 받아야 하는가?

㈎ 1월 이내　　㈏ 3월 이내
㈐ 6월 이내　　㈑ 1년 이내

60 작업자의 조명이 불량해서 발생될 수 있는 직업병과 가장 거리가 먼 것은?

㈎ 안구피로증　　㈏ 근시
㈐ 결막염　　㈑ 안구진탕증

CLICK HINT

▶ 보건복지부령으로 정하는 부득이한 사유로 미리 교육을 받을 수 없는 경우에는 영업개시 후 6개월 이내에 위생교육을 받을 수 있다.

▶ **조명 불량 직업병**
- 안구피로증
- 근시
- 안구진탕증

Answer

59 ㈐ 60 ㈐

[기출문제 및 해설] (이용장 2018년 제63회 출제문제)

CLICK HINT

01 사망통계에 대한 설명으로 옳지 않은 것은?

㈎ 신생아 사망률 : 생후 28일 미만의 영아 사망을 말한다.
㈏ 조사망률 : 인구 1,000명당 1년 동안 발생한 사망수를 말한다.
㈐ 주산기 사망률 : 임신 28주 이상의 사산과 생후 1주 미만의 신생아 사망률이다.
㈑ 비례사망지수 : 어떤 연도의 사망수 중 30세 이상의 사망자수의 구성 비율이다.

▶ **비례사망지수**(PMI) = (같은 해에 일어난 50세 이상의 사망자수 / 1년 동안 총 사망자수) x 100

02 발육증식형 전파를 하는 감염병은?

㈎ 페스트 ㈏ 황열
㈐ 발진티푸스 ㈑ 말라리아

▶ **페스트, 황열** : 증식형
발진티푸스 : 발설형

03 병원체에서 감염되었으나 임상증상이 전혀 없는 보균자로서 감염병 관리상 중요한 대상은?

㈎ 건강보균자 ㈏ 회복기보균자
㈐ 잠복기보균자 ㈑ 만성 보균자

▶ **건강보균자**
건강한 사람처럼 보이지만, 불현성 감염과 같은 상태로 임상증상이 전혀 없고 병원체를 보유한 감염자이다.

04 인간집단에서 질병 발생과 관련되는 사실을 현상 그대로 기억하는 역학은?

㈎ 기술역학 ㈏ 분석역학
㈐ 임상역학 ㈑ 이론역학

▶ **기술역학**
역학적 방법 1단계로, 현실적으로 일어나는 그대로의 모습을 기록, 관찰하는 방법이다.

Answer

01 ㈑ 02 ㈑ 03 ㈎ 04 ㈎

05 이 · 미용 업소에서의 위생관리로 가장 거리가 먼 것은?

(가) 가위는 커트 후 묻어있는 머리카락을 털어내고 70% 알코올 솜으로 닦아 준다.
(나) 일회용 소모품은 재사용하여 사용한다.
(다) 플라스틱 빗은 70% 알코올, 1% 크레졸, 3% 석탄수로 소독하거나 자외선 소독기를 이용한다.
(라) 마른 타월, 젖은 타월, 사용한 타월을 분리하여 정리 보관 후 소독한다.

06 소독제와 관련된 설명으로 틀린 것은?

(가) 소독제에 노출되는 시간이 길수록 소독 효과가 크다.
(나) 소독제의 농도가 높을수록 소독효과가 크다.
(다) 온도가 높을수록 소독효과가 크다.
(라) 유기물질이 많을수록 소독효과가 크다.

07 소화기계 감염병에 해당하는 것은?

(가) 홍역 (나) 유행성 일본뇌염
(다) 장티푸스 (라) 발진티푸스

08 산업재해의 통계에 주로 사용되는 지표가 아닌 것은?

(가) 강도율 (나) 도수율
(다) 건수율 (라) 노동률

09 이 · 미용실의 기구 및 도구 소독으로 가장 적합한 것은?

(가) 알코올 (나) 승홍수
(다) 석탄산 (라) 역성비누

CLICK HINT

▶ 일회용 소모품은 손님 1인에게만 사용한다.

▶ 일부 소독제는 유기물질 때문에 소독 효과가 감소할 수 있다.

▶ **장티푸스**는 오염된 물이나 음식을 섭취하였을 때 전파된다.

▶ **산업재해 통계**는 재해 발생상황을 수치로 나타낸 것으로 노동률과 연관이 없다.

▶ **알코올**은 70~75% 농도로 사용하며 피부, 가위, 칼, 솔 등에 사용한다.

Answer

05 (나) 06 (라) 07 (다) 08 (라) 09 (가)

10 화학적 소독법에 관한 내용으로 옳은 것은?

(가) 염소와 과산화수소는 균단백 응고작용의 기전을 가지고 있다.
(나) 습기가 있는 분변, 하수, 오물, 토사물 등의 소독에는 생석회가 있다.
(다) 방역용 석탄산은 7% 수용액을 사용하며 다른 소독제의 살균력을 나타내는 지표로 활용된다.
(라) 크레졸은 소독력이 강해서 손, 오물, 객담의 소독제로 부적당하다.

11 음식물의 냉장고 보관 목적과 가장 거리가 먼 것은?

(가) 식품 중의 미생물 사멸
(나) 식품 중의 미생물 증식 억제
(다) 식품 중의 신선도 유지
(라) 식품 중의 가치 유지

12 독소형 식중독에 속하는 것은?

(가) 살모넬라증 식중독
(나) 포도상구균 식중독
(다) 장염 비브리오 식중독
(라) 병원성 대장균 식중독

13 공기 중 산소가 차지하고 있는 비율은?

(가) 약 15%　　(나) 약 21%
(다) 약 78%　　(라) 약 98%

14 성인병에 대한 내용으로 옳은 것은?

(가) 전염병 유행 시 급성으로 성인에게 침범한다.
(나) 감염병 유행 시 만성으로 성인에게 침범한다.
(다) 만성적으로 진행되며 성인에게 많다.
(라) 급성으로 진행되며 성인에게 많다.

CLICK HINT

- **생석회**는 백색의 고체 분말체로서 가격이 저렴하고 독성이 적어서 분변, 하수, 오수, 오물, 토사물 등의 소독에 쓰인다.
- **포도상구균은 독소형** 식중독으로 잠복기가 짧고 화농성 손에 의해 감염된다.
- **공기 구성성분**
  - 질소 : 78.10%
  - 산소 : 20.93%
  - 이산화탄소 : 0.03~0.04%
- **성인병**은 만성적으로 진행되며 성인, 노인에게 발생한다.

Answer

10 (나) 11 (라) 12 (나) 13 (나) 14 (다)

15 군집독을 일으키는 중요한 원인이 아닌 것은?

㈎ 산소 감소 ㈏ 분진 감소
㈐ 온도 증가 ㈑ 유해가스 증가

16 소독제 3g을 100ml의 물에 희석시키면 몇 퍼밀리(‰)가 되는가?

㈎ 0.3 ㈏ 3
㈐ 30 ㈑ 300

17 내열성이 강해서 자비소독으로 효과가 없는 균은?

㈎ 살모넬라균 ㈏ 포자 형성
㈐ 포도상구균 ㈑ 결핵균

18 가족계획 사업의 필요성과 가장 거리가 먼 것은?

㈎ 모자보건 향상
㈏ 성생활의 개방
㈐ 자녀양육능력 향상
㈑ 인구조절과 경제력 향상

19 공중보건학의 정의에 해당하지 않는 것은?

㈎ 지역사회의 노력으로 수명을 연장시키는 기술 및 과학
㈏ 정신병을 치료하는 기술 및 과학
㈐ 신체적·정신적 효율을 증진시키는 기술 및 과학
㈑ 질병을 예방하는 기술 및 과학

20 감염병 감염 후 형성되는 면역의 유형은?

㈎ 자연능동면역 ㈏ 인공능동면역
㈐ 자연수동면역 ㈑ 인공수동면역

CLICK HINT

▶ **군집독**
실내에 많은 사람들이 밀집되어 있을 때 오염된 실내공기이다.
- 산소 감소
- 온도 증가
- 유해가스 증가
- 이산화탄소 증가

▶ **퍼밀리(‰)**
용액 1,000mL중에 포함되어 있는 용질의 양
용질량/용액량 x 1,000
3/100 x 1,000 = 30

▶ **포자(아포)형성균**은 내열성이 강해서 고압증기멸균법으로 강력하게 소독해야한다.

▶ **가족계획 사업**은 가족의 건강과 행복한 생활을 위하여 계획을 세워 출산을 조절하는 행위이다.

▶ **공중보건의 목적**
1. 질병예방
2. 수명연장
3. 건강증진
(신체적·정신적)

▶
- **자연능동면역**
질병에 감염된 후 성립되는 면역이다.
- **인공능동면역**
예방 접종 후 생성된다.
- **자연수동면역**
태반이나 모유를 통해 받은 면역이다.
- **인공수동면역**
면역혈청 접종 후 생성된다.

Answer

15 ㈏ 16 ㈐ 17 ㈏ 18 ㈏
19 ㈏ 20 ㈎

21 이용사 및 미용사의 면허를 부여하는 자는?

(가) 보건복지부장관
(나) 시·도지사
(다) 시장·군수·도지사
(라) 한국산업인력관리공단 이사장

22 이 · 미용업계의 위생 서비스 수준을 평가할 수 있는 권한이 없는 자는?

(가) 환경부 장관
(나) 시장·군수·구청장
(다) 관련 전문기관
(라) 관련 단체

23 아래 ( )에 적합한 것은?

> 공중위생영업자는 그 ( )이/가 발생하지 아니하도록 영업 관련 시설 및 설비를 위생적이고 안전하게 관리하여야 한다.

(가) 소비자에게 건강상 장해요소
(나) 소비자에게 신체상 장해요소
(다) 이용자에게 신체상 장해요소
(라) 이용자에게 건강상 위해요인

24 면허정지 처분을 받고 그 정지기간 중 업무를 행할 때 행정처분은?

(가) 경고 (나) 면허 취소
(다) 300만 원 이하 과태료 (라) 500만 원 이하 벌금

25 이 · 미용업자가 시 · 도지사 또는 시장 · 군수 · 구청장의 개선명령을 이행하지 아니한 때의 1차 위반 행정처분 기준은?

(가) 개선명령 (나) 영업정지 5일
(다) 영업정지 10일 (라) 경고

CLICK HINT

▶ **이·미용사가 되고자 하는 자**는 보건복지부령이 정하는 바에 의하여 시장·군수·구청장의 면허를 받아야 한다.

▶ 시장·군수·구청장은 위생서비스평가의 전문성을 높이기 위하여 필요하다고 인정하는 경우에는 관련 전문기관 및 단체로 하여금 위생서비스 평가를 실시하게 할 수 있다.

▶ **공중위생영업자**는 그 이용자에게 건강상 위해요인이 발생하지 아니하도록 영업 관리 시설 및 설비를 위생적이고 안전하게 관리하여야 한다.

▶ **면허정지처분을 받고도 그 정지 기간 중 업무를 한 경우**
1차 위반 : 면허취소

▶ **개선명령을 이행하지 않은 경우**
1차 위반 : 경고
2차 위반 : 영업정지 10일
3차 위반 : 영업정지 1월
4차 위반 : 영업장 폐쇄명령

Answer

21 (다) 22 (가) 23 (라) 24 (나) 25 (라)

26 이 · 미용사에 대한 청문 실시 대상의 처분에 해당하지 않는 것은?

(가) 면허 취소 (나) 개선명령
(다) 영업정지명령 (라) 경고

27 이 · 미용 영업에 있어서 위생교육을 받아야 하는 대상자는?

(가) 이·미용업의 영업자
(나) 이용사 또는 미용사 면허를 받은 사람
(다) 이용사 또는 미용사 면허를 받고 영업에 종사하는 사람
(라) 이·미용영업에 종사하는 모든 사람

28 이 · 미용업의 신고를 하려는 자가 제출하여야 하는 서류에 해당하지 않는 것은?(단, 예외의 경우는 제외)

(가) 이·미용사 면허증
(나) 영업시설 및 설비개요서
(다) 교육필증(미리 교육을 받은 경우)
(라) 신고서(전자문서로 된 신고서를 포함)

29 공중위생영업자가 건전한 영업질서를 위하여 준수하여야 할 사항을 준수하지 아니하였을 때 벌칙 기준은?

(가) 6월 이하의 징역 또는 1백만 원 이하의 벌금
(나) 6월 이하의 징역 또는 5백만 원 이하의 벌금
(다) 1년 이하의 징역 또는 5백만 원 이하의 벌금
(라) 1년 이하의 징역 또는 1천만 원 이하의 벌금

30 「성매매알선 등 행위의 처벌에 관한 법률」 위반으로 이 · 미용업 영업소 폐쇄명령이 있은 후 얼마의 기간이 경과하여야 그 폐쇄명령이 이루어진 영업장소에서 같은 종류의 영업을 할 수 있는가?

(가) 3개월 (나) 6개월
(다) 1년 (라) 2년

CLICK HINT

▶ 청문
① 신고 및 폐업신고사항의 직권 말소
② 이·미용사의 면허취소 또는 면허정지
③ 위생사의 면허취소
④ 영업정지명령, 일부시설 사용중지명령, 영업소 폐쇄명령

▶ **이·미용 영업자**는 매년 위생교육을 받아야 한다.

▶ 이·미용업 신고
• 신고서(전자문서)
• 영업시설 및 설비개요서
• 교육필증

▶ 위생관리의무 등 규정에 위반하여 건전한 영업 질서를 위하여 영업자가 준수하여야 할 사항을 준수하지 아니한 자는 6개월 이하의 징역 또는 500만 원 이하의 벌금에 처한다.

▶ 「성매매알선 등 행위의 처벌에 관한 법률」 위반으로 폐쇄명령을 받은 자는 그 폐쇄명령을 받은 후 1년이 경과하지 아니한 때에는 같은 종류의 영업을 할 수 없다.

Answer

26 (나) 27 (가) 28 (가) 29 (나) 30 (다)

31 스퀘어 브로스 커트 시 이용사의 가장 이상적인 최초 위치는?

㈎ 모델의 좌전방 0° 선상 ㈏ 모델의 좌전방 45° 선상
㈐ 모델의 좌후방 0° 선상 ㈑ 모델의 좌후방 45° 선상

32 정발 작업 시 드라이의 중요 요소로 가장 적합하지 않은 것은?

㈎ 습도 ㈏ 두피
㈐ 온도 ㈑ 각도

33 이용 작업 시 봄바쥬 세트(Bomborge set)는 어디에 해당하는 용어인가?

㈎ 브러시 사용 정발술 ㈏ 헤어 커팅술
㈐ 레이저 시술 ㈑ 퍼머넌트 사용술

34 앞머리를 드라이한 것 같이 자연스럽게 연출하려면 다음 중 어떠한 퍼머넌트가 가장 적합한가?

㈎ 핀컬 ㈏ 스트레이트
㈐ 롯드 ㈑ 트위스트

35 짧은 모발에 아이론 시술할 때 뜨겁지 않게 하기 위한 방법으로 가장 적합한 것은?

㈎ 빗을 두피에 대고 시술한다.
㈏ 모발에 오일을 바르고 시술한다.
㈐ 피부에 오일을 바르고 시술한다.
㈑ 모발과 피부에 물을 바르고 시술한다.

36 프랑스 이용고등기술연맹(S.H.C.M)에 의한 폴로 라인이 발표된 시기는?

㈎ 1961년 ㈏ 1962년
㈐ 1965년 ㈑ 1967년

CLICK HINT

▶ 스퀘어 브로스 커트 시 모델의 좌전방 45° 선상이 가장 이상적인 최초 위치이다.

▶ 정발 작업 시
습도, 온도, 각도를 중요하게 생각해야 한다.

▶ 봄바쥬 세트
열을 가해서 모발에 형을 주는 것이다.

▶ 핀컬
핀컬핀을 활용해서 자연스럽게 연출하는 퍼머넌트이다.

▶ 아이론을 시술할 때
빗을 두피에 대고 시술하면 거리가 생겨 뜨겁지 않게 시술 할 수 있다.

▶ 프랑스 이용고등기술연맹 발표년도
1962년 : 폴로 라인
1965년 : 댄디 라인
1967년 : 프레인
에어 라인

Answer

31 ㈏ 32 ㈏ 33 ㈎ 34 ㈎
35 ㈎ 36 ㈏

37 조발에서 떠올려 깎기는 어느 커트기법에 속하는가?

(가) 틴닝 커트 (나) 스쿠프 커트
(다) 테이프 커트 (라) 스트로크 커트

38 남자 두발형의 분류로 적합하지 않은 것은?

(가) 상발형 (나) 장발형
(다) 단발형 (라) 초장발형

39 모근의 구조면에서 모유두가 위치하는 곳은?

(가) 모간 부분 (나) 모피지선
(다) 모공 부분 (라) 모모세포 아래

40 두상형의 3가지 유형에 속하지 않는 것은?

(가) 돌출형 (나) 보통형
(다) 결손형 (라) 몰딩형

41 두발을 구성하는 주성분은?

(가) 케라틴 (나) 지방산
(다) 요오드 (라) 비타민류

42 디자인 커트에서 그래듀에이션(Graduation) 기법에 해당하는 것은?

(가) 수평의 동일선상에서 정돈된 두발 끝을 45°로 커트하는 커팅기법
(나) 상부는 길고 하부는 짧게 역삼각을 만들며 두발 끝을 90° 미만으로 커트하는 커팅기법
(다) 상부는 짧게 하부는 길게 층을 만들며 두발 끝을 90°가 넘게 커트하는 커팅기법
(라) 정사각형으로 두발 끝을 90°로 커트하는 커팅기법

CLICK HINT

▶ **스쿠프 커트**는 두발을 떠올려 깎듯이 커팅하는 기법이다.

▶ **남자 두발형 분류**
- 단발형
- 중발형
- 장발형
- 초장발형

▶ **두상형 3유형**
- 보통형
- 돌출형
- 결손형

▶ 두발을 구성하는 주성분은 **케라틴**이다.

▶ **그래듀에이션**
탑으로 올라갈수록 길게 커트하며, 무게감이 생긴다.

스쿠프 커트는 두발을 떠올려 깎듯이 커팅하는 기법이다.

Answer

37 (나) 38 (가) 39 (라) 40 (라)
41 (가) 42 (나)

43 법령상 이용사의 업무영역이 맞게 나열된 것은?

(가) 이발, 면도, 아이론, 퍼머넌트웨이브 등
(나) 이발, 면도, 아이론, 머리피부손질, 염색 및 머리감기 등
(다) 피어싱, 헤어타투, 머리카락 자르기, 면도 등
(라) 여성커트, 남성커트, 머리모양내기, 눈썹문신, 머리피부손질, 머리감기 등

44 프롱, 그르부, 핸들은 어떤 기기의 세부 명칭인가?

(가) 드라이기 (나) 클리퍼
(다) 아이론 (라) 레이저

45 레이저를 사용하여 두발을 가르고자 할 때 가장 적합한 것은?

(가) 빗으로 빗어 올려 커트한다.
(나) 손으로 가늠하여 커트한다.
(다) 빗과 손을 대지 않고 커트한다.
(라) 충분한 수분이 있는 모발에 적당한 텐션을 유지하며 커트한다.

46 염모제의 성분 중 산화작용을 하는 것은?

(가) 염색소 (나) 탄산마그네슘
(다) 과산화수소 (라) 티오글리콜산

47 콜드 퍼머넌트를 하고 난 다음에 최소 얼마 후에 염색을 하면 가장 적합한가?

(가) 퍼머넌트 시술 후 즉시
(나) 약 6시간 후
(다) 약 12시간 후
(라) 약 1주일 후

CLICK HINT

- **이용사의 업무 범위**
  이발, 아이론, 면도, 머리, 피부손질, 머리 카락 염색 및 머리감기
- **아이론의 구조**
  프롱, 그루브, 핸들, 스위치, 온도조절
- **레이저 커트**는 모발의 손상을 방지하기 위해서 물을 충분히 적신 다음에 사용한다.
- **제2제(산화제)**
  팽창된 모표피층을 통해 모피질층 속에 있는 멜라닌 색소를 파괴하여 염료가 들어갈 수 있도록 공간을 만들어 주어 색소를 착색시켜 주는 역할을 한다. 과산화수소가 산화작용을 한다.
- 콜드 퍼머넌트 한 후 약 1주일 후에 염색 시술하는 것이 좋다.

Answer

43 (나) 44 (다) 45 (라) 46 (다) 47 (라)

48 레이저를 이용하여 천정부 커팅 시 두발 길이를 일정하게 만들기 위해 날(Blade)의 사용 기법으로 가장 적합한 것은?

(가) 모발 끝을 하나씩 잡고 절단하듯 커트한다.
(나) 빗날 위로 나온 부분을 면체하듯 커트한다.
(다) 모발 끝을 정렬시키고 날은 오른쪽 엄지 면에 대고 절단하듯 커트한다.
(라) 빗날 위에 나온 부분을 날과 몸체를 이용하여 커트한다.

49 착강 가위의 설명으로 옳은 것은?

(가) 날 부분을 특수강철, 몸 부분은 연질강철로 된 가위
(나) 날 부분과 몸 부분 모두 연질강철로 된 가위
(다) 날 부분과 몸 부분 모두 특수강철로 된 가위
(라) 날 부분은 연질강철, 몸 부분은 특수강철로 된 가위

50 원랭스 커트(One length cut) 중 보브 스타일에 해당하는 것은?

(가) 가로로 동일성 선상에 같은 두발 길이로 커트한 것
(나) 헤어라인 위에 가볍게 커트한 것
(다) 튀어나온 머리카락을 커트한 것
(라) 모발의 층을 주는 커트

51 헤어드라이어의 보조기구인 디퓨저(Diffuser)의 주 역할은?

(가) 바람을 집중시킨다.
(나) 열을 한쪽으로 모으게 한다.
(다) 열과 바람을 고르게 확산한다.
(라) 모발에 영양을 공급해준다.

52 피부의 피하조직에 대한 설명으로서 틀린 것은?

(가) 피하조직은 피부의 본질을 형성하며 팽창률을 좌우한다.
(나) 피하조직은 피부의 곡선미와도 관계가 있다.
(다) 지방세포의 집단구조가 지방층을 만들고 이를 피하지방조직이라고 한다.
(라) 피하조직은 섬유성 결체조직인 진피와 뚜렷하게 구분된다.

CLICK HINT

▶ • 착강 가위
몸 부분 : 연질강철
날 부분 : 특수강철

• 전강 가위
모든 부분 : 특수강철

▶ • 원랭스 커트
가로로 동일성 선상에 같은 두발 길이로 커트한 것

▶ 디퓨저는 열과 바람을 고르게 확산하기 위해 사용한다.

Answer

48 (다) 49 (가) 50 (가) 51 (다) 52 (가)

53 프리 핸드를 쥐는 방식으로 면도날을 앞쪽으로 향하게 쥐고 깎아서 밀어내는 것처럼 면도하는 방법은?

(가) 백 핸드 (나) 펜슬 핸드
(다) 스틱 핸드 (라) 푸시 핸드

54 모발 관리면에서 모발을 튼튼하고 건강하게 유지하기 위한 영양공급원으로서 가장 중요한 것은?

(가) 고급당질의 공급 (나) 단백질의 공급
(다) 섬유질의 공급 (라) 지질의 공급

55 햇볕에 타서 화끈거리는 피부에 알맞지 않은 팩은?

(가) 오이 팩 (나) 난황 팩
(다) 사과 팩 (라) 수박껍질 팩

56 털에 보속하여 존재하는 분비샘으로 특수한 부위, 즉 겨드랑이와 유두 및 음부 등에서 볼 수 있는 것은?

(가) 소한선 (나) 대한선
(다) 피지막 (라) 모낭

57 콜드크림을 이용하여 마사지 후 습포과정을 통해 닦아 내려고 할 경우에 습포의 조건으로 가장 적합한 것은?

(가) 차가운 물수건 (나) 따뜻한 물수건
(다) 마른수건 (라) 냉동된 물수건

58 면도기를 프리 핸드로 잡은 자세에서 날을 운행하는 기법은?

(가) 백 핸드 (나) 노멀 핸드
(다) 스틱 핸드 (라) 펜슬 핸드

CLICK HINT

- 면도칼 잡는 방법
  프리 핸드(기본 잡기)
  푸시 핸드(손목 이용)
  백 핸드(뒤로 잡기)
  스틱 핸드(막대기 잡기)
  펜슬 핸드(연필잡기)
- 건성 피부 : 난황 팩
- 대한선은 피지선에 땀을 분비하고 겨드랑이, 유두, 음부 등에서 볼 수 있다.
- • 따뜻한 물수건
  모공을 열어주고 피지, 노폐물을 닦아 낸다.
  • 차가운 물수건
  모공을 수축시켜준다.
- 면도칼 잡는 방법
  프리 핸드(기본 잡기)
  푸시 핸드(손목 이용)
  백 핸드(뒤로 잡기)
  스틱 핸드(막대기 잡기)
  펜슬 핸드(연필잡기)

Answer

53 (라) 54 (나) 55 (나) 56 (나)
57 (나) 58 (가)

59 면체 시술의 순서가 가장 적합하게 나열된 것은?

(가) 이마(정골) – 우측빰(우측관골) – 좌측빰(좌측관골) – 코밑(상악골) – 턱(하악골)
(나) 이마(정골) – 코밑(상악골) – 턱(하악골) – 우측빰(우측관골) – 좌측빰(좌측관골)
(다) 좌측빰(좌측관골) – 우측빰(우측관골) – 이마(정골) – 턱(하악골) – 코밑(상악골)
(라) 우측빰(우측관골) – 좌측빰(좌측관골) – 이마(정골) – 턱(하악골) – 코밑(상악골)

60 영양 상태나 손상에 의해 모발의 길이 방향으로 갈라지는 질환은?

(가) 결절 열모증　　(나) 사모
(다) 원형 탈모증　　(라) 비강성 탈모증

CLICK HINT

▶ 결절 열모증
모발의 영양이 부족하여 세로로 갈라지는 증상

Answer

59 (가) 60 (가)

참고 문헌

1) 김주섭, 최은영 저(2012), "이용인을 위한 이용학개론", 서울: 구민사, p.83.
2) 국제헤어디자인연구회 저(2012), "c.c.c. Basic Permanent Wave", 서울: 청구문화사, p.23.
3) 박은준 외 7인(2017),"NCS 적용교육!! 2수준 베이직 헤어 퍼머넌트 웨이브", 파주: 메디시언, p.76.
4) 박은준 외 7인(2017), 위의 책, p.78.
5) 박은준 외 8인(2018), "NCS 적용교육 베이직 헤어컬러링", 파주: 메디시언, p.92.
6) 박은준 외 8인(2018), 위의 책, p.40.
7) 김주섭, 최은영 저(2012), 앞의 책, pp.181-182.
8) 김한식 외 17인 저(2007), "미용과학Ⅰ", 서울: 청구문화사, p.179.
9) 김주섭, 최은영 저(2012), 앞의 책, p.278.
10) 김주섭, 최은영 저(2012), 위의 책, pp.278.
11) 김기연 외 9인 저(2001), "피부과학", 서울: 수문사, p. 247.
12) 고재숙 외 6인 저(2010), "피부과학", 서울: 수문사, pp. 74-75.
13) 김한식 외 17인 저(2007), 앞의 책, p.352.
14) 권혜영 외 11인 저(2017), "공중위생관리학", 파주: 메디시언, p.11.
15) 질병관리본부 감염병 포털, http://www.cdc.go.kr/npt
16) 권혜영 외 11인 저(2017), 앞의 책, p.152.
17) 김주섭, 최은영 저(2012), 앞의 책, pp.211-212.
18) 공중위생관리법 시행규칙 별표 7, 행정처분기준(제19조 관련), pp.9-13.
19) 이은우 외 9인 저(2018), "화장품학 실습 스터디 가이드북", 파주: 메디시언, pp.20-23.

이용사 필기

2020년 7월 20일 초판 인쇄
2020년 7월 25일 초판 발행

저 자 박은준 · 최지연 · 김지영 · 이유림 · 윤영한
발행인 주 병 오 · 주 민 기
발행처 메디시인

경기도 파주시 회동길 209
파주출판문화도시
마케팅부 (031) 955 - 7566 · 7577
편집부 (031) 955 - 7731
FAX(031) 955 - 7730
독자의견 전화 (031) 955 - 7577
홈페이지 www.ji-gu.co.kr
이메일 jigupub@hanmail.net

등록번호 2005년 2월 16일
제 406-2005-000045호

ISBN 979-11-86739-03-7 값 22,000원

책은 사람을 만들고
사람은 책을 만든다.

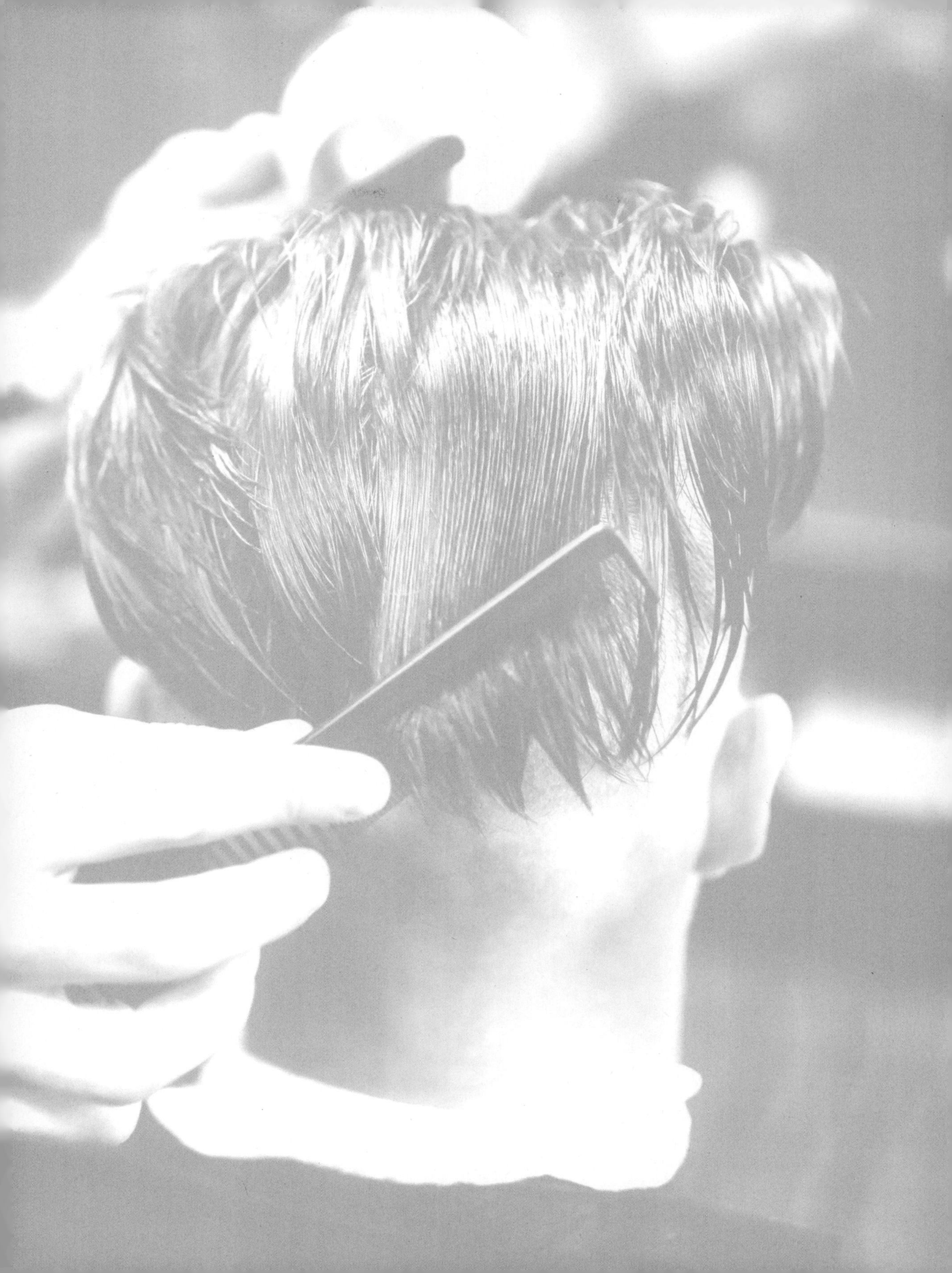